"十四五"职业教育人工智能技术应用专业系列教材

人工智能基础与应用

周斌斌　周　苏◎主　编
蓝忠华　林志灿◎副主编

中国铁道出版社有限公司
CHINA RAILWAY PUBLISHING HOUSE CO., LTD.

内容简介

人工智能（artificial intelligence，AI）是计算机科学与技术的一个重要分支与应用。人工智能当前主要的研究与开发方向是模拟、延伸与扩展人类智能的理论、方法、技术及应用系统，涉及的技术包括思考的工具、人工智能定义、模糊逻辑与大数据思维、机器学习、神经网络与深度学习、大数据挖掘、智能代理、群体智能、机器视觉、智能图像处理、包容体系结构与智能机器人、自动规划、自然语言处理和人工智能的发展等方面。

本书是针对各级各类学校学生的发展需要，为职业教育相关各专业"人工智能基础"课程、通识课程而全新设计编写，是具有丰富知识性与应用特色的教材。本书知识内容较系统和全面，可以帮助读者扎实地打好人工智能的知识基础。本书内容特色鲜明、内容易读易学，既适合职业院校的学生学习，也适合对人工智能相关领域感兴趣的读者阅读参考。

图书在版编目（CIP）数据

人工智能基础与应用 / 周斌斌，周苏主编 . —北京：中国铁道出版社有限公司，2022.3

"十四五"职业教育人工智能技术应用专业系列教材

ISBN 978-7-113-28724-5

Ⅰ.①人… Ⅱ.①周… ②周… Ⅲ.①人工智能 – 职业教育 – 教材 Ⅳ.① TP18

中国版本图书馆 CIP 数据核字（2021）第 263980 号

书　　名：	人工智能基础与应用
作　　者：	周斌斌　周苏

策　　划：	汪　敏	编辑部电话：（010）51873628	
责任编辑：	汪　敏		
封面设计：	郑春鹏		
责任校对：	焦桂荣		
责任印制：	樊启鹏		

出版发行：中国铁道出版社有限公司（100054，北京市西城区右安门西街8号）

网　　址：http://www.tdpress.com/51eds/

印　　刷：三河市兴达印务有限公司

版　　次：2022年3月第1版　2022年3月第1次印刷

开　　本：787 mm×1 092 mm　1/16　印张：15.5　字数：376千

书　　号：ISBN 978-7-113-28724-5

定　　价：49.80元

版权所有　侵权必究

凡购买铁道版图书，如有印制质量问题，请与本社教材图书营销部联系调换。电话：（010）63550836

打击盗版举报电话：（010）63549461

前言

作为计算机科学与技术的一个重要的研究与应用分支，人工智能（artificial intelligence，AI）的发展几经起落，终于迎来了蓬勃发展、硕果累累的大好局面。毫无疑问，一如当年的计算机，之后的网络，接着的因特网、物联网、云计算与大数据。今天，人工智能与这些主题一样，是每个学生甚至社会人所必须关注、学习和重视的知识。

人工智能是研究、开发用于模拟、延伸和扩展人的智能的理论、方法、技术及应用系统的一门技术科学，它试图了解人类智能的实质，并生产出新的能以人类智能相似的方式做出反应的智能机器，该领域的研究包括基础概念、人工智能定义、模糊逻辑与大数据思维、机器学习、神经网络与深度学习、大数据挖掘、智能代理、群体智能、机器视觉、智能图像处理、包容体系结构与智能机器人、自动规划、自然语言处理和人工智能的发展等。可以想象，未来人工智能带来的科技产品，将会是人类智慧的"容器"。人工智能不是人的智能，但能像人那样思考，甚至也可能超过人的智能。

人工智能是一门极富挑战性的科学，包括的知识内容十分广泛。本书结构新颖、内容生动，较为系统、全面地介绍了人工智能的相关概念与理论，可以帮助读者扎实地打好人工智能的知识与应用基础。本书内容共分14课，每课都提供了课后作业和研究性学习环节。本书最后的附录给出了各课作业的参考答案。

每课在编写时都做了以下安排：

（1）精选的导读案例，以深入浅出的方式，引发读者的自主学习兴趣。

（2）解释基本原理，让读者切实理解和掌握人工智能相关知识与应用。

（3）浅显易懂的案例，注重培养扎实的基本理论知识，重视培养学习方法。

（4）思维与实践并进，为读者提供自我评量的作业，让学习者自我构建人工智能的基本观念与相关技术。

（5）研究性学习（或课程实践）。依托互联网环境完成精心设计的研究性小组活动或课程实践活动，以带来真切的实践体验。

■ **课程进度安排**

本课程的教学进度设计见"课程教学进度表"，供教师授课和学生学习参考。

■ **建议测评手段**

本课程的教学测评可以从以下几个方面入手，即：

（1）每课课前的【导读案例】（14项）；
（2）结合每课的课后作业（四选一标准选择题，14组）；
（3）结合每课的课后【研究性学习】（13项）；
（4）【课程学习与实训总结】（大作业，第14课）。
（5）平时学习考勤记录；
（6）任课老师认为必要的其他测评方法。

最后，综合上述得分折算为本课程百分制成绩。

本书特色鲜明、易读易学，适合应用型高校与职业院校相关专业的学生学习，也适合对人工智能相关领域感兴趣的读者阅读参考。

本书的编写得到了嘉兴技师学院、温州商学院、广州慧谷动力科技有限公司、嘉兴市木星机器人科技有限公司、江苏汇博机器人技术股份有限公司、天津汇博智联机器人技术有限公司、嘉兴市莱沃机器人科技有限公司、浙江纺织服装职业技术学院、广州市工贸技师学院、浙江科博达工业有限公司、杭州汇萃智能科技有限公司等多所院校师生和公司的支持，在此一并表示感谢！本书由周斌斌、周苏任主编，蓝忠华、林志灿任副主编，郭铠能、倪晨玮、沈金强、刘婷、胡勇杰、麦家明、原瑞彬、周盼盼、吴炘翌、崔海、章安福、杨晓斐、徐建辉、王绅宇、王文等参与了本书的部分编写工作。

欢迎教师索取为本书配套的教学资料并与编者交流。编者邮箱：zhousu@qq.com，QQ：81505050。

周 苏

2021年9月于嘉兴南湖

课程教学进度表

（20   —20   学年第 学期）

课程号：_____   课程名称：人工智能基础与应用   学分：2   周学时：2
总学时：32
主讲教师：_____

序号	校历周次	章节（或实训、习题课等）名称与内容	学时	教学方法	课后作业布置
1	1	引言			
2	1	第1课 思考的工具	2		
3	2	第2课 人工智能定义	2		
4	3	第3课 模糊逻辑与大数据思维	2		
5	4	第4课 机器学习	2		
6	5	第5课 神经网络与深度学习	2		
7	6	第6课 大数据挖掘	2		
8	7	第7课 智能代理	2	导读案例	作业
9	8	第8课 群体智能	2	课文	研究性学习
10	9	第9课 机器视觉	2		
11	10	第9课 机器视觉	2		
12	11	第10课 智能图像处理	2		
13	12	第11课 包容体系结构与智能机器人	2		
14	13	第12课 自动规划	2		
15	14	第13课 自然语言处理	2		
16	15	第14课 人工智能的发展	2		
17	16	第14课 人工智能的发展	2		课程学习总结

填表人（签字）：   日期：
系（教研室）主任（签字）：   日期：

目 录

第1课 思考的工具 1

    1.1　计算的渊源 3
        1.1.1　巨石阵 4
        1.1.2　安提基特拉机械 4
        1.1.3　皮格玛利翁 5
        1.1.4　阿拉伯数字 5
    1.2　巴贝奇与数学机器 6
        1.2.1　差分机 6
        1.2.2　分析机 7
        1.2.3　"机器人"的由来 8
    1.3　计算机的出现 8
        1.3.1　为战争而发展的计算机器 8
        1.3.2　计算机无处不在 9
        1.3.3　通用计算机 9
        1.3.4　计算机语言 10
        1.3.5　建模 10
    1.4　人工智能大师 12

第2课 人工智能定义 16

    2.1　人工智能概述 20
        2.1.1　"人工"与"智能" 20
        2.1.2　人工智能定义 20
        2.1.3　图灵测试 21
        2.1.4　人工智能的实现途径 22
    2.2　人工智能发展历史 23
        2.2.1　从人工神经元开始 23
        2.2.2　人工智能发展的 6 个阶段 26
    2.3　人工智能的研究 28
        2.3.1　人工智能的研究领域 28
        2.3.2　超越图灵测试——家庭健康护理 30

第3课 模糊逻辑与大数据思维 34

    3.1　什么是模糊逻辑 36
        3.1.1　甲虫机器人规则 37
        3.1.2　模糊逻辑的发明 37
        3.1.3　模糊逻辑的定义 38
        3.1.4　模糊逻辑的规则 39
        3.1.5　模糊理论的发展 40
    3.2　大数据与人工智能 41

3.3 大数据思维之一：样本 = 总体 42
3.4 大数据思维之二：接受数据混杂性 43
3.5 大数据思维之三：数据相关关系 43

第4课　机器学习 48

4.1 机器学习的发展与定义 50
　　4.1.1　机器学习的发展 51
　　4.1.2　机器学习的定义 52
4.2 机器学习的学习类型 53
　　4.2.1　监督学习 53
　　4.2.2　无监督学习 54
　　4.2.3　强化学习 54
4.3 专注于学习能力 54
　　4.3.1　算法的特征与要素 54
　　4.3.2　算法的评定 55
4.4 机器学习的算法 55
　　4.4.1　回归算法 56
　　4.4.2　基于实例的算法 56
　　4.4.3　决策树算法 56
　　4.4.4　贝叶斯算法 56
　　4.4.5　聚类算法 57
　　4.4.6　神经网络算法 57
4.5 机器学习的基本结构 57
4.6 机器学习的应用 59
　　4.6.1　应用于物联网 59
　　4.6.2　应用于聊天机器人 59
　　4.6.3　应用于自动驾驶 60

第5课　神经网络与深度学习 63

5.1 动物的中枢神经系统 66
5.2 了解人工神经网络 68
　　5.2.1　人工神经网络的研究 68
　　5.2.2　典型的人工神经网络 69
　　5.2.3　类脑计算机 69
　　5.2.4　神经网络理解图片 70
　　5.2.5　训练神经网络 72
5.3 基于神经网络的深度学习 72
　　5.3.1　深度学习的意义 72
　　5.3.2　深度学习的方法 73

		5.3.3 深度的概念 77

    5.3.3 深度的概念 77
    5.3.4 深度学习的实现 77
  5.4 机器学习与深度学习 79

第6课　大数据挖掘 84
  6.1 从数据到知识 88
    6.1.1 决策树分析 88
    6.1.2 购物车分析 89
    6.1.3 贝叶斯网络 90
  6.2 数据挖掘 90
    6.2.1 数据挖掘的步骤 91
    6.2.2 数据挖掘分析方法 92
  6.3 数据挖掘经典算法 93
    6.3.1 神经网络法 93
    6.3.2 决策树法 94
    6.3.3 遗传算法 94
    6.3.4 粗糙集法 94
    6.3.5 模糊集法 95
    6.3.6 关联规则法 95
  6.4 机器学习与数据挖掘 95
    6.4.1 典型的数据挖掘和机器学习过程 96
    6.4.2 机器学习与数据挖掘应用案例 97

第7课　智能代理 102
  7.1 智能代理的定义 107
  7.2 智能代理的特征 108
  7.3 系统内的协同合作 109
  7.4 智能代理的典型应用场景 111
    7.4.1 股票 / 债券 / 期货交易 111
    7.4.2 实体机器人 112
    7.4.3 计算机游戏 113
    7.4.4 医疗诊断 113
    7.4.5 搜索引擎 113
  7.5 与外部环境相关的重要术语 114

第8课　群体智能 118
  8.1 从蜜蜂身上学习群体智能 121
  8.2 什么是群体智能 123
    8.2.1 群体人工智能技术 123
    8.2.2 基本原则与特点 124

8.3 典型算法模型 125
    8.3.1 蚁群算法 125
    8.3.2 搜索机器人 127
    8.3.3 微粒群（鸟群）优化算法 128
    8.3.4 没有机器人的集群 130
8.4 群体智能背后的故事 130
8.5 群体智能的发展 132

第 9 课　机器视觉 135

9.1 机器视觉概述 139
    9.1.1 机器视觉的概念 140
    9.1.2 机器视觉的发展 140
9.2 机器视觉工作原理 141
    9.2.1 照明 142
    9.2.2 镜头 143
    9.2.3 高速照相机 143
    9.2.4 图像采集卡 144
9.3 光源选择 144
9.4 机器视觉的行业应用 145
    9.4.1 半导体及电子行业 145
    9.4.2 汽车车身检测系统 146
    9.4.3 质量检测系统 147

第 10 课　智能图像处理 150

10.1 模式识别 153
10.2 图像识别 154
    10.2.1 图像识别的基础 154
    10.2.2 图形识别的模型 155
    10.2.3 图像识别的发展 156
    10.2.4 模式识别与图像识别 157
10.3 图像处理技术 157
    10.3.1 图像再认 157
    10.3.2 图像采集 158
    10.3.3 图像预处理 158
    10.3.4 图像分割 158
    10.3.5 目标识别和分类 159
    10.3.6 目标定位和测量 159
    10.3.7 目标检测和跟踪 159
10.4 计算机视觉 159
    10.4.1 计算机视觉的定义 160

10.4.2 计算机视觉的研究 161
10.4.3 计算机视觉与图像识别 161
10.4.4 神经网络的图像识别技术 162
10.5 图像识别技术的应用 162
　　10.5.1 热成像 163
　　10.5.2 传感器 163
　　10.5.3 医学影像 164
　　10.5.4 激光雷达/雷达 164
　　10.5.5 大数据分析 164

第 11 课　包容体系结构与智能机器人 167

11.1 包容体系结构的建立 170
　　11.1.1 所谓"中文房间" 170
　　11.1.2 建立包容体系结构 171
11.2 包容体系结构的实现 172
　　11.2.1 艾伦机器人 172
　　11.2.2 赫伯特机器人 172
　　11.2.3 托托机器人 173
11.3 划时代的阿波罗计划 174
11.4 机器感知 176
　　11.4.1 机器智能与智能机器 176
　　11.4.2 机器思维与思维机器 177
　　11.4.3 机器行为与行为机器 177
11.5 机器人的概念 177
　　11.5.1 机器人的发展 177
　　11.5.2 机器人"三定律" 178
11.6 机器人的技术问题 179
　　11.6.1 机器人的组成 179
　　11.6.2 机器人的运动 181
　　11.6.3 机器人大狗 182

第 12 课　自动规划 185

12.1 自动规划的概念 188
　　12.1.1 规划的概念分析 188
　　12.1.2 自动规划的定义 189
12.2 规划应用示例 190
12.3 规划方法 192
　　12.3.1 规划即搜索 192
　　12.3.2 部分有序规划 194
　　12.3.3 分级规划 195

V

         12.3.4　基于案例的规划 ………………………………………… 195
　　12.4　著名的规划系统 …………………………………………………… 196
　　　　　12.4.1　O-PLAN ………………………………………………… 196
　　　　　12.4.2　Graphplan …………………………………………… 197

第13课　自然语言处理 …………………………………………………… 200

　　13.1　语言的问题和可能性 ………………………………………………… 203
　　13.2　自然语言处理 ……………………………………………………… 204
　　13.3　语法类型与语义分析 ………………………………………………… 206
　　　　　13.3.1　语法类型 ……………………………………………… 206
　　　　　13.3.2　语义分析和扩展语法 …………………………………… 207
　　　　　13.3.3　IBM 的机器翻译 Candide 系统 ………………………… 208
　　13.4　处理数据与处理工具 ………………………………………………… 208
　　　　　13.4.1　统计 NLP 语言数据集 …………………………………… 208
　　　　　13.4.2　自然语言处理工具 ……………………………………… 208
　　　　　13.4.3　自然语言处理技术难点 ………………………………… 209
　　13.5　语言处理的概念 …………………………………………………… 209
　　　　　13.5.1　语音处理的发展 ………………………………………… 210
　　　　　13.5.2　语音理解 ……………………………………………… 210
　　　　　13.5.3　语音识别 ……………………………………………… 211

第14课　人工智能的发展 ………………………………………………… 214

　　14.1　机器能思考吗 ……………………………………………………… 217
　　　　　14.1.1　强人工智能的发展 ……………………………………… 217
　　　　　14.1.2　脑机接口技术 …………………………………………… 218
　　　　　14.1.3　人工智能工程化与超级自动化 ………………………… 219
　　　　　14.1.4　机器学习操作 MLOps …………………………………… 219
　　　　　14.1.5　大模型和知识计算 ……………………………………… 220
　　　　　14.1.6　多模态融合 ……………………………………………… 221
　　　　　14.1.7　电子游戏的智能水平 …………………………………… 221
　　14.2　可信与安全 ………………………………………………………… 222
　　　　　14.2.1　安全问题不容忽视 ……………………………………… 222
　　　　　14.2.2　可信 AI …………………………………………………… 223
　　　　　14.2.3　设定伦理要求 …………………………………………… 224
　　　　　14.2.4　强力保护个人隐私 ……………………………………… 225
　　14.3　人工智能发展的启示 ………………………………………………… 225

附　录　作业参考答案 …………………………………………………… 233

参考文献 ………………………………………………………………… 236

第 1 课

思考的工具

学习目标

知识目标

(1) 熟悉计算的渊源。

(2) 熟悉计算机器、计算机的发展历史。

(3) 熟悉人工智能之父艾伦·麦席森·图灵;熟悉现代计算机之父冯·诺依曼。

能力目标

(1) 掌握专业知识的学习方法,培养阅读、思考与研究的能力。

(2) 提高"研究性学习小组"的参与、组织和活动能力,具备团队精神。

素质目标

(1) 热爱学习,勤于思考,掌握学习方法,提高学习能力。

(2) 热爱读书,善于分析,勤于思考,培养关心社会进步的优良品质。

(3) 体验、积累和提高"大国工匠"的专业素质。

重点难点

(1) 通用计算机与计算机语言。

(2) 计算机建模。

导读案例 动物智能:聪明的汉斯

关于动物智能,有一则有趣的轶事,说的是大约在 1900 年,德国柏林有一匹马,人称"聪明的汉斯",据说这匹马精通数学(见图 1-1)。

汉斯会做数学题的一个原因,是因为它的饲养者是一位数学老师,据说这位数学老师单身,平日里比较闲,所以他养了一匹马,每天都训练这匹马,他希望能将这匹马训练出来会做一些数学题。当然,指望这匹马开根号或者做微积分是肯定不行的,数学老师希望它去做十以内的加减法,这对于马来讲已经是非常了不起的了。所以他每天在家里面训练,训练之后发现,这匹马真的很聪明,可以做十以内加减法。于是,他就把它拉到集市上去表演,引来很多人的围观。

图 1-1 "聪明的汉斯"——一匹马做演算

有一些学习心理学的人非常惊讶，说这匹马真的非常聪明，真的可以做数学题吗？他们仔细观察这匹马，结果发现，其实这匹马并没有做数学题那么高的智商，但是这匹马建立了连锁反应。汉斯跟这位数学老师生活在一起，所以它能非常快速，或者是非常敏锐地检索出他的一些反应。比如说，这位老师会问，2加2等于几，当问2加2等于几的时候，其实马是不认识数字的，黑板上写什么它并不知道，别人跟它说什么它也不知道，但是它知道跺脚，就是用它的前蹄跺地，它在跺地的过程当中，当快跺到第四下的时候，这个数学老师会有一个无意识的反应，因为他期待着第四下的出现，等第四下出现的时候，他就开始微微地笑，然后就抬起头来，这一系列动作表明，结束了。就是说到4就该结束了，所以马知道了，你说结束了我就停止了。边上围观的人看了就说这匹马很聪明，它确实能够知道等于4，因此人们就把汉斯看作一匹聪明的马。

"汉斯"马告诉我们，在一定程度上，我们的自我实现其实是受到了他人的期待，受到了他人的影响。

阅读上文，请思考、分析并简单记录：

(1) "汉斯"马是真的精通数学吗？你还能讲出其他类似的故事吗？

答：_____

_____

_____

(2) 人工智能的研究范畴，还包括对动物智能的研究。你能举例说明一些动物的智能吗？

答：_____

_____

_____

(3) 你认为故事"聪明的汉斯"实际上表达了一些什么内涵？请简述之。

答：_____

(4)请简单记述你所知道的上一周发生的国际、国内或者身边的大事。

答：_____

_____

_____

科学家已经制造出了汽车、火车、飞机、收音机等无数的技术系统，它们模仿并拓展了人类身体器官的功能。但是，技术系统能不能模仿人类大脑的功能呢？到目前为止，我们也仅仅知道人类大脑是由数十亿个神经细胞组成的器官（见图1-2），我们对它还知之甚少，模仿它或许是天下最困难的事情了。

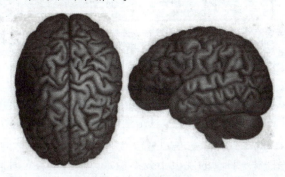

图1-2　人脑的外观

1.1　计算的渊源

几千年来，人类一直在利用工具帮助其思考，最原始的工具之一可能就是小鹅卵石了。牧羊人会将与羊群数量一致的小石头放在包里随身携带，当他想要确认是否所有羊都在时，只需要数一只羊掏出一颗石头，如果包里的石头还有剩余，那一定是有羊走丢了。

一旦人们开始用石头代表数字，慢慢地，用来代表5、10、12、20等不同数字的石头也就出现了。中世纪无处不在的计数板就直接来源于此。在其他一些地方，同样的理念还催生了现代算盘。几个世纪以来，人类发明的如计算尺和计算器这样的一些工具，在一定程度上减轻了人们的脑力劳动，但应用范围十分有限（见图1-3）。

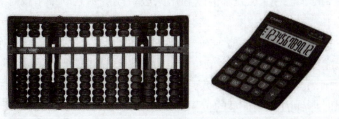

图1-3　算盘与计算器

1.1.1 巨石阵

古人利用机械化进行的脑力劳动远不止于计数。地处英格兰威尔特郡索尔兹伯里平原上，约建造于公元前 2300 年左右的巨石阵是欧洲著名的史前时代文化神庙遗址，由一些巨大的石头组成，呈环形屹立在绿色的旷野间（见图 1-4），每块约重 50 t。巨石阵的主轴线、通往石柱的古道和夏至日早晨初升的太阳在同一条线上，其中还有两块石头的连线指向冬至日落的方向。在英国人的心目中，这是一个神圣的地方。

图 1-4　巨石阵

巨石阵遗迹被用来确定仲冬和仲夏，同时也可以用于预测日食及其他天文事件，其实数字就蕴藏在它们的结构中。比如，遗迹正中呈马蹄形分布的 19 块巨石，太阳和月亮的位置以 19 年为一周期周而复始。按照这种做法，人们只要每个月将标记从一块石头移到另一块石头上，就可以利用它们来预测日食。日食的发生十分不稳定，取决于特定时间内不同长度的几个周期的重合。因此，预测日食需要人们进行大量艰辛的计算，能够追踪这些周期的工具当然就十分珍贵。

然而，并没有证据能够表明古人曾出于这样的目的使用过巨石阵。巨石阵中的数字很可能只是用于展现圣知，展现神的力量。

1.1.2　安提基特拉机械

1900 年，一群海洋潜水员在希腊的安提基特拉岛附近发现了一艘位于海面以下 45m 的罗马船只残骸。当地政府知道后派考古学家对沉船进行了为期一年的考察，还原了许多物件。在这些物件中，人们发现了许多金属片，目前认为是天体观测仪的残片，这些残片被严重腐蚀，只是表面上还留有转盘的痕迹，被称之为安提基特拉机械残片（见图 1-5）。

人们花了相当长的时间才揭开这个机械的秘密。1951 年拍摄的 X 光片证明它比我们原想的要复杂得多。直到 21 世纪，人们才得以利用先进科技辨别它的细节设计，这一探索过程至今仍在进行当中。

安提基特拉机械可追溯至公元前 150—公元前 100 年，它包含至少 36 个手工齿轮，只需要设置日期盘，就能够预测太阳和月亮的位置，以及某些恒星的上升和下降。该机械可能还曾被用于预测日食，因为人们发现在一块残片上，19 年这一周期被刻成了螺旋状；此外，很有可能它还展示了当时所知的五颗行星的位置。工艺如此复杂的机械再过一千年都很难被复刻，它的价值难以估量，操作可谓神奇，只要简单地转动手柄就可以查看天际旋转。

图 1-5　安提基特拉机械残片

1.1.3　皮格玛利翁

公元 8 年,罗马诗人奥维德完成了他的 15 卷史诗《变形记》,其中(第十卷,故事七)包含了皮格玛利翁的故事。皮格玛利翁厌弃身边女子的颓靡做派,雕刻了一座象牙少女像并爱上了她(见图 1-6),他将雕像当成自己的妻子,给她穿上华美的衣裳,戴上美丽的珠宝,甚至与她同床共枕。维纳斯节来临时,他真挚地祈祷:"如果神能够赋予一切,请将这座象牙雕像变成我的妻子。"维纳斯听到了他的祷告,当他再次回到雕像身边时,惊讶地发现雕像竟然变成了一位活生生的少女。

图 1-6　皮格玛利翁的故事

我们不能将这个故事看作人类痴迷人工智能的起源,很明显,它背后蕴藏着其他含义。但它同时也表明,在那个时代,将无生命的物体变成有生命的存在并不是一件不可想象的事情。

1.1.4　阿拉伯数字

传说在 13 世纪左右,一个德国的商人告诉他的儿子,如果只是想学加法和减法,上德国的大学就足够了,但如果他还想要学乘法和除法,那就必须去意大利才行。数千年甚至数万年来,人类智慧并没有什么突破性的变化,简单的算术何以变得如此困难呢?当时所有的数字都是用罗马数字写成的,只要想象一下将 VI 乘以 VII 得到 XLII 的复杂程度,就能想到像今天一样在纸上计算是完全不可能的,这种复杂的操作需要依赖于计数板才能进行。板的表面标有网格,有表示个位、十位、百位等的竖列。人们将计数器放在板上,按照规则进行计算,与我们的长除法和长乘法大致相同,这些计数板让算术成为可能,但正如上面的故事表现出来的那样,这个过程一点也不容易。

实际上，印度很早就想出了解决这些难题的方法。印度数学家使用一套十位数码，规定每个位置的数字所代表的数位，按个、十、百依次类推。这一规则与今天的进位制一致，在读到"234"这个数字时，我们就可以知道它包含了两个一百、三个十及四个一。

这个新概念一路向西经过阿拉伯传到了欧洲，过程中遭遇了无数的质疑和抵制。遭受非议最多的就是数字"0"，在那之前这个数字几乎没有被提及过。有时候"0"没有实际意义，比如，出现在数字"3"前面构成"03"时，"03"和"3"在本质上是没有区别的。但有些时候它可以与其他数字相乘，构成十位数、百位数，甚至更大数位的数字，比如，"30"和"3"就完全不同了。与印度数码不同，每一个罗马数字的值都是恒定不变的，"I"就代表1，"X"就代表10。一开始，"0"不被当成数字对待，而是不伦不类的外来者。然而，随着时间的推移，新方法的优势逐渐显现出来，并最终取代了原来的旧体系，从而大大提高了计算速度和解决复杂问题的能力。

1.2 巴贝奇与数学机器

1821年，英国数学家兼发明家查尔斯·巴贝奇开始了对数学机器的研究，这也成为他几乎是奋斗终生的事业。

不像今天我们拥有的便携式计算器和智能手机应用，当时人们还没有办法快速解决复杂计算问题，只能通过纸笔运算，过程漫长并且极有可能出错。于是，人们针对一些特殊应用制成了相应的速算表格，例如，可以根据给定的贷款利率确定还款额，或计算一定范围内的枪支射角和弹药装载量，但由于这些表格需要手工排版和描绘，所以出错在所难免。

一次，巴贝奇在与好友约翰·赫歇尔费尽心思检查这样的函数表时，不禁感叹：如果这些计算能通过蒸汽动力执行该有多好！这位天才数学家也因此立志要实现这一目标。

1.2.1 差分机

在英国政府的资金支持下，巴贝奇创造了差分机（见图1-7）。差分机与我们熟知的计算器不同，它只能进行诸如编制表格这样的简单计算。差分机体积庞大且结构复杂，重达4 t。然而，由于巴贝奇与工匠在机器零部件方面产生分歧，因此差分机一直都没能完成。英国政府在支出1.75万英镑后，也对该项目失去了信心。最终，差分机也只是完成了一部分而已。

图1-7 巴贝奇与差分机

在差分机工程停歇的时候,巴贝奇遇见了时年 17 岁的数学家艾达·拜伦(Ada),也就是诗人拜伦勋爵的女儿,并被她的数学能力所折服。他邀请艾达参观他的差分机,就这样,艾达开始痴迷于这类机器,在此后二人的信件往来中,巴贝奇热切地称她为"数字女巫"。

1.2.2 分析机

巴贝奇继续进行他的工作,不过不再是差分机,而是一项更加宏大的工程,他将其称作分析机(见图 1-8)。分析机本有希望成为真正的机械计算机,利用了与提花织机所用类似的凿孔卡纸,可以胜任所有数学计算。

图 1-8 巴贝奇的分析机

提花织机于 1801 年首次面世,这是第一台使用凿孔卡纸来记录数据的设备。它的结构特点是利用纸带凿孔控制顶针穿入,代替经纬线组织点。提花织机能够编织出复杂精美的花样,并大大提高了纺织效率。

1842 年,巴贝奇请求艾达帮他将一篇与机器相关的法文文章翻译成英文,并按照她的理解添加注解。艾达的注解中包含了一套机器编程系统,这也被认为是人类首个出版的计算机程序。艾达·洛夫莱斯如今被人们称为第一位计算机程序员,可以很确定地说,艾达对分析机的了解程度不比除巴贝奇之外的任何人低。然而,她却对机器能带来智能产物这一点深感怀疑。她曾写道:"分析机不该自命不凡,自诩无论什么问题都能解决。它只能完成我们告诉它应该怎么做的事情。它能遵循分析,但没有能力预测任何解析关系或事实。它的职责就是帮助我们利用那些我们已经熟知的事情。"

分析机的制造仍然没有完成,甚至设计都不完整,自始至终只是一系列局部图表而已。然而,在研究分析机的过程中,巴贝奇总结了一些原则和提升空间,从而提出了一套全新的差分机设计方案。当时没有资金支持的第二代差分机后来还是被制作了出来。1985 年—2002 年,伦敦科学博物馆根据巴贝奇的设计方案,利用 19 世纪可以得到的材料,在容差范围内完成了差分机二代的制作,机器也正如巴贝奇预料的那般可以正常工作(见图 1-9)。

图 1-9 1985—2002 年伦敦科学博物馆所制作的差分机

1.2.3 "机器人"的由来

卡雷尔·恰佩克的《罗梭的万能工人》是一部于1920年首次展演的舞台剧。该剧的捷克语剧名被译为英语,其中的"Robot"一词就源于古捷克语,意为"强迫性劳工"。该剧中的机器人(Robot)不是机械装置,而是没有情感的人造生命体。一开始这些机器人还没有近似人类,直到最后,在消灭了人类种族之后,它们才拥有了爱的能力。

1.3 计算机的出现

在20世纪40年代的时候还没有"计算机(Computer)"这个词。在Z3(Zusc Z3)计算机、离散变量自动电子计算机和小规模实验机面世之前,"Computer"指的是做计算的人。这些计算员在桌子前一坐就是一整天,面对一张纸、一份打印的指示手册,可能还有一台机械加法机,按照指令一步步地费力工作,最后得出一个结果。只有他们足够仔细,结果才可能正确。

1.3.1 为战争而发展的计算机器

面对全球冲突,一批数学家开始致力于尽可能快地解决复杂数学问题。冲突双方都会通过无线电发送命令和战略信息,而这些信号同样可以被敌方截获。为了防止信息泄露,军方会对信号进行加密,而能否破解敌方编码关乎着成百上千人的性命。自动化破解过程显然大有裨益。到战争结束时,人们已经制造出了两台机器,它们可以被看作现代计算机的源头。一台是美国的电子数字积分计算机(ENIAC,见图1-10),它被誉为世界上第一台通用电子数字计算机;另一台是英国的巨人计算机(Colossus)。这两台计算机都不能像今天的计算机一样进行编程,配置新任务时还需要进行移动电线和推动开关等一系列操作。但受其制造经验的启发,第二次世界大战结束后仅用了三年的时间,第一台真正意义上的计算机就成功问世了。

图1-10 世界上第一台通用计算机 ENIAC

早期计算机,诸如英国曼切斯特大学研制的小规模实验机(SSEM)和美国陆军弹道研究实验室研制的离散变量自动电子计算机(EDVAC)已经具备了真正计算机的特性。它们是通用的,并且能够运行所有程序;除此之外,它们的存储器还会对程序数据进行存储。

Z3(Zusc Z3)计算机是第二次世界大战期间德国研制成功的,比同盟国所有的计算机都要先进,它是真正的通用计算机,与现代计算机唯一不同之处,是其利用纸带而非存储器来存储程序。1943年,Z3计算机在盟军对柏林的空袭中毁于一旦。而ENIAC计算机专为美国陆军军械部队所造，主要用于计算大炮射程表，对氢弹研制背后的数学计算也做出了重要贡献。

在第二次世界大战期间，人们为完成特定任务研制了计算机，如同差分机一般，那时的计算机只能进行一项计算工作，如果目标任务改变就必须重新再设计一台。为了简化操作，人们推出了电子数字积分计算机，这一新型计算机由一系列零部件构成，通过线路的不同组合可以进行不同计算。因此，在面对新任务时，人们不再需要重新制造计算机，只要将一台机器的线路重新组合即可。

1.3.2 计算机无处不在

今天，计算机几乎存在于所有电子设备之中，这类计算机通常被称为嵌入式计算机。比起乱七八糟的一堆组件，只需一个简单的芯片就可以实现所有功能还是比较划算的。

嵌入式计算机运行速度不同、体积大小不一，但从根本上讲，它们的功用都是一样的。烤面包机内嵌的计算机存储器可能无法运行电子制表程序，也没有显示屏、键盘和鼠标供人机交互使用，但这些都是物理限制。如果为其配备更高级的存储器和合适的外围设备，它同样能够用来运行指定的任何程序。

事实上，嵌入式计算机大部分只能在工厂进行一次编程，这样做是为了对运行的程序进行加密，同时降低可能因改编程序所引起的售后服务成本。与台式计算机相比，它们的运行速度要慢得多。然而，越来越多的设备开始允许通过插入电缆的方式进行升级，对掌握了如何安装自备软件而非制造商提供程序的人来说，这一点迟早会实现。

机器人其实就是配有特殊外围设备的电子设备，诸如手臂和轮子，以帮助其与外部环境进行交互。机器人内部的计算机能够运行程序，它的摄像头拍摄物体影像后，相关程序通过数据中心里的照片就可以对影像进行区分，以此来帮助机器人在现实环境中辨认物体。

1.3.3 通用计算机

电子计算机简称计算机，俗称电脑，是一种通用的信息处理机器，它能执行可以充分详细描述的任何过程。用于描述解决特定问题的步骤序列称为算法，算法可以变成软件（程序），确定硬件（物理机）能做什么和做了什么。创建软件的过程称为编程。

几乎每个人都用过计算机，人们玩计算机游戏，或用计算机写文章，在线购物，听音乐或通过社交媒体与朋友联系。计算机还被应用于预测天气、设计飞机、制作电影、经营企业、完成金融交易和控制工厂等。

中国的第一台电子计算机诞生于 1958 年。在 2021 年 6 月 28 日公布的全球超算 500 强榜单中，中国以拥有 186 台超级计算机，继续蝉联全球拥有超算数量最多的国家（见图 1-11）。

但是，计算机到底是什么机器？一个计算设备怎么能执行这么多不同的任务呢？现代计算机可以被定义为"在可改变的程序的控制下，存储和操纵信息的机器"。该定义有两个关键要素：

第一，计算机是用于操纵信息的设备。这意味着我们可以将信息存入计算机，计算机将信息转换为新的、有用的形式，然后显示或以其他方式输出信息。

第二，计算机在可改变的程序的控制下运行。计算机不是唯一能操纵信息的机器。人们用简单的计算器来运算一组数字时，就执行了输入信息（数字），处理信息（如计算连续的总和），然后输出信息（如显示）。另一个简单的例子是油泵，给油箱加油时，油泵利用某些输入：当前每升汽油的价格和来自传感器的信号，读取汽油流入汽车油箱的速率。油泵将这个输入转换为加了多少汽油和应付多少钱的信息。但是，计算器或油泵并不是完整的计算机，尽管这些设备实际上可能包含有嵌入式计算机，但与计算机不同，它们被构建为执行单个特定任务。

图 1-11 中国的超级计算机"神威·太湖之光"

1.3.4 计算机语言

在读取-执行周期中，存储器内的指令会被依次读取并执行，计算机理解的指令组决定了编程的有效性。所有计算机都能完成一样的工作，但有些只需要一个指令就能执行，其他的可能需要好几个指令才能执行。普通台式计算机可用的指令成百上千，其中还包括一些可用于解决复杂的数学或图形问题的指令。但制造单一指令计算机也是有可能的。

就像词汇构成语言一样，计算机理解的指令构成了计算机语言，也就是机器代码。这是一种用数值表示的复杂语言，由人类写入十分困难。

小规模实验机、离散变量自动电子计算机以及后来出现的大多数计算机都将程序和程序运行数据存储在同一存储器中，这就意味着有些程序可以编写和修改其他一些程序。在计算机的帮助下，我们可以设计出更有表现力、更加优雅的语言，并指示机器将其翻译为读取-执行周期能够理解的模式。

计算机语言有许多种，其中有一些就是专为利基应用设计的。所谓利基应用是指针对企业的优势细分出来的市场，这个市场不大，而且没有得到令人满意的服务。产品推进这个市场是因为其有盈利的基础。有些计算机语言有助于操控文本，有些则能够有效处理结构化数据或是简明应用数学概念。多数计算机语言（但并非所有）都由规则和计算构成，这也是大部分人所理解的计算机。

1.3.5 建模

计算机科学家常常会谈及建立某个过程或物体的模型，这并不是说要拿卡纸和软木来制作一个真正的复制品。"模型"是一个数学术语，意思是写出事件运作的所有方程式并进行计算，这样就可以在没有真实模型的情况下完成实验测试。由于计算机运行十分迅速，因此，与真正的实验操作相比，计算机建模能够更快地得出答案。

在某些情况下，在现实生活中进行实验可能是不实际的。气候变化就是一个典型例子。根本没有第二个地球或是时间可供我们进行实验。计算机模型可以非常简单也可以非常复杂，这完全取决于我们想要探索的信息是什么（见图 1-12）。

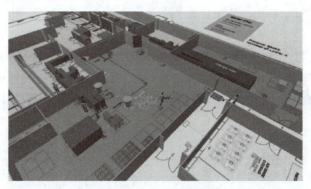

图 1-12　计算机建模

假设我们想要对橡皮球运动进行物理学建模。在理想环境中，掉落的橡皮球总是会反弹到其掉落高度的一定高度。如果从 1 m 处掉落，那它可能会反弹至 0.5 m，下一次反弹的高度可能只有 0.25 m，再下一次 0.125 m，依此类推。反弹所需的时间是从掉落物体的物理运动中得出的。这就是两个非常简单的方程式及两个数字，提供给我们每次反弹的高度及所需时间。理想小球在停止运动前会进行无限次弹跳，但由于每次弹跳时间递减，所以小球会在有限时间内结束有限次数的弹跳。不过理想的小球并不存在。在计算上建立这样的模型十分容易，但并不精确。因为小球弹跳的数量不仅取决于球本身，还与反弹触及的表面有关。此外，小球在每次弹跳的过程中还会因反弹摩擦力和空气阻力丢失能量。将所有这些因素都囊括进模型当中需要大量研究和物理学背景作为支撑，但这也并不是不可完成的任务。

现在假设我们要计算球拍击球后网球在球场上弹跳的路径，我们需要考虑球可能以不同角度接触的不同平面，以及球本身的旋转。此外，每次弹跳都会对球内空气进行加热并改变其特性，要建立起这样的模型就更加困难。

最后，假设我们要设计某种武器，能够将橡皮球以极快的速度朝定点射出，速度太快以致球会在冲击力的作用下破碎。我们需要对小球的构成材料进行建模，并且追踪每一块四散飞开的小球碎片（见图 1-13）。在建立起足够精确的模型之前，我们甚至需要模拟橡皮球的每一个原子。在我们现有的计算机上，这样的模型运行速度一定会十分缓慢，但也是十分有可能建立起来的，因为我们了解物理和化学的基本原理。

图 1-13　追踪碎片模型

人工智能最根本也最宏伟的目标之一就是建立人脑般的计算机模型。完美模型固然最好，但精确性稍逊的模型也同样十分有效。我们将深入探讨用于制造完美模型的各种方法。有些方法已经生成了有用的产品，但就我们的目标而言却过于简单了。有些方法展示出了成功的可能性；有些试图模拟逻辑和理性；有些则尝试模拟脑细胞。大部分研究人员认为解决问题的答案就隐藏在种种细节之中。然而，如果有必要更详细地对单个细胞进行建模，从根本上来说也不是完全不可能的。尽管或许还需要再等上好几个十年，我们的计算机才有能力以不错的速度运行这些模型。

1.4 人工智能大师

艾伦·麦席森·图灵（Alan Mathison Turing，1912年6月23日—1954年6月7日，见图1-14），出生于英国伦敦帕丁顿，毕业于普林斯顿大学，是英国数学家、逻辑学家，被誉为"计算机科学之父""人工智能之父"，他是计算机逻辑的奠基者。1950年，图灵在其论文《计算机器与智能》中提出了著名的"图灵机"和"图灵测试"等重要概念。图灵思想为现代计算机的逻辑工作方式奠定了基础。为了纪念图灵对计算机科学的巨大贡献，1966年，由美国计算机协会（ACM）设立一年一度的"图灵奖"，以表彰在计算机科学中做出突出贡献的人。图灵奖被喻为"计算机界的诺贝尔奖"。

约翰·冯·诺依曼（John von Neumann，1903年12月28日—1957年2月8日，见图1-15），出生于匈牙利，毕业于苏黎世联邦工业大学，数学家，现代计算机、博弈论、核武器和生化武器等领域内的科学全才，被后人称为"现代计算机之父""博弈论之父"。他在泛函分析、遍历理论、几何学、拓扑学和数值分析等众多数学领域及计算机学、量子力学和经济学中都有重大成就，也为第一颗原子弹和第一台电子计算机的研制做出了巨大贡献。

图1-14 计算机科学之父、人工智能之父——图灵

图1-15 现代计算机之父、博弈论之父——冯·诺依曼

1. 几个世纪以来，人类一直在利用工具帮助其思考，计算的最原始工具之一甚至可以追溯到（　　）。

　　A．算盘　　　　B．小鹅卵石　　　　C．电脑　　　　D．计算器

2. 一般认为，地处英格兰威尔特郡索尔兹伯里平原上的史前时代文化神庙遗址巨石阵，是古人用来（　　）。
   A. 预测天文事件　　　　　　　　B. 进行科学计算
   C. 装饰大自然　　　　　　　　　D. 构筑军事工事
3. 1900年人们在希腊安提基特拉岛附近的罗马船只残骸上找到的机械残片，被认为是（　　）。
   A. 帆船的零部件　　　　　　　　B. 外星人留下的物件
   C. 天体观测仪的残片　　　　　　D. 海洋生物的化石
4. 安提基特拉机械可追溯至公元前150—公元前100年，它包含至少36个手工齿轮，只需要设置日期盘，就能够预测太阳和月亮的（　　），以及某些恒星的上升和下降。
   A. 角度　　　　B. 位置　　　　C. 大小　　　　D. 多少
5. 皮格玛利翁的故事表明，在（　　），将无生命的物体变成有生命的存在并不是一件不可想象的事情。
   A. 古代　　　　B. 当代　　　　C. 东方　　　　D. 非洲
6. 传说在13世纪左右，想学加法和减法上德国的学校就足够了，但如果还想要学乘法和除法，那就必须去意大利才行，这是因为当时（　　）。
   A. 德国没有大学
   B. 意大利人更聪明
   C. 意大利文化比德意志文化更高明
   D. 所有的数字都是用罗马数字写成的，使计算变得很复杂
7. 我们现在所使用的十位数码实际上是（　　）数学家发明的。
   A. 美国　　　　B. 罗马　　　　C. 阿拉伯　　　　D. 印度
8. 1821年，英国数学家兼发明家查尔斯·巴贝奇开始了对数学机器的研究，他研制的第一台数学机器称为（　　）。
   A. 计算机　　　B. 计算器　　　C. 差分机　　　　D. 分析机
9. 1842年，巴贝奇请求艾达（Ada）帮他将一篇与机器相关的法文文章翻译成英文。艾达在翻译注解中包含了一套机器编程系统，也因此，艾达·洛夫莱斯被后人誉为第一位（　　）。
   A. 计算机程序员　　　　　　　　B. 法文翻译家
   C. 机械工程师　　　　　　　　　D. 数据科学家
10. 第一代差分机并没有成功。在后来研究（　　）的过程中，巴贝奇总结了一些原则和提升空间，从而提出了一套全新的差分机设计方案，制作出了第二代差分机。
    A. 计算机　　　B. 计算器　　　C. 差分机　　　　D. 分析机
11. "机器人（Robot）"的称呼最初源于（　　）。
    A. 1946年图灵的一篇论文　　　　B. 1920年卡雷尔·恰佩克的一部舞台剧
    C. 1968年冯·诺依曼的一部手稿　D. 1934年卡斯特罗的一次演讲
12. 最初，"计算机（Computer）"这个词指的是（　　）。
    A. 计算的机器　　B. 做计算的人　　C. 电脑　　　　D. 计算桌
13. 被誉为世界上第一台通用电子数字计算机的是（　　）。

A. ENIAC　　　　B. Colossus　　　　C. Ada　　　　D. SSEM

14. 今天，计算机几乎存在于所有电子设备之中，这类计算机被称为（　　）计算机。

A. 内置式　　　　B. 隐藏式　　　　C. 嵌入式　　　　D. 集成式

15. 事实上，嵌入式计算机一般只能在工厂进行一次编程，这样做是为了对运行的程序进行（　　），同时降低可能因改编程序引起的售后服务成本。

A. 存档　　　　B. 运算　　　　C. 优化　　　　D. 加密

16. 电子计算机简称计算机，俗称电脑，是一种（　　）的信息处理机器，它能执行可以充分详细描述的任何过程。

A. 固化　　　　B. 通用　　　　C. 专用　　　　D. 模拟

17. 在计算机技术中，用于描述解决特定问题的步骤序列称为（　　），它可以变成软件（程序），确定硬件（物理机）能做什么和做了什么。

A. 算法　　　　B. 函数　　　　C. 规则　　　　D. 手续

18. 就像词汇构成语言一样，计算机理解的（　　）构成了计算机语言，也就是机器代码。

A. 规则　　　　B. 函数　　　　C. 指令　　　　D. 数据

19. 计算机科学家常常会谈及建立某个过程或物体的模型，这个"模型"指的是（　　）。

A. 类似航模这样的手工艺品
B. 机械制造业中的模具
C. 写出事件运作的所有方程式并进行计算
D. 用卡纸和软木制作的一个复制品

20. 为了纪念其对计算机科学的巨大贡献，1966年，由美国计算机协会（ACM）设立一年一度的"（　　）奖"，以表彰在计算机科学中做出突出贡献的人。

A. 阿奇舒勒　　　　B. 熊彼特　　　　C. 冯·诺依曼　　　　D. 图灵

研究性学习　"神奇"的动物智能与对人工智能的憧憬

所谓"研究性学习"，是以培养学生"具有永不满足、追求卓越的态度，发现问题、提出问题、从而解决问题的能力"为基本目标；以学生从学习和社会生活中获得的各种课题或项目设计、作品的设计与制作等为基本的学习载体；以在提出问题和解决问题的全过程中学习到的科学研究方法，获得的丰富且多方面的体验和科学文化知识为基本内容；以在教师指导下，学生自主开展研究为基本的教与学的形式。在本书中，作者结合各单元学习内容，精心选取了系列导读案例，用一个个小故事讲述人们在人工智能帮助下是如何工作、如何生活的，工作方式和生活与现在相比有何变化，着眼于"我们如何灵活应用这一技术"，来"开动对未来的想象力"。

（1）组织学习小组。本课程的"研究性学习"活动主要通过学习小组，以集体形式开展活动。为此，请你邀请或接受其他同学的邀请，组成研究性学习小组。小组成员以 3～5 人为宜。

你们的小组成员是：

召集人：＿＿＿＿＿＿＿（专业、班级：＿＿＿＿＿＿＿＿＿＿＿＿＿＿＿＿）

组　员：＿＿＿＿＿＿＿（专业、班级：＿＿＿＿＿＿＿＿＿＿＿＿＿＿＿＿）

　　　　＿＿＿＿＿＿＿（专业、班级：＿＿＿＿＿＿＿＿＿＿＿＿＿＿＿＿）

_____（专业、班级：_____）
_____（专业、班级：_____）
（2）小组活动：阅读本课的【导读案例】。讨论：
①"神奇的动物智能"，例举你知道的动物智能的现象和趣事。
②"对人工智能的憧憬"，想象我们对未来人工智能技术与应用发展的认识。
记录：请记录小组讨论的主要观点，推选代表在课堂上简单阐述你们的观点。
_____
_____
_____

评分规则：若小组汇报得 5 分，则小组汇报代表得 5 分，其余同学得 4 分，余下类推。
实训评价（教师）：_____
_____

第 2 课 人工智能定义

学习目标

知识目标

(1) 理解人工智能是科学和工程的产物。所有人工智能研究都围绕着计算机展开,其全部技术也都是在计算机中执行的。

(2) 熟悉人工智能的定义,熟悉图灵测试和新图灵测试。

(3) 了解人工智能发展的 6 个阶段,了解人工智能研究领域。

能力目标

(1) 掌握专业知识的学习方法,培养阅读、思考与研究的能力。

(2) 提高"小组"的参与、组织和活动能力,具备团队精神。

素质目标

(1) 在学习中体验和把握计算思维,提高专业素养。

(2) 热爱学习,勤于思考,掌握学习方法,提高学习能力。

(3) 把握科学精神,体会科学家的研究精神和人工智能事业发展,提高专业"工匠"素质。

重点难点

(1) 理解图灵测试,理解新图灵测试。

(2) 理解人工智能发展起起落落的发展历程。

(3) 理解人工智能的实现途径。

导读案例 准自动驾驶汽车

如今,汽车上普遍开始搭载人工智能系统,自动驾驶汽车已经陆续行驶在道路上(见图 2-1),拉开了汽车自动驾驶、无人驾驶时代的帷幕。不过,我们在街上看到的还只是"准自动驾驶"汽车类型,这种车子在特定环境及停车场等特定场所可以实现无人驾驶。像这样的自动驾驶汽车,会给我们的生活带来怎样的改变呢?

图 2-1　2019 年 9 月，百度 Apollo 在长沙落地首批 45 辆"自动驾驶出租车队"

这里，我们说一个"未来"的故事。讲述的是生活在德国斯图加特的一位 38 岁的汽车 4S 店销售员克劳斯先生。克劳斯非常优秀，个人也很努力，但迫于工作和生活的压力而疲于奔命。把他从这种状态中拯救出来的居然是"自动驾驶汽车"。

根据医生的保健医嘱，克劳斯每次去探望母亲时坚持在家附近的森林中慢跑。一天早上，克劳斯跑步后回到家，母亲正用平板电脑看新闻，她拿着的茶杯上印着"全世界最棒的奶奶"字样，这是她去年生日的时候孙子克里斯在美工课上用 3D 打印机制作的，她非常喜欢，爱不释手。

克劳斯正在更衣时，无人机飞来了，它根据克劳斯昨晚在智能手机上下的指示，送来了放在斯图加特公寓里的西服。由于公司位于距此 190 公里的斯图加特，克劳斯没有充裕的时间用早餐，他换上西服，抓上两个面包，拿上泡有清咖啡的平底大杯子以及公文包就走出了家门。他取出智能手机，触碰一下 App 按键，汽车自动从车库开出来；再用手指触摸车门进行指纹认证，车门解锁后自动打开了。

上车后发动引擎（见图 2-2），克劳斯坐在座椅上命令道："带我去公司！"于是，汽车导航系统启动，语音应答提示："明白。预计到斯图加特的时间大约为两小时后的 8 点半。""今天的日程安排是这样的：上午 10 点在耶罗格雷公司与赫茨先生开会，下午 4 点半与印度汽车公司的谢尔曼先生就新车在当地的生产事宜进行电话会议。"

图 2-2　自动驾驶汽车的控制

汽车缓缓启动,驶离了格罗尔茨霍芬小镇。他这样频繁地回老家,是因为大约两年前妈妈突然病倒。在克劳斯小时候父亲就离开了,他和妹妹安娜与妈妈三人一起生活。妈妈努力工作,一手带大了两个孩子。两年前母亲的身体开始不好,克劳斯很担心妈妈,但回老家格罗尔茨霍芬开车大约需要两小时,如果遇上交通堵塞耗时就更长。最初,他只能一个月回老家一次。

现在克劳斯使用"准自动驾驶汽车",它虽然比一般的手动驾驶汽车价格贵,但一年前克劳斯还是下决心换了车子,这样他就可以在车内办公,即使工作没有完成也可以尽早地从斯图加特出发。导航会搜索交通堵塞最少的路段,从而缓解拥堵,这样克劳斯就可以常回老家照顾母亲。

出了格罗尔茨霍芬,一会儿就进入了高速公路,他将模式调为"自动驾驶"(见图2-3)。克劳斯把手挪开方向盘,转动座椅,克劳斯一边吃着早点,一边打开计算机查阅邮件,确认今天会议的议题,修改发给客户的资料以及温习演讲内容。

图2-3 自动驾驶模式

7点半时,有一个视频电话打了进来,是妻子和女儿卡伦、儿子克里斯打来的,他们正在前往学校的车里。挂断电话后,克劳斯轻轻舒展了一下,将座椅稍微放倒休息一会。

随后,克劳斯打开仪表盘上的屏幕看了会新闻。这时,汽车导航系统发出声音:"即将到达!"两分钟后,车子到达公司。克劳斯整理好衣服和领带,拎着包来到车外。按下智能手机上的按键,无人乘坐的汽车自动开进公司车库,找好停车位停车。现在,这已经成了很普通的情形,但是当他第一次看到车子巧妙地自动停放在狭小空间里时,还是觉得非常惊讶的。

进入公司大楼,克劳斯泡上咖啡,打开计算机。他从车上发送的资料已经被打印得漂漂亮亮并装订了起来。他拿着这些资料,邀请上司到会议室,进行会议前的最终确认。

9点40分,他前往耶罗格雷公司。出办公室前,他用智能手机呼叫汽车。到了对方的公司,下车后车子又自动在该公司的车库里找到停车位停车。

他在会议上全神贯注,谈判进展得很顺利,这也仰仗于他在车上做的充分准备。

会议结束后,他坐进汽车,发动引擎。已经到午餐时间了,导航系统自动在仪表盘上显示地图,介绍周围几家克劳斯喜欢的餐厅。自动驾驶汽车的导航系统分析了克劳斯平时的行为,掌握了他对食物的喜好。当克劳斯告诉导航系统自己想去新开业的泰式料理餐厅时,导航便计算出最短路程,带他到了那家餐厅。

在前往餐厅的路途中,他将车子连上公司的电视会议系统,将谈判结果向位于总公司的上司做了汇报。

　　……

　　过去，克劳斯每逢星期五都必须工作到很晚。但自从有了自动驾驶汽车，甚至可以在车上移动办公，工作和生活的时间似乎充裕了很多。

　　克劳斯坐进汽车，突然看到镜子中自己的脸，他吓了一跳，因为这样放松、快乐的一张脸，自己已经很久没有看到了。对于他来说，不够用的只有一个，那就是时间。正是自动驾驶汽车给了他充裕的时间，所以才能过上这样充实的生活，这种情形是一年前他根本无法想象的。当他喜欢的披头士乐队的曲子响起时，他即兴地哼着歌曲，开始驶回斯图加特。

阅读上文，请思考、分析并简单记录：

（1）从克劳斯先生的故事中，我们看到了哪些人工智能时代的新鲜元素？

答：_____

_____

_____

（2）由于自动驾驶汽车的出现，未来商务人士的时间使用方式和现在相比将发生重大变化。请简单分析，会有哪些积极变化？

答：_____

_____

_____

（3）按现行的交通安全法规定，在行驶过程中驾驶员不能脱离双手做驾驶以外的事情，必须时刻监视交通状况。将来，如果使用自动驾驶汽车，除了可以充分利用时间，还可以在驾驶过程中应用智能驾驶技术避免诸多不安全因素。请分析并简要表达你的观点。

答：_____

_____

_____

（4）请简单记述你所知道的上一周发生的国际、国内或者身边的大事。

答：_____

_____

_____

　　虽然计算机面世还不到100年，但我们日常生活中的许多设备都蕴藏着人工智能技术。例如，手机能够回答我们"西雅图现在几点？"电子游戏中会有计算机控制的怪兽鬼鬼祟祟在背后攻击我们，在股票市场用退休金进行投资，银行系统拒绝我们的贷款，甚至真空清洁地板，这些都是人工智能的体现。

2.1 人工智能概述

将人类与其他动物区分开的特征之一就是省力工具的使用。人类发明了车轮和杠杆,以此减轻远距离携带重物的负担。人类发明了长矛,从此不再需要徒手与猎物搏斗。数千年来,人类一直致力于创造越来越精密复杂的机器来节省体力,然而,能够帮助我们节省脑力的机器却只是一个遥远的梦想。时至今日,我们才具备了足够的技术实力来探索更加通用的思考机器。

2.1.1 "人工"与"智能"

显然,人工智能(Artificial Intelligence, AI)就是人造的智能,它是科学和工程的产物。人们会进一步考虑什么是人力所能及制造的,或者人自身的智能程度有没有达到可以创造人工智能的地步,等等。但生物学不在讨论范围之内,因为基因工程与人工智能的科学基础全然不同。虽然可以在器皿中培育脑细胞,但这只能算是天然大脑的一部分。所有人工智能的研究都围绕着计算机展开,其全部技术也都是在计算机中执行的。

至于什么是"智能",问题就复杂多了,它涉及诸如意识、自我、思维(包括无意识的思维)等等问题。事实上,人唯一了解的是人类本身的智能,但我们对自身智能的理解,对构成人的智能的必要元素也了解有限,很难准确定义出什么是"人工"制造的"智能"。因此,人工智能的研究往往涉及对人的智能本身的研究,其他关于动物或人造系统的智能也普遍被认为是与人工智能相关的研究课题。

《牛津英语词典》对智能的定义为"获取和应用知识与技能的能力",这显然取决于记忆。也许人工智能领域已经影响了我们对智力的一般性认识,因此,人们会根据对实际情况的指导作用来判断知识的重要程度。人工智能的一个重要领域就是储存知识以供计算机使用。

棋局是程序员研究的早期问题之一,他们认为,就象棋而言,只有人类才能获胜。1997年,IBM机器深蓝击败了当时在位的象棋大师加里·卡斯帕罗夫(见图 2-4),但深蓝并没有显示出任何人类特质,仅仅只是对这一任务进行快速有效的编程而已。

图 2-4 卡斯帕罗夫与深蓝对弈中

2.1.2 人工智能定义

人工智能是一个很宽泛的概念,概括而言是对人的意识和思维过程的模拟,利用机器学习和数据分析方法赋予机器类人的能力。人工智能将提升社会劳动生产率,特别是在有效降低劳动成本、优化产品和服务、创造新市场和就业等方面为人类的生产和生活带来革命性的转变。

作为计算机科学的一个分支，人工智能是研究、开发用于模拟、延伸和扩展人的智能的理论、方法、技术及应用系统的一门新的技术科学，是一门自然科学、社会科学和技术科学交叉的边缘学科，它涉及的学科内容包括哲学和认知科学、数学、神经生理学、心理学、计算机科学、信息论、控制论、不定性论、仿生学、社会结构学与科学发展观等。

人工智能研究领域的一个较早流行的定义，是由约翰·麦卡锡在1956年的达特茅斯会议上提出的，即：人工智能就是要让机器的行为看起来像是人类所表现出的智能行为一样。另一个定义指出：人工智能是人造机器所表现出来的智能性。总体来讲，对人工智能的定义大多可划分为四类，即机器"像人一样思考""像人一样行动""理性地思考""理性地行动"。这里"行动"应广义地理解为采取行动，或制定行动的决策，而不是肢体动作。

尼尔逊教授对人工智能下了这样一个定义："人工智能是关于知识的学科——怎样表示知识以及怎样获得知识并使用知识的科学。"而温斯顿教授认为："人工智能就是研究如何使计算机去做过去只有人才能做的智能工作。"这些说法反映了人工智能学科的基本思想和基本内容。即人工智能是研究人类智能活动的规律，构造具有一定智能的人工系统，研究如何让计算机去完成以往需要人的智力才能胜任的工作，也就是研究如何应用计算机的软/硬件来模拟人类某些智能行为的基本理论、方法和技术。

可以把人工智能定义为一种工具，它用来帮助或者替代人类思维。它是一项计算机程序，可以独立存在于数据中心，在个人计算机里，也可以通过诸如机器人之类的设备体现出来。它具备智能的外在特征，有能力在特定环境中有目的地获取和应用知识与技能。

人工智能是对人的意识、思维的信息过程的模拟。人工智能不是人的智能，但能像人那样思考、甚至也可能超过人的智能。自诞生以来，人工智能的理论和技术日益成熟，应用领域也不断扩大，可以预期，人工智能所带来的科技产品将会是人类智慧的"容器"，因此，人工智能是一门极富挑战性的学科。

20世纪70年代以来，人工智能被称为世界三大尖端技术之一（空间技术、能源技术、人工智能），也被认为是21世纪三大尖端技术（基因工程、纳米科学、人工智能）之一，这是因为近几十年来人工智能获得了迅速的发展，在很多学科领域都获得了广泛应用，取得了丰硕成果。

2.1.3 图灵测试

1950年，在计算机发明后不久，图灵提出了一套检测机器智能的测试，也就是后来广为人知的图灵测试。图灵说，如果一台机器能够通过文本界面与人类进行对话，使人类无法区分人类和机器，那么这台机器就是智能的。在实验中，测试者分别与计算机和人类各交谈5 min，随后判断哪个是计算机，哪个是人类。图灵曾经认为，到2000年，测试者答案的正确率可能只有70%。

每一年，所有参加测试的程序中最接近人类的那一个将被授予勒布纳人工智能奖（Loebner Prize）。到目前为止，还没有出现任何程序能够如图灵预测的那样出色，但它们的表现确实越来越好了，就像象棋程序能够击败象棋大师一样，计算机最终一定可以像人类一般流畅交谈。当那天来临的时候，会话能力显然就不能再代表智力了。

2.1.4 人工智能的实现途径

对于人的思维模拟的研究可以从两个方向进行,一是结构模拟,仿照人脑的结构机制,制造出"类人脑"的机器;二是功能模拟,从人脑的功能过程进行模拟。现代电子计算机的产生便是对人脑思维功能的模拟,是对人脑思维的信息过程的模拟。

实现人工智能有三种途径,即强人工智能、弱人工智能和实用型人工智能。

强人工智能(Bottom-Up AI),又称多元智能,研究人员希望人工智能最终能成为多元智能并且超越大部分人类的能力。有些人认为要达成以上目标,可能需要拟人化的特性,如人工意识或人工大脑。上述问题被认为是人工智能的完整性:为了解决其中一个问题,必须解决全部的问题。即使一个简单和特定的任务,如机器翻译,要求机器按照作者的论点(推理)、知道什么是被人谈论(知识),忠实地再现作者的意图(情感计算)。因此,机器翻译被认为是具有人工智能完整性。

强人工智能的观点认为有可能制造出真正能推理和解决问题的智能机器,并且这样的机器将被认为是有知觉的,有自我意识的。强人工智能可以分两类:

(1)类人的人工智能,即机器的思考和推理就像人的思维一样。

(2)非类人的人工智能,即机器产生了和人完全不一样的知觉和意识,使用和人完全不一样的推理方式。

强人工智能即便可以实现也很难被证实。为了创建具备强人工智能的计算机程序,我们必须清楚了解人类思维的工作原理,而想要实现这样的目标,我们还有很长的路要走。

弱人工智能(Top-Down AI)观点认为不可能制造出能真正地推理和解决问题的智能机器,这些机器只不过看起来像是智能的,但是并不真正拥有智能,也不会有自主意识。

弱人工智能只要求机器能够拥有智能行为,具体的实施细节并不重要。深蓝就是在这样的理念下产生的,它没有试图模仿国际象棋大师的思维,仅仅遵循既定的操作步骤。倘若人类和计算机遵照同样的步骤,那么比赛时间将会大大延长,因为计算机每秒验算的可能走位就高达2亿个,就算思维惊人的象棋大师也不太可能达到这样的速度。人类拥有高度发达的战略意识,这种意识将需要考虑的走位限制在几步或是几十步以内,而计算机的考虑数以百万计。就弱人工智能而言,这种差异无关紧要,能证明计算机比人类更会下象棋就足够了。

如今,主流的研究活动都集中在弱人工智能上,并且一般认为这一研究领域已经取得可观的成就,而强人工智能的研究则处于停滞不前的状态。

第三种途径称为实用型人工智能。研究者们将目标放低,不再试图创造出像人类一般智慧的机器。眼下我们已经知道如何创造出能模拟昆虫行为的机器人(见图2-5)。机械苍蝇看起来似乎并没有什么用,但即使是这样的机器人,在完成某些特定任务时也是大有裨益的。比如,一群如狗大小,具备蚂蚁智商的机器人在清理碎石和在灾区找寻幸存者时就能够发挥

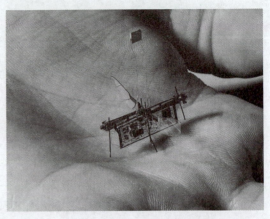

图2-5 美国华盛顿大学研制的靠激光束驱动的 RoboFly昆虫机器人

很大的作用。

随着模型变得越来越精细，机器能够模仿的生物越来越高等，最终，我们可能必须接受这样的事实：机器似乎变得像人类一样智慧了。也许实用型人工智能与强人工智能殊途同归，但考虑到一切的复杂性，我们不会相信机器人是有自我意识的。

2.2 人工智能发展历史

人工智能的传说甚至可以追溯到古埃及，而电子计算机的诞生使信息存储和处理的各个方面都发生了革命，计算机理论的发展产生了计算机科学并最终促使了人工智能的出现。计算机这个用电子方式处理数据的发明，为人工智能的可能实现提供了一种媒介。

2.2.1 从人工神经元开始

1943年，沃伦·麦卡洛克和沃尔特·皮茨提出了人工神经元概念，证明了本是纯理论的图灵机可以由人工神经元构成。制造每个人工神经元需要大量真空管，然而，只需要少数真空管就可以建成逻辑门，即一种由一个或多个输入端与一个输出端构成的电子电路，按输入与输出间的特定逻辑关系运行，逻辑门也是计算机的组成成分。

1950年，图灵发表名为《计算机器和智能》的文章，指出了定义智能的困难所在。他提出：能像人类一般进行交谈和思考的计算机是有希望制造出来的，至少在非正式会话中难以区分。能否与人类无差别交谈这一评价标准就是著名的图灵测试。

取得这些成果不久之后，计算机就开始被应用于第一批人工智能实验，当时所用的计算机体积小且速度慢。曼彻斯特马克一号以小规模实验机为原型，存储器仅有640字节，时钟555 Hz（相比之下，现代台式计算机的存储器可达40亿字节，时钟频率30亿Hz），这就意味着必须谨慎挑选将利用它们来解决的研究问题。在第一个十年里，人工智能项目涉及的都是基本应用，这也成为了后续探索研究的奠基石。

逻辑理论机发布于1956年，以五个公理为出发点推导定理，以此来证明数学定理。这类问题就如同迷宫，假定自己朝着出口的方向走就是最好的路线，但实际上往往并不能成功，这也正是逻辑理论机难以解决复杂问题的原因所在。它选择看起来最接近目标的方程式，丢弃了那些看起来偏题的方程式。然而，被丢弃的可能正是最需要的。

同样在1956年，一批有远见卓识的年轻科学家，如达特茅斯学院的约翰·麦卡锡、哈佛大学的马文·闵斯基、IBM公司的纳撒尼尔·罗彻斯特，以及贝尔电话实验室的克劳德·香农等，在达特茅斯学会上聚会，共同研究和探讨用机器模拟智能的一系列有关问题，创建了达特茅斯夏季人工智能研究计划。这场为期两个月的研讨会聚集了人工智能领域的顶尖专家学者，对后世产生了深远影响，首次提出了"人工智能（AI）"这一术语，它标志着"人工智能"这门新兴学科的正式诞生。

到1959年，美国计算机领域的先驱阿瑟·塞缪尔已经为其跳棋程序配备了比逻辑理论机更加务实的方法。跳棋程序的处理体系与十多年后的遗传算法十分类似，该程序与自身进行一系列游戏，并在此过程中不断学习如何给每一个棋盘位置评分，通过比较不同位置得分确定推荐玩法，以此来避免错误移动，选择最佳走法。

1961年，美国数学家詹姆斯·斯拉格编写了符号自动积分程序（SAINT），该程序能够像本科一年级学生一样解决微积分问题。尽管它关注的是微积分这一晦涩难懂的领域，但其实是解决搜索问题的另一种尝试，其工作原理不是探索所有可能的解决方案，而是将问题分解为更容易解决的不同部分。

1964年，美国博士生丹尼尔·鲍博罗证明了计算机通过编程能够深度理解自然语言（指英语），并计算简单的代数方程。一年后，德裔计算机科学家约瑟夫·维森鲍姆发表了ELIZA（伊丽莎）程序，该程序能够与用户流畅会话，甚至被误当成真人。

1966年，首届机器智能研讨会在英国爱丁堡成功举行。然而，就在同一年，一篇诋毁机器翻译（将一种人类语言翻译成另一种）的报告极大地削减了接下来几年间自然语言研究的资金支持。人工智能领域本该有频繁的进步，但实际发展却总比支持者们预想的要缓慢得多。

1967年，第一套成功的专家系统DENDRAL推出，它能够帮助化学家从质谱学（一种化学分析技术，通过衡量加热时发出的光来判断样本所含化学物质的数量和种类）角度分析数据，以辨别单体化合物。

1968年，麻省理工学院（MIT）的一名程序员理查德·格林布莱特编写了一套程序，其国际象棋水平足以拿到锦标赛C类评级，与象棋协会的忠实会员不相上下。

1969年，首届国际人工智能联合会议在加利福尼亚州的斯坦福大学召开。同年，两名麻省理工教授，马文·明斯基和西摩尔·帕普特出版了《感知器》（又名《人工神经元》）一书，指出了前人未曾预料到的一些缺陷和不足，这可能也是造成之后一二十年间研究锐减的原因。

1971年，麻省理工学院学生特里·威诺格拉德在其博士论文中提出了SHRDLU系统。该系统能够利用虚拟机械臂移动虚拟积木，接收英语指令并做出类似回答，它会设计一套方案来实现目标。比如，假设需要将蓝色方块置于红色方块上，但黄色方块已经占据了目标位置，程序会明白必须先将黄色方块移开。SHRDLU能够根据上下文理解代词等用法，例如，"拿起红色方块，然后将它放在蓝色方块上"中的"它"。它还可以记住并描述所有操作步骤，也可以对"为什么要这么操作"这类问题进行回答。

1973年，爱丁堡大学装配机器人小组创造了弗雷迪（Freddy），它拥有双目视觉，能够辨识模型的不同部分再将其重新组装成完整模型，耗时约16 h。然而，1973年的《莱特希尔报告》却否定了这一研究进程，从而造成政府资助的锐减。

1974年，哈佛大学的一名美国博士生保罗·沃伯斯引入了一种可以使人工神经网络自主学习的新途径，并在20世纪80年代中期被广泛运用，结束了自1969年起技术荒废的日子。

1975年，加拿大裔计算机科学家、医生泰德·肖特利夫在他的斯坦福大学博士论文中介绍了MYCIN。借鉴DENDRAL的理念，MYCIN为医生进行医疗诊断提供建议。然而，这一专家系统却很少被采用，因为它过多描述了病人的症状，反而对如何指导医生做出决定的阐述并不充分。但不可否认，到20世纪80年代中期，许多专家系统都在MYCIN的影响下成为了成功的商业产品。同样是在1975年，马文·明斯基发表了一篇备受关注的文章，提出用框架表示知识。

1979年，汉斯·莫拉维克制成了斯坦福马车（见图2-6），这是历史上首台无人驾驶汽车，能够穿过布满障碍物的房间，也能够环绕人工智能实验室进行行驶。

1980年，美国人工智能协会首届年会成功召开。

1986年，德国慕尼黑联邦国防军大学的恩斯特·迪克曼斯团队制成了能在空旷马路上以

90 km/h 的速度行驶的无人驾驶汽车。

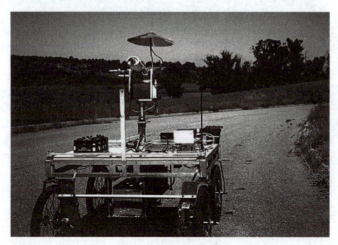

图 2-6　斯坦福马车

1987 年，马文·明斯基发表论文，将思维看做协同合作的集合代理。罗德尼·布鲁克斯以几乎一致的方法发展了机器人的包容体系结构。

1991 年，海湾战争期间，动态分析和重规划工具（DART）程序被用于计划战区的资源配置。据说，鉴于该系统发挥的重要作用，美国政府国防高等研究计划署（DARPA）在过去 30 年间对人工智能研究的所有投资已经全部收回。

1994 年，两辆载有人类驾驶员和乘客的机器人汽车安全地在繁忙的巴黎街头行驶了超过 1 000 km，随后又从慕尼黑开到了哥本哈根。人类驾驶员负责完成诸如超车等操作，并在道路施工等棘手的情况下完全接管控制。在同一年，计算机程序奇努克迫使国际跳棋冠军退位，并击败了排名第二的选手。三年后，1997 年 5 月，IBM 公司研制的深蓝（Deep Blue）计算机战胜了国际象棋大师卡斯帕洛夫，这是人工智能技术的一次完美表现。

1998 年，老虎电子公司推出了第一款用于家庭环境的人工智能玩具菲比精灵（Furby）。一年后，索尼公司推出了电子宠物狗 AIBO。

2000 年，麻省理工学院的辛西娅·布雷齐尔发表了她的论文，介绍了拥有面部表情的机器人 Kismet。

2002 年，美国 iRobot 公司推出了智能真空吸尘器 Roomba。

2004 年，美国国家航空航天局（NASA）探测车"勇气号（Spirit）"和"机遇号（Opportunity）"在火星着陆。由于无线电信号的长时延迟，两辆探测车必须根据地球传来的一般性指令进行自主操作。

2005 年，追踪网络和媒体活动的科学技术已经开始支持公司向消费者推荐他们可能感兴趣的产品。

2011 年，IBM 旗下的计算机沃森击败布拉德·鲁特和肯·詹宁斯，成为美国电视节目《危险边缘》的最终赢家。

到 2015 年中期，谷歌无人驾驶汽车的车队已经累计行驶超过 150 万 km，仅发生 14 起轻微事故且均不是由汽车本身造成的。谷歌公司曾预测该技术将于 21 世纪 20 年代向公众开放（见图 2-7）。

图 2-7 谷歌无人驾驶汽车

2.2.2 人工智能发展的 6 个阶段

虽然计算机为人工智能提供了必要的技术基础,但人们直到 20 世纪 50 年代早期才注意到人类智能与机器之间的联系。诺伯特·维纳是最早研究反馈理论的美国人之一,反馈控制的一个大家熟悉的例子是自动调温器,它将收集到的房间温度与人们希望的温度比较并做出反应,将加热器开大或关小,从而控制环境温度。这项对反馈回路的研究重要性在于:维纳从理论上指出,所有的智能活动都是反馈机制的结果,而反馈机制是有可能用机器模拟的。这项发现对早期人工智能的发展影响很大。

人工智能 60 余年的发展历程颇具周折,大致可以划分为以下 6 个阶段(见图 2-8)。

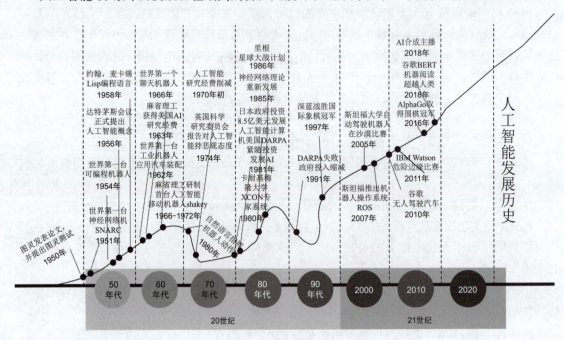

图 2-8 人工智能发展历程

一是起步发展期:1956 年到 20 世纪 60 年代初。人工智能概念在首次被提出后,相继取得了一批令人瞩目的研究成果,如机器定理证明、跳棋程序、LISP 表处理语言等,掀起了人工智能发展的第一个高潮。

二是反思发展期：20世纪60~70年代初。人工智能发展初期的突破性进展大大提升了人们对人工智能的期望，人们开始尝试更具挑战性的任务，并提出了一些不切实际的研发目标。然而，接二连三的失败和预期目标的落空（例如无法用机器证明两个连续函数之和还是连续函数、机器翻译闹出笑话等），使人工智能的发展走入了低谷。

三是应用发展期：20世纪70年代初到20世纪80年代中。20世纪70年代出现的专家系统模拟人类专家的知识和经验解决特定领域的问题，实现了人工智能从理论研究走向实际应用、从一般推理策略探讨转向运用专门知识的重大突破。专家系统在医疗、化学、地质等领域取得的成功，推动人工智能走入了应用发展的新高潮。

四是低迷发展期：20世纪80年代中叶到20世纪90年代中。随着人工智能的应用规模不断扩大，专家系统存在的应用领域狭窄、缺乏常识性知识、知识获取困难、推理方法单一、缺乏分布式功能、难以与现有数据库兼容等问题逐渐暴露出来。

五是稳步发展期：20世纪90年代中叶到2010年。由于网络技术特别是因特网技术的发展，信息与数据的汇聚不断加速，加快了人工智能的创新研究，促使人工智能技术进一步走向实用化。1997年IBM深蓝计算机战胜了国际象棋世界冠军卡斯帕罗夫，2008年IBM提出"智慧地球"的概念，这些都是这一时期的标志性事件。

六是蓬勃发展期：2011年至今。随着因特网、云计算、物联网、大数据等信息技术的发展，泛在感知数据和图形处理器（GPU）等计算平台推动以神经网络深度学习为代表的人工智能技术飞速发展，大幅跨越科学与应用之间的"技术鸿沟"，图像分类、语音识别、知识问答、人机对弈、无人驾驶等具有广阔应用前景的人工智能技术突破了从"不能用、不好用"到"可以用"的技术瓶颈，人工智能发展进入爆发式增长的新高潮。

我国政府以及社会各界都高度重视人工智能学科的发展。2017年12月，人工智能入选"2017年度中国媒体十大流行语"。2019年6月17日，国家新一代人工智能治理专业委员会发布《新一代人工智能治理原则——发展负责任的人工智能》，提出了人工智能治理的框架和行动指南。这是中国促进新一代人工智能健康发展，加强人工智能法律、伦理、社会问题研究，积极推动人工智能全球治理的一项重要成果。

"AlphaGo（阿尔法狗）之父"哈萨比斯（见图2-9）表示："我提醒诸位，必须正确地使用人工智能。正确的两个原则是：人工智能必须用来造福全人类，而不能用于非法用途；人工智能技术不能仅为少数公司和少数人所使用，必须共享。"

图2-9　赛前李世石与AlphaGo之父哈萨比斯握手

2.3 人工智能的研究

繁重的科学和工程计算原本是要人脑来承担的,如今计算机不但能完成这种计算,而且能够比人脑做得更快、更准确,因此,人们已不再把这种计算看作"需要人类智能才能完成的复杂任务"。可见,复杂工作的定义是随着时代的发展和技术的进步而变化的,人工智能的具体目标也随着时代的变化而发展。它一方面不断获得新进展,另一方面又转向更有意义、更加困难的新目标。

2.3.1 人工智能的研究领域

在中国科学院大数据挖掘与知识管理重点实验室发布的《2019年人工智能发展白皮书》中,对人工智能关键技术做了概括,它们是:计算机视觉技术、自然语言处理技术、跨媒体分析推理技术、智适应学习技术、群体智能技术、自主无人系统技术、智能芯片技术、脑机接口技术等;人工智能典型应用产业与场景包括:安防、金融、零售、交通、教育、医疗、制造、健康等,同时强调人工智能开放平台的重要性。

用来研究人工智能的主要物质基础以及能够实现人工智能技术平台的机器就是计算机,人工智能的发展是和计算机科学技术以及其他很多科学的发展联系在一起的(见图2-10)。人工智能学科研究的主要内容包括:知识表示、知识获取、自动推理和搜索方法、机器学习、神经网络和深度学习、知识处理系统、自然语言学习与处理、遗传算法、计算机视觉、智能机器人、自动程序设计、数据挖掘、复杂系统、规划、组合调度、感知、模式识别、逻辑程序设计、软计算、不精确和不确定的管理、人类思维方式、人工生命等方面。一般认为,人工智能最关键的难题还是机器自主创造性思维能力的塑造与提升。

图2-10 人工智能的相关领域

图2-11 神经网络与深度学习

(1)深度学习。这是无监督学习的一种,是机器学习研究中一个新的领域,是基于现有的数据进行学习操作,其动机在于建立、模拟人脑进行分析学习的神经网络,它模仿人脑的机制来解释数据,例如图像、声音和文本(见图2-11)。

现实生活中常常会遇到这样的问题:由于缺乏足够的先验知识,因此难以人工标注类别或进行人工类别标注的成本太高。很自然地,我们希望计算机能代我们完成这些工作,或至少提供一些帮助。根据类别未知(没有被标记)的训练样本解决模式识别中的各种问题,称之为无监督学习。

(2) 自然语言处理。这是用自然语言同计算机进行通信的一种技术。作为人工智能的分支学科，研究用电子计算机模拟人的语言交际过程，使计算机能理解和运用人类社会的自然语言，如汉语、英语等，实现人机之间的自然语言通信，以代替人的部分脑力劳动，包括查询资料、解答问题、摘录文献、汇编资料以及一切有关自然语言信息的加工处理。

(3) 计算机视觉。是指用摄像机和计算机代替人眼对目标进行识别、跟踪和测量等机器视觉，并进一步做图形处理，使计算机处理成为更适合人眼观察或传送给仪器检测的图像（见图 2-12）。

计算机视觉是用各种成像系统代替视觉器官作为输入敏感手段，由计算机来代替大脑完成处理和解释。计算机视觉的最终研究目标就是使计算机能像人那样通过视觉观察和理解世界，具有自主适应环境的能力。计算机视觉的应用包括控制过程、导航、自动检测等方面。

(4) 智能机器人。如今我们的身边逐渐出现很多智能机器人（见图 2-13），他们具备形形色色的内、外部信息传感器，如视觉、听觉、触觉、嗅觉。除具有感受器外，它还有效应器，作为作用于周围环境的手段。这些机器人都离不开人工智能的技术支持。

科学家们认为，智能机器人的研发方向是，给机器人装上"大脑芯片"，从而使其智能性更强，在认知学习、自动组织、对模糊信息的综合处理等方面将会前进一大步。

图 2-12　计算机视觉应用

图 2-13　智能机器人

(5) 自动程序设计。是指根据给定问题的原始描述，自动生成满足要求的程序。它是软件工程和人工智能相结合的研究课题。自动程序设计主要包含程序综合和程序验证两方面内容。前者实现自动编程，即用户只需告知机器"做什么"，无须告诉它"怎么做"，这后一步的工作由机器自动完成；后者是程序的自动验证，自动完成正确性的检查。其目的是提高软件生产率和软件产品质量。

自动程序设计的任务是设计一个程序系统，接受关于所设计的程序要求实现某个目标作为其输入，然后自动生成一个能完成这个目标的具体程序。该研究的重大贡献之一是把程序调试的概念作为问题求解的策略来使用。

(6) 数据挖掘。是指通过算法搜索隐藏于大量数据中的信息的过程。它通常与计算机科学有关，并通过统计、在线分析处理、情报检索、机器学习、专家系统（依靠过去的经验法则）和模式识别等诸多方法来实现上述目标。它的分析方法包括：分类、估计、预测、相关性分组或关联规则、聚类和复杂数据类型挖掘。

人工智能技术的三大结合领域分别是大数据、物联网和边缘计算（云计算）。经过多年的发展，大数据目前在技术体系上已经趋于成熟，而且机器学习也是大数据分析比较常见的方式。

物联网是人工智能的基础,也是未来人工智能重要的落地应用场景,所以学习人工智能技术也离不开物联网知识。人工智能领域的研发对于数学基础的要求比较高,具有扎实的数学基础对于掌握人工智能技术很有帮助。

2.3.2 超越图灵测试——家庭健康护理

使用图灵测试来评估机器仿人思考的能力,这个针对人工智能的评判标准已经使用了60多年之久。如今,通过基于数据的"机器学习"方法,人工智能在许多应用领域都取得了长足进步,这些方法是成功的,富有成效的。人工智能已经不再是一件物件,而是多种机器智能。研究者普遍认为应该开发出新的评判标准,包括更加复杂的挑战,以推动人工智能研究在现代化的方向上更进一步。

研究人员对更强大的类人智能或通用人工智能(AGI)问题表现出浓厚的兴趣。麻省理工学院的罗德尼·布鲁克斯教授提出了远超图灵测试,考量通用人工智能的新方法。这个方法为AGI提出了一个新的目标——不是简单的文本图灵测试,而是家庭健康助理或老年护理,称之为ECW,所说的是一个机器人伴侣,但并不是指表达善意的机器人伙伴,而是一种能够提供认知和身体上的帮助,让人们在自己家中安度晚年时能够有尊严地独立生活的机器人(见图2-14)。

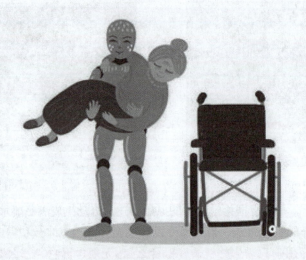

图 2-14 家庭健康助理机器人

首先,ECW需要一种体现在身体上的智能——图灵测试的无实体的软件代理将不再够用。此外,这个机器人必须完成的是,对于人类而言通过少量训练就能完成,但目前机器人无法完成的任务,比如帮助一个人安全地从浴缸里出来。

ECW机器人需要适应物理环境,例如家庭,这个环境每天都在发生微妙的变化。它还需要与社会环境进行协商,从它与被它照顾的人(称之为罗德尼)的关系开始。罗德尼今天怎么样?他的行为在这个生命和健康的阶段是正常的吗?它们有显著的变化吗?布鲁克斯写道:"为了理解罗德尼想要表达的意思,ECW需要使用各种背景和类似推理的东西。"ECW需要将观察到的行为和对话与医疗记录和其他数据联系起来,并可能提醒人类或其他机器注意异常变化。ECW需要协商的社会环境包括患者的孩子、其他人类看护人或其他进入这个家庭的人。

哪些信息是适当（和合法）共享的？ECW 将需要一个家庭和社会动态的模型。

布鲁克斯所描述的 ECW 智能的许多要求远远超出了当今人工智能系统的能力范围，无论是在认知上、生理上，还是在社交上。布鲁克斯指出 AGI 研究人员要解决的一系列新出现的问题，这些问题的解决方案可以对世界产生积极影响。

选择 ECW 只是 AGI 众多可能模型中的一个，例如还可以是一个服务物流规划师（一个更面向软件的解决方案）。

布鲁克斯围绕"工作"的理念重新定义对智能的追求。"工作"是一种丰富的、多维度的人类活动，将认知和技能嵌入社会和经济关系的网络中。这也是人文主义者和社会科学家非常了解的东西，但这些知识很少被植入机器人或人工智能系统中。

作业

1. 作为计算机科学的一个分支，人工智能的英文缩写是（　　）。
   A. CPU　　　　　B. AI　　　　　C. BI　　　　　D. DI
2. 人工智能是研究、开发用于模拟、延伸和扩展人的智能的理论、方法、技术及应用系统的一门交叉科学，它涉及（　　）。
   ① 自然科学　　　② 社会科学　　　③ 技术科学　　　④ 基因科学
   A. ①②③④　　　B. ①②④　　　C. ②③④　　　D. ①②③
3. 人工智能定义中的"智能"，涉及诸如（　　）等问题。
   ① 基因　　　　　② 意识　　　　　③ 自我　　　　　④ 思维
   A. ②③④　　　B. ①②③　　　C. ①③④　　　D. ①②④
4. 下列关于人工智能的说法不正确的是（　　）。
   A. 人工智能是关于知识的学科——怎样表示知识以及怎样获得知识并使用知识的科学
   B. 人工智能就是研究如何使计算机去做过去只有人才能做的智能工作
   C. 自 1946 年以来，人工智能学科经过多年的发展，已经趋于成熟，得到充分应用
   D. 人工智能不是人的智能，但能像人那样思考，甚至也可能超过人的智能
5. 人工智能经常被称为世界三大尖端技术之一，下列说法中错误的是（　　）。
   A. 三大尖端技术分别是：空间技术、能源技术、人工智能
   B. 三大尖端技术分别是：管理技术、工程技术、人工智能
   C. 三大尖端技术分别是：基因工程、纳米科学、人工智能
   D. 人工智能已成为一个独立的学科分支，无论在理论和实践上都已自成系统
6. 强人工智能强调人工智能的完整性，下列（　　）不属于强人工智能。
   A. （类人）机器的思考和推理就像人的思维一样
   B. （非类人）机器产生了和人完全不一样的知觉和意识
   C. 看起来像是智能的，其实并不真正拥有智能，也不会有自主意识
   D. 有可能制造出真正能推理和解决问题的智能机器
7. 被誉为"人工智能之父"的科学大师是（　　）。
   A. 爱因斯坦　　　B. 冯·诺依曼　　　C. 钱学森　　　D. 图灵
8. 电子计算机的出现使信息存储和处理的各个方面都发生了革命。下列说法中不正确的

是（   ）。
A. 计算机是用于操纵信息的设备
B. 计算机在可改变的程序的控制下运行
C. 人工智能技术是后计算机时代的先进工具
D. 计算机这个用电子方式处理数据的发明，为实现人工智能提供了一种媒介

9. 维纳从理论上指出，所有的智能活动都是（   ）机制的结果，而这一机制是有可能用机器模拟的。这项发现对早期AI的发展影响很大。
A. 反馈　　　　B. 分解　　　　C. 抽象　　　　D. 综合

10. （   ）年夏季，一批有远见卓识的年轻科学家在达特茅斯学会上聚会，共同研究和探讨用机器模拟智能的一系列有关问题，首次提出了"人工智能（AI）"这一术语，它标志着"人工智能"这门新兴学科的正式诞生。
A. 1946　　　　B. 1956　　　　C. 1976　　　　D. 1986

11. 用来研究人工智能的主要物质基础以及能够实现人工智能技术平台的机器就是计算机。下列（   ）不是人工智能研究的主要领域。
A. 深度学习　　B. 计算机视觉　　C. 智能机器人　　D. 人文地理

12. 人工智能在计算机上的实现方法有多种，但下列（   ）不属于其中。
A. 传统的编程技术，使系统呈现智能的效果
B. 多媒体复制和粘贴的方法
C. 传统开发方法而不考虑所用方法是否与人或动物机体所用的方法相同
D. 模拟法，不仅要看效果，还要求实现方法也和人类或生物机体所用的方法相同或相类似

13. 1943年，沃伦•麦卡洛克等人提出了新的概念，证明了本是纯理论的图灵机可以由（   ）构成。
A. 人工神经元　　B. 生物神经元　　C. 生物细胞　　D. 电子细胞核

14. 1950年，图灵发表名为《计算机器和智能》的文章，提出：能像人类一般进行交谈和思考的计算机是有希望制造出来的。其评价标准就是著名的（   ）。
A. 冯氏定理　　B. 图灵准则　　C. 图灵测试　　D. 新图灵测试

15. 人工智能60余年的发展历程颇具周折，大致可以划分为起步、反思、应用、低迷、稳步、（   ）等6个发展阶段。
A. 稳妥　　　　B. 蓬勃　　　　C. 全面　　　　D. 辉煌

16. 在中国科学院发布的《2019年人工智能发展白皮书》中，人工智能关键技术包括：计算机视觉、自然语言处理、跨媒体分析推理、智适应学习、群体智能、自主无人系统、智能芯片、（   ）等技术。
A. 安防分析　　B. 脑机接口　　C. 人机交互　　D. 治理条件

17. 人工智能典型应用产业与场景包括:（   ）、金融、零售、交通、教育、医疗、制造、健康等，同时强调人工智能开放平台的重要性。
A. 安防　　　　B. 设计　　　　C. 巡逻　　　　D. 治理

18. 主要通过基于数据的"（   ）"方法，人工智能在许多应用领域都取得了长足进步，

这些方法是成功的，富有成效的。人工智能已经不再是一件物件，而是多种机器智能。

  A．虚拟现实   B．数学证明   C．机器学习   D．仿真实践

19. 研究人员对更强大的类人智能或（ ）问题表现出浓厚的兴趣。麻省理工学院的罗德尼·布鲁克斯教授提出了远超图灵测试，考量通用人工智能的新方法。

  A．SCPU   B．GPU   C．APP   D．AGI

20. 布鲁克斯教授提出的新目标是称之为ECW的（ ），这是一种能够提供认知和身体上的帮助，让人们在自己家中安度晚年时能够有尊严地独立生活的机器人。

  A．老年护理   B．婴儿照料   C．家庭帮工   D．设备管理

研究性学习　自动驾驶汽车的现实与未来

小组活动：阅读本课【导读案例】，讨论自动驾驶汽车的现状与未来。

记录：请记录小组讨论的主要观点，推选代表在课堂上简单阐述你们的观点。

_____
_____
_____

评分规则：若小组汇报得5分，则小组汇报代表得5分，其余同学得4分，余下类推。

实训评价（教师）：_____

第 3 课

模糊逻辑与大数据思维

学习目标

知识目标
(1) 了解模糊理论的发展，了解模糊逻辑、模糊运算和模糊理论应用场景。
(2) 理解和熟悉大数据与人工智能的内在联系。
(3) 熟悉大数据思维的三个转变。

能力目标
(1) 掌握专业知识的学习方法，培养阅读、思考与研究的能力。
(2) 提高"研究性学习小组"的参与、组织和活动能力，具备团队精神。

素质目标
(1) 提高计算思维专业素质，提高大数据思维专业素质。
(2) 热爱学习，勤于思考，掌握学习方法，提高学习能力。
(3) 用数据说话，用数据思维与能力挖掘数据的价值。

重点难点
(1) 理解大数据思维，掌握大数据思维的三个转变。
(2) 掌握大数据技术与人工智能技术的内在联系。

导读案例 亚马逊推荐系统

亚马逊（Amazon）是目前美国最大的一家网络电子商务公司，全球第二大互联网企业，由杰夫·贝佐斯（见图3-1）于1995年创立，并于1997年上市，总部位于美国华盛顿州西雅图。亚马逊最开始为线上书店，后来商品走向多元化。

虽然亚马逊的故事大多数人都耳熟能详，但只有少数人知道它早期的书评内容是由人工完成的。当时，它聘请了一个由20多名书评家和编辑组成的团队，他们写书评、推荐新书，挑选非常有特色的新书标题放在亚马逊的网页上。这个团队创立了"亚马逊的声音"这个版块，成为当时公司皇冠上的一颗宝石，是其竞争优势的重要来源。《华尔街日报》的一篇文章中热情地称他们为全美最有影响力的书评家，因为他们使得书籍销量猛增。

图 3-1 亚马逊和贝索斯

贝索斯决定尝试一个极富创造力的想法：根据客户个人以前的购物喜好，为其推荐相关的书籍。

从一开始，亚马逊就从每一个客户那里收集了大量的数据。比如说，他们购买了什么书籍？哪些书他们只浏览却没有购买？他们浏览了多久？哪些书是他们一起购买的？客户的信息数据量非常大，所以亚马逊必须先用传统的方法对其进行处理，通过样本分析找到客户之间的相似性。但这些推荐信息是非常原始的，就如同你在买一件婴儿用品时，会被淹没在一堆差不多的婴儿用品中一样。詹姆斯·马库斯回忆说："推荐信息往往为你提供与你以前购买物品有微小差异的产品，并且循环往复。"

亚马逊的格雷格·林登很快就找到了一个解决方案。他意识到，推荐系统实际上并没有必要把顾客与其他顾客进行对比，这样做其实在技术上也比较烦琐。它需要做的是找到产品之间的关联性。1998 年，林登和他的同事申请了著名的"item-to-item（物品对物品）"协同过滤技术的专利。方法的转变使技术发生了翻天覆地的变化。

因为估算可以提前进行，所以推荐系统不仅快，而且适用于各种各样的产品。因此，当亚马逊跨界销售除书以外的其他商品时，也可以对电影或烤面包机这些产品进行推荐。由于系统中使用了所有的数据，推荐会更理想。林登回忆道："在组里有句玩笑话，说的是如果系统运作良好，亚马逊应该只推荐你一本书，而这本书就是你将要买的下一本书。"

现在，公司必须决定什么应该出现在网站上。是亚马逊内部书评家写的个人建议和评论，还是由机器生成的个性化推荐和畅销书排行榜？

林登做了一个关于评论家所创造的销售业绩和计算机生成内容所产生的销售业绩的对比测试，结果他发现两者之间相差甚远。他解释说，通过数据推荐产品所增加的销售远远超过书评家的贡献。计算机可能不知道为什么喜欢海明威作品的客户会购买菲茨杰拉德的书。但是这似乎并不重要，重要的是销量。最后，编辑们看到了销售额分析，亚马逊也不得不放弃每次的在线评论，最终，书评组被解散了。林登回忆说："书评团队被打败、被解散，我感到非常难过。但是，数据没有说谎，人工评论的成本是非常高的。"

如今，据说亚马逊销售额的 1/3 都来自于它的个性化推荐系统。有了它，亚马逊不仅使很多大型书店和音乐唱片商店歇业，而且当地数百个自认为有自己风格的书商也难免受转型之风的影响。

知道人们为什么对这些信息感兴趣可能是有用的，但这个问题目前并不是很重要。但是，知道"是什么"可以创造点击率，这种洞察力足以重塑很多行业，不仅仅只是电子商务。

所有行业中的销售人员早就被告知，他们需要了解是什么让客户做出了选择，要把握客户做决定背后的真正原因，因此专业技能和多年的经验受到高度重视。大数据却显示，还有另外一个在某些方面更有用的方法。亚马逊的推荐系统梳理出了有趣的相关关系，但不知道背后的原因——知道是什么就够了，没必要知道为什么。

阅读上文，请思考、分析并简单记录：
（1）熟悉亚马逊企业的发展历程，请简述你的点滴认识。
答：_____
_____
_____
_____

（2）如今推荐系统已然是电商销售的一大利器。请例举你所知道的"推荐系统"应用案例。
答：_____
_____
_____
_____

（3）请思考并简述，这篇经典短文带给你什么启发？
答：_____
_____
_____
_____

（4）请简单记述你所知道的上一周发生的国际、国内或者身边的大事。
答：_____
_____
_____
_____

模糊逻辑善于表达界限不清晰的定性知识与经验，它区分模糊集合，处理模糊关系，模拟人脑实施规则型推理，解决种种不确定问题。

大数据是人工智能的基础。在人工智能时代，数据处理变得更加容易、快速，人们能够在瞬间处理成千上万的数据。而"大数据"全在于发现和理解信息内容及信息与信息之间的关系。实际上，大数据的精髓在于我们分析信息时相互联系和相互作用的三个转变，这些转变将改变我们理解和组建社会的方法。

3.1　什么是模糊逻辑

计算机的二进制逻辑通常只有两种状态，要么是真要么是假。然而，现实生活中却很少有这么一刀切的情况。一个人如果不饿不一定就是饿，有点饿和饿昏头不是一回事儿，有点冷比冻僵了的程度也要轻得多。如果我们将含义的所有层次都纳入考虑范畴，那么写入计算机程序的规则将会变得过分的复杂难懂。

3.1.1 甲虫机器人规则

昆虫有许多本能帮助其应对不同环境。它可能倾向于远离光线,隐藏在树叶和岩石下,这样不容易被捕食者发现。然而,它也会朝食物移动,否则就会饿死。如果我们要制作一个甲虫机器人(见图3-2),就可以赋予其如下规则:

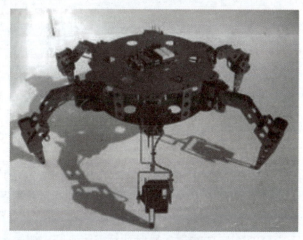

图 3-2 甲虫机器人

如果光线亮度高于50%,食物质量低于50%,那么远离,否则接近。

如果食物和光线所占百分比一致会怎么样?吃饱了的昆虫会为了保证安全继续藏匿在黑暗中,而饥饿的昆虫就会冒险去接近食物。光越亮,越危险;食物质量越高,昆虫越容易冒险。我们可以根据这一情况制定出更多规则,例如:

如果饥饿和光线高于75%,食物质量低于25%,那么远离,否则接近。

但是这些规则都无法很好把握极值。如果光线为76%,食物质量为24%,机器人就会饿死,虽然这仅仅与所设置的规则相差1%。当然,我们也可以设置更多规则来应对极值和特殊情况,但这样的操作很快就会把程序变成无法理解的一团乱麻。可是,在不让其变复杂的前提下,怎么能够处理所有变数呢?

3.1.2 模糊逻辑的发明

假设我们正在经营一家婚姻介绍所。一个客户的要求是高个子但不富有的男子。我们的记录中有一名男子,身高1.78 m,年收入是全国平均水平的两倍。应该将这名男子介绍给客户吗?如何判断什么是个子高?什么是富有?怎样对资料库中的男子进行打分来找到最符合的对象?身高和薪资之间不能简单加减,就像苹果和橙子不能混为一谈一样。

模糊逻辑的发明就是为了解决这类问题。在常规逻辑中,上述规则的情况只有两种,不是对就是错,即不是1就是0。要么有光要么没光,要么高要么不高。而在模糊逻辑中,每一个情况的真值可以是0到1中间的任何值。假定身高超过2 m的男子是绝对的高个子,身高低于1.7 m的为不高,那么1.78 m高的客户可以算作0.55高,既不是特别高但是也不矮。要计算他不高的程度,用1减去高的程度即可。因此,该男子是0.55高,也就是0.45不高。

我们同样可以对"矮"的范畴进行界定。身高低于1.6 m是绝对的矮个子,身高超过1.75 m

为不矮。由此可以发现"高"和"矮"的定义有一部分是重叠的，也就意味着处于中间值的人在某种程度上来说是高，而在另一种程度上来说是矮。"矮"和"不高"是两个概念，"高""矮""不高""不矮"对应的值都是不同的（见图3-3）。

U={甲,乙,丙,丁}

A="矮子"　隶属函数（0.9, 1, 0.6, 0）

B="瘦子"　隶属函数（0.8, 0.2, 0.9, 1）

找出C="又矮又瘦"

C=A∩B =（0.9∧0.8, 1∧0.2, 0.6∧0.9, 0∧1）

　　　=（0.8, 0.2, 0.6, 0）

因此，甲和丙比较符合条件

图3-3　模糊运算（A与B交集）

类似地，我们也可以说他是0.2富有，也就是0.8不富有。女性客户的要求是"高AND（和）不富有"，所以我们需要计算"0.55 AND 0.8"，结果是0.44。通过检索所有各选项，找到得分最高者就可以介绍给客户了。

在模糊逻辑中进行"AND"与"OR"运算时计算方法不同，如何选择应当根据数字所起的作用决定。本例中将两个数字相乘。另一种纯数学方式就是选择二者中的最小值。然而，如果采取这样的方式，较大的值将不影响结果。同样身高的男子，一个0.5不富有，另一个0.8不富有，其运算结果都是一样的。

同样，我们也可以为甲虫机器人设置规则，如果饥饿并且光线不太亮，那么就朝食物进发。这些例子展示了可以利用模糊逻辑解决的问题类型。

3.1.3　模糊逻辑的定义

所谓模糊逻辑，是建立在多值逻辑（有多于两个的可能真值的运算）基础上，运用模糊集合的方法来研究模糊性思维、语言形式及其规律的科学。

模糊逻辑模仿人脑的不确定性概念判断、推理思维方式，对于模型未知或不能确定的描述系统等，应用模糊集合和模糊规则进行推理，表达过渡性界限或定性知识经验，实行模糊综合判断，推理解决常规方法难于对付的规则型模糊信息问题。模糊逻辑善于表达界限不清晰的定性知识与经验，它区分模糊集合，处理模糊关系，模拟人脑实施规则型推理，解决种种不确定问题。

模糊逻辑十分有趣的原因有两点。首先，它运作良好，是转化人类专长为自动化系统的有力途径。利用模糊逻辑建立的专家系统和控制程序能够解决利用数学计算和常规逻辑系统难以解决的问题。其次，模糊逻辑与人类思维运作模式十分匹配。它能够成功吸收人类专长，因为专家们的表达方式恰好与其向程序注入信息的模式相符。模糊逻辑以重叠的模糊类别表达世界，这也正是我们思考的方式。

可以看到，传统的人工智能是基于一些"清晰"的规则，这个"清晰"给出的结果往往是很详细的，比如一个具体的房价预测值。模糊逻辑用来模拟人的思考方式，对预测的房价值给出一个类似是高了还是低了的结果。

到目前为止，我们已经谈了不少创建智能的途径，都是依赖人类程序员以不同形式编写的系列规则。程序员能够参与不同领域程序的编写，归根结底还是依赖规则的执行。这些规则的存在也正是试图以我们理解的思考过程建立起一个思考程序。

3.1.4 模糊逻辑的规则

利用人类专长建立起来的专家系统，可以提供程序使用的明确规则。系统可能会说"如果温度高于95℃超过两分钟，或是高于97℃超过一分钟，那么可以断定恒温器损坏"。但是更多情况下它们会说"如果温度过高的情况持续太久，那么恒温器可能已经损坏"。这时需要由程序员负责填进具体数字。而利用模糊逻辑，则完全可以制定与专家所言一致的规则。

如果温度过高并且过高的时间过长，那么恒温器已经损坏。

程序将对"恒温器已经损坏"这一命题进行赋值，取值在 0 到 1 之间。如果温度只是稍微偏高并且没有持续太长时间，那么命题真值可能约为 0.1，即不太可能。而其他规则得出的值可能更高。比如，假设另一条规则判定输入冷却器损坏真值为 0.95，那么程序将报告造成故障最有可能的原因就是输入冷却器，这些数据被称作可能性。与概率不同，0.1 并不意味着恒温器有 10% 的概率已经损坏。高个子真值 0.55 也只代表他个子高的可能性，这仅仅是我们衡量可能性的一种方式。

更加复杂的专家系统可能用于决定银行是否应该向客户提供贷款，其规则如下：

如果薪水高并且工作稳定性高，那么风险低。

如果薪水低或者工作稳定性低，那么风险中等。

如果信用评分低，那么风险高。

这一部分程序可能得出以下数据：

风险低 = 0.1。

风险中等 = 0.3。

风险高 = 0.7。

通过数学算法，这三组数据可以转化为评估风险的单个数字，这一过程被称为去模糊化。从上述数据还是可以看出借贷的风险程度可能为中等偏上。

模糊逻辑的另一用途就是控制机械装置，例如，控制供暖系统的部分规则如下：

如果温度高，那么停止供暖。

如果温度非常低，那么加强供暖。

如果温度低并且升温慢，那么加强供暖。

如果温度低并且升温快，那么中等供暖。

如果温度稍微偏低并且升温慢，那么中等供暖。

如果温度稍微偏低并且升温快，那么停止供暖。

运行所有这些规则后，可以得到应该停止供暖、中等供暖以及加强供暖等的可能性。将这些可能性转化为单个数据后就可以相应地设置加热器了。

模糊控制系统管控设备状态，并生成控制信号不断调整以维持理想状态。在设备非线性的情况下，某种控制可能因设备状态产生不同影响，而模糊控制系统的优势在此时就能得以展现。

3.1.5 模糊理论的发展

1965年，美国加利福尼亚大学自动控制理论专家查德在"模糊集""模糊算法""模糊控制的基本原理"等著名论著中首先提出了模糊集合的概念，标志着模糊数学的诞生。建立在二值逻辑基础上的原有的逻辑与数学难以描述和处理现实世界中许多模糊性的对象。模糊数学与模糊逻辑实质上是要对模糊性对象进行精确的描述和处理。

模糊集合的引入，可将人的判断、思维过程用比较简单的数学形式直接表达出来，从而对复杂系统做出合乎实际的、符合人类思维方式的处理成为可能，为经典模糊控制器（见图3-4）的形成奠定了基础。随后，在1974年，英国人马丹尼使用模糊控制语言建成的控制器、控制锅炉和蒸汽机，取得了良好的效果。他的实验研究标志着模糊控制的诞生。

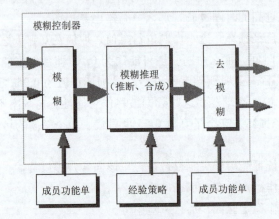

图 3-4 模糊控制器

查德为了建立模糊性对象的数学模型，把只取0和1二值的普通集合概念推广为在[0,1]区间上取无穷多值的模糊集合概念，并用"隶属度"这一概念来精确地刻画元素与模糊集合之间的关系。正因为模糊集合是以连续的无穷多值为依据的，所以，模糊逻辑可看作运用无穷连续值的模糊集合去研究模糊性对象的科学。把模糊数学的一些基本概念和方法运用到逻辑领域中，产生了模糊逻辑变量、模糊逻辑函数等基本概念。对于模糊联结词与模糊真值表也作了相应的对比研究。查德还开展了模糊假言推理等似然推理的研究，有些成果已直接应用于模糊控制器的研制。

创立和研究模糊逻辑的主要意义有：

（1）运用模糊逻辑变量、模糊逻辑函数和似然推理等新思想、新理论，为寻找解决模糊性问题的突破口奠定了理论基础，从逻辑思想上为研究模糊性对象指明了方向。

（2）模糊逻辑在原有的布尔代数、二值逻辑等数学和逻辑工具难以描述和处理的自动控制过程、疑难病症的诊断、大系统的研究等方面都具有独到之处。

（3）在方法论上，为人类从精确性到模糊性、从确定性到不确定性的研究提供了正确的研究方法。此外，在数学基础研究方面，模糊逻辑有助于解决某些悖论。对辩证逻辑的研究也会产生深远的影响。当然，模糊逻辑理论本身还有待进一步系统化、完整化、规范化。

利用模糊概念和模糊逻辑构成的系统称为模糊逻辑系统，当模糊逻辑系统被用来充当控制器时，就称为模糊逻辑控制器。由于在选择模糊概念和模糊逻辑上的随意性，可以构造出多种多样的模糊逻辑系统。最常见的模糊逻辑系统有三类：纯模糊逻辑系统、高木-关野模糊逻辑系统和具有模糊产生器以及模糊消除器的模糊逻辑系统。

近年来，对于经典模糊控制系统稳态性能的改善，模糊集成控制、模糊自适应控制、专家模糊控制与多变量模糊控制的研究，特别是针对复杂系统的自学习与参数（或规则）自调整模糊系统方面的研究，尤其受到各国学者的重视。将神经网络和模糊控制技术相互结合、取长补短，形成了一种模糊神经网络技术。由此组成一个更接近于人脑的智能信息处理系统，其发展前景十分诱人。

3.2 大数据与人工智能

人们对数据并不陌生。上古时期的结绳记事、以月之盈亏计算岁月，到后来部落内部以猎物、采摘多寡计算贡献，再到历朝历代的土地农田、人口粮食、马匹军队等各类事项都涉及大量的数据。这些数据虽然越来越多、越来越大，但是，人们都未曾冠之以"大"字，那是什么事情让"数据"这瓶老酒突然换发了青春并如此时髦起来呢？

当互联网开始进一步向外延伸并与世上的很多物品连接之后，这些物体开始不停地将实时变化的各类数据传回到互联网并与人开始互动的时候，于是，物联网诞生了。物联网是个奇迹，被认为可能是继互联网之后人类最伟大的技术革命。

如今，即便是一件物品被人感知到的几天内的各种动态数据，都足以与古代一个王国一年所收集的各类数据相匹敌，那物联网上数以万计亿计的物品呢？是不是数据相当庞大，于是"大数据"产生了。如此浩如云海的数据，如何进行分类提取和有效处理呢？这需要强大的技术设计与运算能力，于是有了"云计算"，其中的"技术设计"属于"算法"。"云计算"需要从大量数据中挖掘有用的信息，于是"数据挖掘"产生了。这些被挖掘出来的有用信息去服务城市就叫做"智慧城市"，去服务交通就叫做"智慧交通"，去服务家庭就叫做"智能家居"，去服务医院就叫做"智能医院"……于是，智能社会产生了。不过，智能社会要有序、有效地运行，中间必须依托一个"桥梁"和借助于某个工具，那就是"人工智能"。

万物大数据主要包括人与人、人与物、物与物三者相互作用所产生（制造）的大数据。其中人与人、人与物之间制造出来的数据，有少部分被感知，物与物之间制造出来的数据还根本没法被感知。

对于人与人、人与物之间被感知到的那部分很小的数据（相对于万物释放的量来说非常小，但是绝对量却非常大），这主要是指在2000年后，因为人类信息交换、信息存储、信息处理三方面能力的大幅增长而产生的数据，这个实际上就是我们日常所听到的"大数据"概念，是以人为中心的狭义大数据，也是实用性（商业、监控或发展等使用）大数据。信息存储、处理等能力的增强为我们利用大数据提供了近乎无限的想象空间。

大数据是人工智能的基础。在人工智能时代，数据处理变得更加容易、快速，人们能够在瞬间处理成千上万的数据。而"大数据"则在于发现和理解信息内容及信息与信息之间的关系。实际上，大数据的精髓在于我们分析信息时相互联系和相互作用的三个转变，这些转变将改变我们理解和组建社会的方法。

3.3 大数据思维之一：样本=总体

很长时间以来，因为记录、储存和分析数据的工具不够好，为了让分析变得简单，当面临大量数据时，通常都依赖于采样分析。但是采样分析是信息缺乏时代和信息流通受限制的模拟数据时代的产物。如今信息技术的条件已经有了非常大的提高，虽然人类可以处理的数据依然是有限的，但是可以处理的数据量已经大大地增加，而且未来会越来越多。

大数据时代的第一个转变，是要分析与某事物相关的所有数据，而不是依靠分析少量的数据样本。

采样的目的是用最少的数据得到更多的信息，而当我们可以处理海量数据的时候，采样就没有什么意义了。如今，计算和制表已经不再困难，感应器、手机导航、网站点击和微信等被动地收集了大量数据，而计算机可以轻易地对这些数据进行处理。但是，数据处理技术已经发生了翻天覆地的改变，而我们的处理数据方法和思维却没有跟上这种改变。

在很多领域，从收集部分数据到收集尽可能多的数据的转变已经发生。如果可能的话，我们会收集所有的数据，即"样本=总体"，这是指我们能对数据进行深度探讨。

谷歌流感趋势预测不是依赖于随机样本，而是分析了全美国几十亿条互联网检索记录（见图3-5）。分析整个数据库，而不是对一个小样本进行分析，这不仅能够提高微观层面分析的准确性，甚至能够推测出某个特定城市的流感状况。

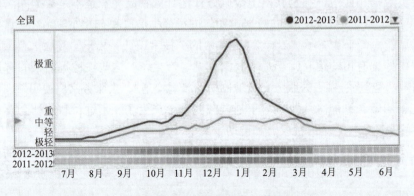

图3-5 探索流感趋势——美国

通过使用所有的数据，我们可以发现如若不然则将会在大量数据中淹没掉的情况。例如，信用卡诈骗是通过观察异常情况来识别的，只有掌握了所有的数据才能做到这一点。在这种情况下，异常值是最有用的信息，你可以把它与正常交易情况进行对比。而且，因为交易是即时的，所以数据分析也应该是即时的。

因为大数据是建立在掌握所有数据，至少是尽可能多的数据的基础上的，所以我们就可以正确地考察细节并进行新的分析。在任何细微的层面，我们都可以用大数据去论证新的假设。当然，有些时候，我们还是可以使用样本分析法，毕竟我们仍然生活在一个资源有限的时代。但是更多时候，利用手中掌握的所有数据成为了最好也是可行的选择。于是，慢慢地，我们会完全抛弃样本分析。

3.4 大数据思维之二：接受数据混杂性

当我们测量事物的能力受限时，关注最重要的事情和获取最精确的结果是可取的。直到今天，我们的数字技术依然建立在精准的基础上。我们假设只要电子数据表格把数据排序，数据库引擎就可以找出和我们检索的内容完全一致的检索记录。这种思维方式适用于掌握"小数据量"的情况，因为需要分析的数据很少，所以我们必须尽可能精准地量化我们的记录。在某些方面，我们已经意识到了差别。例如，一个小商店在晚上打烊的时候要把收银台里的每分钱都数清楚，但是我们不会，也不可能用"分"这个单位去精确度量国民生产总值。随着规模的扩大，对精确度的痴迷将减弱。

针对小数据量和特定事情，追求精确性依然是可行的，比如一个人的银行账户上是否有足够的钱开具支票。但是，在大数据时代，很多时候，追求精确度已经变得不可行，甚至不受欢迎了。大数据纷繁多样、优劣掺杂，分布在全球多个服务器上。拥有了大数据，我们不再需要对一个现象刨根究底，只要掌握大体的发展方向即可。当然，我们也不是完全放弃了精确度，只是不再沉迷于此。适当忽略微观层面上的精确度会让我们在宏观层面拥有更好的洞察力。

大数据时代的第二个转变，是我们乐于接受数据的纷繁复杂，而不再一味追求其精确性。在越来越多的情况下，使用所有可获取的数据变得更为可能，但为此也要付出一定的代价。数据量的大幅增加会造成结果的不准确，与此同时，一些错误的数据也会混进数据库。然而，重点是我们能够努力避免这些问题。

大数据在多大程度上优于算法，这个问题在自然语言处理上表现得很明显。2000 年，微软研究中心的米歇尔·班科和埃里克·布里尔一直在寻求改进 Word 程序中语法检查的方法。但是他们不能确定是努力改进现有的算法、研发新的方法，还是添加更加细腻精致的特点更有效。所以，在实施这些措施之前，他们决定往现有的算法中添加更多的数据，看看会有什么不同的变化。很多对计算机学习算法的研究都建立在百万字左右的语料库基础上。最后，他们决定往 4 种常见的算法中逐次添加数据，先是一千万字，再到一亿字，最后到十亿字。

结果有点令人吃惊。他们发现，随着数据的增多，4 种算法的表现都大幅提高了。当数据只有 500 万字的时候，有一种简单的算法表现得很差，但当数据达 10 亿字的时候，它变成了表现最好的，准确率从原来的 75% 提高到了 95% 以上。与之相反地，在少量数据情况下运行得最好的算法，当加入更多的数据时，也会像其他算法一样有所提高，但是却变成了在大量数据条件下运行得最不好的。它的准确率会从 86% 提高到 94%。后来，班科和布里尔在研究论文中写到，"如此一来，我们得重新衡量一下更多的人力物力是应该消耗在算法发展上还是在语料库发展上。"

3.5 大数据思维之三：数据相关关系

这是因上述前两个转变而促成的。寻找因果关系是人类长久以来的习惯，即使确定因果关系很困难而且用途不大，人类还是习惯性地寻找缘由。相反，在大数据时代，我们无须再紧盯事物之间的因果关系，而应该寻找事物之间的相关关系，这会给我们提供非常新颖且有价值的观点。相关关系也许不能准确地告知我们某件事情为何会发生，但是它会提醒我们这件事情正在发生。在许多情况下,这种提醒的帮助已经足够大了。在很多时候,寻找数据间的关联并利用这种关联就足够了。这些思想上的重大转变导致了第三个变革。

大数据时代的第三个转变是人们尝试着不再探求难以捉摸的因果关系,转而关注事物的相关关系。

例如,如果数百万条电子医疗记录都显示橙汁和阿司匹林的特定组合可以治疗癌症,那么找出具体的药理机制就没有这种治疗方法本身来得重要。同样,只要我们知道什么时候是买机票的最佳时机,就算不知道机票价格疯狂变动的原因也无所谓了。大数据告诉我们"是什么"而不是"为什么"。在大数据时代,我们不必知道现象背后的原因,只要让数据自己发声。我们不再需要在还没有收集数据之前,就把分析建立在早已设立的少量假设的基础之上。让数据发声,我们会注意到很多以前从来没有意识到的联系的存在。

与常识相反,经常凭借直觉而来的因果关系并没有帮助我们加深对这个世界的理解。很多时候,这种认知捷径只是给了我们一种自己已经理解的错觉,但实际上,我们因此完全陷入了理解误区之中。就像采样是我们无法处理全部数据时的捷径一样,这种找因果关系的方法也是我们大脑用来避免辛苦思考的捷径。

不像因果关系,证明相关关系的实验耗资少,费时也少。与之相比,分析相关关系,我们既有数学方法,也有统计学方法,同时,数字工具也能帮我们准确地找出相关关系。

相关关系分析本身意义重大,同时它也为研究因果关系奠定了基础。通过找出可能相关的事物,可以在此基础上进行进一步的因果关系分析。如果存在因果关系,再进一步找出原因。这种便捷的机制通过实验降低了因果分析的成本。我们也可以从相互联系中找到一些重要的变量,这些变量可以用到验证因果关系的实验中去。

可是,我们必须非常认真。相关关系很有用,不仅仅是因为它能为我们提供新的视角,而且提供的视角都很清晰。而一旦把因果关系考虑进来,这些视角就有可能被蒙蔽掉。

例如,Kaggle 是一家为所有人提供数据挖掘竞赛平台的公司,举办了关于二手车(见图 3-6)的质量竞赛。经销商提供参加比赛二手车的数据,统计学家们用这些数据建立一个算法系统来预测经销商拍卖的哪些车有可能出现质量问题。相关关系分析表明,橙色汽车有质量问题的可能性只有其他车的一半。

图 3-6 橙色汽车

当读到这里的时候,不禁也会思考其中的原因。难道是因为橙色汽车的车主更爱车,所以车被保护得更好吗?或是这种颜色的车子在制造方面更精良些吗?还是因为橙色汽车更显眼、出车祸的概率更小,所以转手的时候,各方面的性能保持得更好?

随即,我们就陷入了各种各样谜一样的假设中。若要找出相关关系,我们可以用数学方法,但如果是因果关系的话,这却是行不通的。所以,我们没必要一定要找出相关关系背后的原因,当我们知道了"是什么"的时候,"为什么"其实没那么重要了,否则就会催生一些滑稽的想法。比方说上面提到的例子里,我们是不是应该建议车主把车漆成橙色呢?毕竟,这样就说明车子的质量更过硬啊!

考虑到这些,如果把以确凿数据为基础的相关关系和通过快速思维构想出的因果关系相比较的话,前者就更具有说服力。但在越来越多的情况下,快速清晰的相关关系分析甚至比慢速的因果分析更有用和更有效。慢速的因果分析集中体现为通过严格控制的实验来验证因果关系,而这必然是非常耗时耗力的。

近年来,科学家一直在试图减少这些实验的花费,比如说,通过巧妙地结合相似的调查,做成"类似实验"。这样一来,因果关系的调查成本就会降低,但还是很难与相关关系体现的优越性相抗衡。还有,正如之前提到的,专家在进行因果关系调查时,相关关系分析本来就会起到帮助的作用。在大多数情况下,一旦我们完成了对大数据的相关关系分析,而又不再满足于仅仅知道"是什么"时,我们就会继续向更深层次研究因果关系,找出背后的"为什么"。

因果关系还是有用的,但是它将不再被看成是意义来源的基础。在大数据时代,即使很多情况下,我们依然指望用因果关系来说明我们所发现的相关联系,但是,我们知道因果关系只是一种特殊的相关关系。相反,大数据推动了相关关系分析。相关关系分析通常情况下能取代因果关系起作用,即使不可取代的情况下,它也能指导因果关系起作用。

1. 计算机的二进制逻辑通常只有两种状态:要么是真要么是假,现实生活中(　　)这么一刀切的情况。

　　A. 很少有　　　　B. 常见　　　　C. 基本都是　　　D. 完全都是

2. 常规逻辑的规则情况只有两种,即不是1就是0。而在模糊逻辑中,每一种情况的真值可以是0到1中间的(　　)值。

　　A. 某个　　　　B. 某一组　　　　C. 任何　　　　D. 特定

3. 专家系统是利用人类专长建立起来的,可以提供程序使用的明确规则。而利用模糊逻辑,可以制定与专家所言(　　)规则。

　　A. 更多的　　　B. 相反的　　　　C. 不同的　　　　D. 一致的

4. 所谓模糊逻辑,是建立在(　　)逻辑基础上,运用模糊集合的方法来研究模糊性思维、语言形式及其规律的科学。

　　A. 单值　　　　B. 多值　　　　C. 形式　　　　D. 数理

5. 模糊逻辑区分模糊集合,处理模糊关系,模拟人脑实施规则型推理,解决种种(　　)问题。

　　A. 不确定　　　B. 确定　　　　C. 精确　　　　D. 重要

6. (　　)的引入,可将人的判断、思维过程用比较简单的数学形式直接表达出来,从而使对复杂系统做出合乎实际的、符合人类思维方式的处理成为可能,为经典模糊控制器的形成奠定了基础。

  A．精确计算 B．统计科学 C．模糊集合 D．随机采样

7．运用模糊逻辑变量、模糊逻辑函数和似然推理等思想、理论，可以为寻找解决（ ）问题奠定理论基础，从逻辑思想上为研究模糊性对象指明方向。

  A．精确计算 B．准确性   C．清晰性   D．模糊性

8．（ ）在布尔代数、二值逻辑等数学和逻辑工具难以描述和处理的自动控制过程、疑难病症的诊断、大系统的研究等方面都具有独到之处。

  A．精确计算 B．模糊逻辑 C．精致算法 D．随机采样

9．当面临大量数据时，社会都依赖于采样分析。但是采样分析是（ ）时代的产物。

  A．电脑   B．青铜器   C．模拟数据 D．云

10．如今，人与人、人与物之间制造出来的数据，有少部分被感知，物与物之间制造出来的数据还根本没法被（ ）。

  A．感知   B．利用   C．反馈   D．处理

11．智能社会要有序、有效地运行，中间必须依托一个"桥梁"和借助于某个工具，那就是"（ ）"。

  A．人工智能 B．精确算法 C．程序函数 D．自动计算

12．通过使用（ ）数据，我们可以发现如若不然则将会在大量数据中淹没掉的情况。

  A．个别   B．少量   C．部分   D．所有

13．因为大数据是建立在（ ），所以我们就可以正确地考察细节并进行新的分析。

  A．掌握所有数据，至少尽可能多的数据的基础上的

  B．在掌握少量精确数据的基础上，尽可能多地收集其他数据

  C．掌握少量数据，至少尽可能精确的数据的基础上的

  D．尽可能掌握精确数据的基础上

14．直到今天，我们的数字技术依然建立在精准的基础上，这种思维方式适用于掌握（ ）的情况。

  A．小数据量 B．大数据量 C．无数据   D．多数据

15．寻找（ ）是人类长久以来的习惯，即使确定这样的关系很困难而且用途不大，人类还是习惯性地寻找缘由。

  A．相关关系 B．因果关系 C．信息关系 D．组织关系

16．在大数据时代，我们无须再紧盯事物之间的（ ），而应该寻找事物之间的（ ），这会给我们提供非常新颖且有价值的观点。

  A．因果关系，相关关系   B．相关关系，因果关系

  C．复杂关系，简单关系   D．简单关系，复杂关系

17．（ ）也许不能准确地告知我们某件事情为何会发生，但是它会提醒我们这件事情正在发生。在许多情况下，这种提醒的帮助已经足够大了。

  A．相关关系 B．因果关系 C．信息关系 D．组织关系

18．在大多数情况下，一旦人们完成了对大数据的（ ）分析，而又不再满足于仅仅知道"是什么"时，我们就会继续向更深层次研究（ ），找出背后的"为什么"。

A. 因果关系，相关关系　　　　　　B. 相关关系，因果关系
　　C. 复杂关系，简单关系　　　　　　D. 简单关系，复杂关系

19. 在大数据时代，即使很多情况下，我们依然指望用（　　）来说明所发现的（　　），但我们知道前者只是后者的一个特例而已。

　　A. 因果关系，相关关系　　　　　　B. 相关关系，因果关系
　　C. 复杂关系，简单关系　　　　　　D. 简单关系，复杂关系

20. （　　）推动了相关关系分析，它在通常情况下能取代因果关系起作用。即使不可取代，它也能指导因果关系起作用。

　　A. 半结构数据　　B. 结构数据　　C. 小数据　　D. 大数据

研究性学习　观察模糊逻辑与相关关系在推荐系统中的应用

小组活动：阅读本课的【导读案例】，讨论模糊逻辑与相关关系在推荐系统中的应用。

记录：请记录小组讨论的主要观点，推选代表在课堂上简单阐述你们的观点。

_____
_____
_____
_____

评分规则：若小组汇报得5分，则小组汇报代表得5分，其余同学得4分，余下类推。

实训评价（教师）：_____

第 4 课

机器学习

学习目标

知识目标
（1）机器学习是当前人工智能发展的重要基础。通过机器学习，深入理解和体会机器学习的理论与应用知识。熟悉机器学习的基本结构。
（2）熟悉监督学习、无监督学习和强化学习的知识内涵。
（3）了解什么是算法，了解机器学习的主要算法概念。熟悉机器学习的应用场景。

能力目标
（1）掌握专业知识的学习方法，培养阅读、思考与研究的能力。
（2）提高"研究性学习小组"的参与、组织和活动能力，具备团队精神。

素质目标
（1）热爱学习，勤于思考，掌握学习方法，提高学习能力。
（2）熟悉计算思维，熟悉数据思维，热爱人工智能专业，关心社会进步。
（3）体验、积累和提高"工匠"专业素质。

重点难点
（1）理解什么是机器学习，理解机器学习在人工智能领域的重要作用。
（2）了解什么是算法，了解机器学习主要算法与应用场景。

导读案例 奈飞的电影推荐引擎

成立于1997年的世界最大的在线影片租赁服务商奈飞（Netflix）是一家美国公司（见图4-1），总部位于加利福尼亚州洛斯盖图，公司在美国、加拿大、日本等国提供互联网随选流媒体播放，定制DVD、蓝光光碟在线出租业务。

2011年，奈飞的网络电影销量占据美国用户在线电影总销量的45%。2017年4月26日，奈飞与爱奇艺达成在剧集、动漫、纪录片、真人秀等领域的内容授权合作。2018年6月，奈飞进军漫画领域。奈飞发布的2019年第一季度财务报表显示，总营收为45.21亿美元，同比增长22.2%。

图 4-1 奈飞的电影推荐引擎

2012年9月21日奈飞宣布,来自186个国家和地区的四万多个团队经过近三年的较量,一个由七个分别来自奥地利、加拿大、以色列和美国的计算机、统计和人工智能专家组成的团队 BPC(BellKor's Pragmatic Chaos)夺得了奈飞大奖。获奖团队由原本是竞争对手的三个团队重新组团而成,参加颁奖仪式时,也是这七个成员第一次碰面。

获奖团队成功地将奈飞的影片推荐引擎的推荐效率提高了10%。奈飞大奖的参赛者们不断改进影片推荐效率,奈飞的客户为此获益。这项比赛的规则要求获胜团队公开他们采用的推荐算法,这样很多商业都能从中获益。

第一个奈飞大奖成功地解决了一个巨大的挑战,为提供了50个以上评级的观众准确地预测他们的电影欣赏品味。随着一百万美金大奖的颁发,奈飞很快宣布了第二个百万美金大奖,希望世界上的计算机专家和机器学习专家们能够继续改进推荐引擎的效率。下一个百万大奖目标是,为那些不经常做影片评级或者根本不做评级的顾客推荐影片,要求使用一些隐藏着观众口味的地理数据和行为数据来进行预测。同样,获胜者需要公开他们的算法。如果解决这个问题,奈飞就能够很快开始向新客户推荐影片,而不需要等待客户提供大量的评级数据后再做出推荐。

新的比赛所用数据集有1亿条数据,包括评级数据、顾客年龄、性别、居住地区邮编,和以前观看过的影片。所有的数据都是匿名的,没有办法关联到奈飞的任何一个顾客。

推荐引擎是奈飞公司的一项关键服务,一千多万顾客都能在一个个性化网页上对影片做出 1~5 的评级。奈飞将这些评级放在一个巨大的数据集里,该数据集容量超过了30亿条。奈飞使用推荐算法和软件来标识具有相似品味的观众对影片可能做出的评级。多年来,奈飞已经使用参赛选手的方法提高了影片推荐的效率,得到很多影片评论家和用户的好评。

阅读上文,请思考、分析并简单记录:

(1)你曾经用到过类似奈飞电影推荐这样的服务吗?请简单描述。

答:_____
_____
_____

(2) 请对比分析，奈飞的电影推荐引擎和亚马逊的图书推荐有什么异同？请简述之。

答：_____
_____
_____

(3) "奈飞大奖"对于奈飞的影片推荐引擎算法有什么推进作用？奈飞的影片推荐引擎算法背后的主要技术是什么？

答：_____
_____
_____

(4) 请简单记述你所知道的上一周发生的国际、国内或者身边的大事。

答：_____
_____
_____

人工智能的目标包括推理、知识表示、自动规划、机器学习、自然语言处理、计算机视觉、机器人学和强人工智能等多个方面。机器学习这一研究领域是由人工智能的一个子目标发展而来的，旨在帮助机器和软件进行自我学习来解决遇到的问题。

从人工智能发展史来看，机器学习在 20 世纪 80 年代才开始成为主流。但当前人工智能领域的进展非常依赖于机器学习。自然语言处理、计算机视觉、语音识别等与机器学习尤其是深度学习的成果是交叉的。

4.1 机器学习的发展与定义

苹果手机中有一个智能语音助手功能 Siri，许多电子邮箱系统中都依赖垃圾邮件过滤器来保持电子邮件收件箱的清洁，等等。你是否使用过类似这样的服务呢？如果回答"是"，那么，事实上，你已经在利用机器学习了！

机器学习是人工智能的一个分支（见图 4-2），它所涉及的范围非常广泛，包括语言处理、图像识别和规划等等。

图 4-2 机器学习是人工智能的一个分支

4.1.1 机器学习的发展

机器学习最早的发展可以追溯到英国数学家贝叶斯（1701年—1763年）在1763年发表的贝叶斯定理，这是关于随机事件A和B的条件概率（或边缘概率）的一则数学定理，是机器学习的基本思想。其中，$P(A\mid B)$是指在B发生的情况下A发生的可能性，即根据以前的信息寻找最可能发生的事件。

$$P(B_i|A)=\frac{P(B_i)P(A|B_i)}{\sum_{j=1}^{n}P(B_j)P(A|B_j)}$$

人工智能的发展如图4-3所示，其中机器学习的发展过程大体上可分为4个时期。

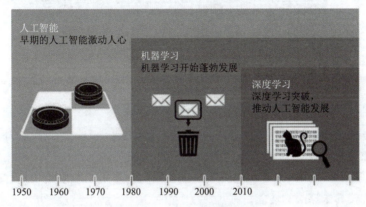

图4-3 人工智能的发展

第一阶段是在20世纪50年代中叶到60年代中叶，称为机器学习的热烈期。
第二阶段是在20世纪60年代中叶至70年代中叶，称为机器学习的冷静期。
第三阶段是从20世纪70年代中叶至80年代中叶，称为机器学习的复兴期。
机器学习的最新阶段始于1986年，进入新阶段主要表现在以下诸方面：

（1）机器学习成为新的边缘学科，它综合应用心理学、生物学和神经生理学以及数学、自动化和计算机科学形成机器学习理论基础。

（2）结合各种学习方法取长补短的多种形式的集成学习系统研究正在兴起。特别是连接学习符号学习的耦合可以更好地解决连续性信号处理中知识与技能的获取与求精问题而受到重视。

（3）机器学习与人工智能各种基础问题的统一性观点正在形成。例如学习与问题求解结合进行，知识表达便于学习的观点产生了通用智能系统的组块学习。类比学习与问题求解结合的基于案例方法已成为经验学习的重要方向。

（4）各种学习方法的应用范围不断扩大，一部分已形成商品。归纳学习的知识获取工具已在诊断分类型专家系统中广泛使用；连接学习在声图文识别中占优势；分析学习已用于设计综合型专家系统；遗传算法与强化学习在工程控制中有较好的应用前景；与符号系统耦合的神经网络连接学习将在企业的智能管理与智能机器人运动规划中发挥作用。

（5）与机器学习有关的学术活动空前活跃。国际上除每年举行的机器学习研讨会外，还有计算机学习理论会议以及遗传算法会议。

机器学习在 1997 年达到巅峰，当时，IBM 深蓝国际象棋计算机在一场国际象棋比赛中击败了世界冠军加里·卡斯帕罗夫。近年来，谷歌开发了专注于中国棋类游戏围棋的 AlphaGo（阿尔法狗），该游戏被普遍认为是世界上最难的游戏。尽管被认为过于复杂，但 2016 年 AlphaGo 终于获得胜利，在一场五局比赛中击败了围棋世界冠军李世石（见图 4-4）。

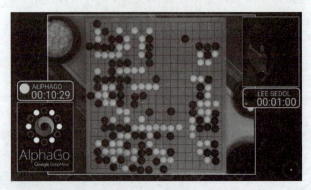

图 4-4　AlphaGo 在围棋赛中击败李世石

4.1.2　机器学习的定义

学习是人类具有的一种重要的智能行为，但究竟什么是学习，长期以来却众说纷纭。社会学家、逻辑学家和心理学家对机器学习的定义都各有其不同的看法。比如，兰利（1996）的定义是："机器学习是一门人工智能的科学，该领域的主要研究对象是人工智能，特别是如何在经验学习中改善具体算法的性能。"

汤姆·米切尔（1997）对信息论中的一些概念有详细的解释，其中定义机器学习时提到："机器学习是对能通过经验自动改进的计算机算法的研究。"

阿尔派丁（2004）提出自己对机器学习的定义："机器学习是用数据或以往的经验，以此优化计算机程序的性能标准。"

顾名思义，机器学习是研究如何使用机器来模拟人类学习活动的一门学科。较为严格的提法是：机器学习是一门研究机器获取新知识和新技能，并识别现有知识的学问。这里所说的"机器"，指的就是计算机、电子计算机、中子计算机、光子计算机或神经计算机等等。

机器能否像人类一样具有学习能力？机器的能力是否能超过人类，很多持否定意见的一个主要论据是：机器是人造的，其性能和动作完全是由设计者规定的，因此无论如何其能力也不会超过设计者本人。这种意见对不具备学习能力的机器来说的确是对的，可是对具备学习能力的机器就值得考虑了，因为这种机器的能力在应用中不断地提高，过一段时间之后，设计者本人也不知它的能力到了何种水平。

由汤姆·米切尔给出的机器学习定义得到了广泛引用，其内容是："计算机程序可以在给定某种类别的任务 T 和性能度量 P 下学习经验 E，如果其在任务 T 中的性能恰好可以用 P 度量，则随着经验 E 而提高。"我们用简单的例子来分解这个描述。

示例：台风预测系统。假设你要构建一个台风预测系统，你手里有所有以前发生过的台风的数据和这次台风产生前三个月的天气信息。

如果要手动构建一个台风预测系统，我们应该怎么做？

首先是清洗所有的数据，找到数据里面的模式进而查找产生台风的条件。

我们既可以将模型条件数据（例如气温高于40℃，湿度在80～100等）输入到系统里面生成输出，也可以让系统自己通过这些条件数据产生合适的输出。

可以把所有以前的数据输入到系统里面来预测未来是否会有台风。基于系统条件的取值，评估系统性能（正确预测台风的次数）。可以将系统预测结果作为反馈继续多次迭代以上步骤。

根据以上的解释来定义预测系统：任务是确定可能产生台风的气象条件。性能 P 是在系统所有给定的条件下有多少次正确预测台风，经验 E 是系统的迭代次数。

4.2 机器学习的学习类型

机器学习的核心是"使用算法解析数据，从中学习，然后对世界上的某件事情做出决定或预测"。这意味着，与其显式地编写程序来执行某些任务，不如教计算机学会如何开发一个算法来完成任务。有三种主要类型的机器学习：监督学习、无监督学习和强化学习（见图 4-5）。

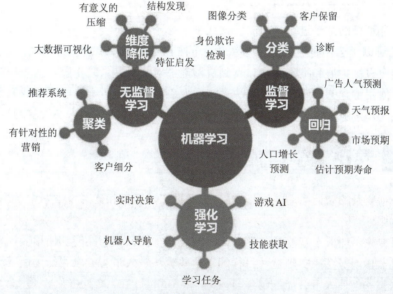

图 4-5　机器学习的三种主要类型

4.2.1 监督学习

监督学习涉及一组标记数据，计算机可以使用特定的模式来识别每种标记类型的新样本，即在机器学习过程中提供对错指示，一般是在数据组中包含最终结果（0，1）。通过算法让机器自我减少误差。监督学习从给定的训练数据集中学习出一个函数，当接收到一个新的数据时，可以根据这个函数预测结果。监督学习的训练集要求包括输入和输出，也可以说是特征和目标，目标是由人标注的。监督学习的主要类型是分类和回归。

在分类中，机器被训练成将一个组划分为特定的类，一个简单例子就是电子邮件中的垃圾邮件过滤器。过滤器分析你以前标记为垃圾邮件的电子邮件，并将它们与新邮件进行比较，如果它们有一定的百分比匹配，这些新邮件将被标记为垃圾邮件并发送到适当的文件夹中。

在回归中，机器使用先前的（标记的）数据来预测未来，天气应用是回归的好例子。使用气象事件的历史数据（即平均气温、湿度和降水量），手机天气预报 App 可以查看当前天气，并对未来时间的天气进行预测。

4.2.2 无监督学习

无监督学习又称归纳性学习，是通过循环和递减运算来减小误差，达到分类的目的。在无监督学习中，数据是无标签的。由于大多数真实世界的数据都没有标签，这样的算法就特别有用。无监督学习分为聚类和降维。聚类用于根据属性和行为对象进行分组。这与分类不同，因为这些组不是你提供的。聚类的一个例子是将一个组划分成不同的子组（例如，基于年龄和婚姻状况），然后应用到有针对性的营销方案中。降维通过找到共同点来减少数据集的变量。大多数大数据可视化使用降维来识别趋势和规则。

4.2.3 强化学习

强化学习是使用机器的历史和经验来做出决定，其经典应用是玩游戏。与监督和非监督学习不同，强化学习不涉及提供"正确的"答案或输出。相反，它只关注性能，这反映了人类是如何根据积极和消极的结果进行学习的。很快就学会了不要重复这一动作。同样的道理，一台下棋的计算机可以学会不把它的国王移到对手的棋子可以进入的空间。然后，国际象棋的这一基本教训就可以被扩展和推断出来，直到机器能够对战（并最终击败）人类顶级玩家为止。

机器学习使用特定的算法和编程方法来实现人工智能。有了机器学习，我们可以将代码量缩小到以前的一小部分。作为机器学习的子集，深度学习专注于模仿人类大脑的生物学和过程。

4.3 专注于学习能力

学习是一项复杂的智能活动,学习过程与推理过程是紧密相连的。学习中所用的推理越多，系统的能力越强。

机器学习专注于让人工智能具备学习任务的能力，使人工智能能够使用数据来教自己。程序员是通过机器学习算法来实现这一目标的。这些算法是人工智能学习行为所基于的模型。算法与训练数据集一起使人工智能能够学习。

例如，学习如何识别猫与狗的照片。人工智能将算法设置的模型应用于包含猫和狗图像的数据集。随着时间的推移，人工智能将学习如何更准确、更轻松地识别狗与猫而无须人工输入。

4.3.1 算法的特征与要素

算法能够对一定规范的输入，在有限时间内获得所要求的输出。如果一个算法有缺陷，或者不适合于某个问题，执行这个算法就不会解决这个问题。不同的算法可能用不同的时间、空间或效率来完成同样的任务。

一个算法应该具有以下五个重要特征：

（1）有穷性。是指算法必须能在执行有限个步骤之后终止。

（2）确切性。算法的每一步骤必须有确切的定义。

（3）输入项。一个算法有 0 个或多个输入，以刻画运算对象的初始情况，所谓 0 个输入是指算法本身给出了初始条件。

（4）输出项。一个算法有一个或多个输出，以反映对输入数据加工后的结果。没有输出的算法是毫无意义的。

（5）可行性。算法中执行的任何计算步骤都可以被分解为基本的可执行的操作步，即每个计算步都可以在有限时间内完成（也称为有效性）。

算法的要素主要是：

（1）数据对象的运算和操作：计算机可以执行的基本操作是以指令的形式描述的。一个计算机系统能执行的所有指令的集合，成为该计算机系统的指令系统。一个计算机的基本运算和操作有如下四类：

① 算术运算：加、减、乘、除运算。
② 逻辑运算：或、且、非运算。
③ 关系运算：大于、小于、等于、不等于运算。
④ 数据传输：输入、输出、赋值运算。

（2）算法的控制结构：一个算法的功能结构不仅取决于所选用的操作，而且还与各操作之间的执行顺序有关。

4.3.2 算法的评定

同一问题可用不同算法解决，而算法的质量优劣将影响到算法乃至程序的效率。算法分析的目的在于选择合适算法和改进算法。算法评价主要从时间复杂度和空间复杂度来考虑：

（1）时间复杂度。是指执行算法所需要的计算工作量。一般来说，计算机算法是问题规模的正相关函数。

（2）空间复杂度。是指算法需要消耗的内存空间。其计算和表示方法与时间复杂度类似，一般都用复杂度的渐近性来表示。同时间复杂度相比，空间复杂度的分析要简单得多。

（3）正确性。是评价一个算法优劣的最重要的标准。

（4）可读性。是指一个算法可供人们阅读的容易程度。

（5）健壮性。是指一个算法对不合理数据输入的反应能力和处理能力，也称为容错性。

4.4 机器学习的算法

要完全理解大多数机器学习算法，需要对一些关键的数学概念有一个基本的理解，这些概念包括线性代数、微积分、概率和统计知识（见图4-6）。

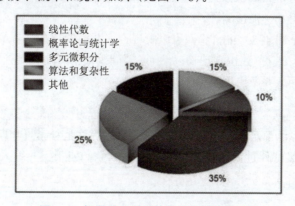

图4-6 机器学习所需的数学主题的重要性

① 线性代数概念包括：矩阵运算、特征值/特征向量、向量空间和范数。
② 微积分概念包括：偏导数、向量-值函数、方向梯度。
③ 统计概念包括：贝叶斯定理、组合学、抽样方法。

4.4.1 回归算法

回归算法（见图4-7）是最流行的机器学习算法，它以速度闻名，是最快速的机器学习算法之一。线性回归算法是基于连续变量预测特定结果的监督学习算法，Logistic回归算法则专门用来预测离散值。

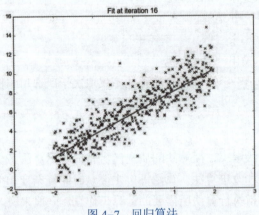

图4-7 回归算法

4.4.2 基于实例的算法

最著名的基于实例的算法是K-最近邻算法，也称为KNN（K Nearest Neighbor）算法，它是机器学习中最基础和简单的算法之一，它既能用于分类，也能用于回归。KNN算法有一个十分特别的地方：它不显示学习过程，其工作原理是利用训练数据对特征向量空间进行划分，并将其划分的结果作为其最终的算法模型。即基于实例的分析使用提供数据的特定实例来预测结果。KNN用于分类、比较数据点的距离，并将每个点分配给最接近的组。

4.4.3 决策树算法

决策树算法将一组"弱"学习器集合在一起，形成一种强算法，这些学习器组织在树状结构中，相互分支。一种流行的决策树算法是随机森林算法，在该算法中，随机选择弱学习器，通过学习往往可以获得一个强预测器。

在下面的例子（见图4-8）中，我们可以发现许多共同的特征（就像眼睛是蓝色的或者不是蓝色的），它们都不足以单独识别动物。然而，当我们把所有这些观察结合在一起时，就能形成一个更完整的画面，并做出准确预测。

4.4.4 贝叶斯算法

事实上，前面的算法都基于贝叶斯理论，最流行的算法是朴素贝叶斯，它经常用于文本分析。例如，大多数垃圾邮件过滤器使用贝叶斯算法，它们使用用户输入的类标记数据来比较新数据并对其进行适当分类。

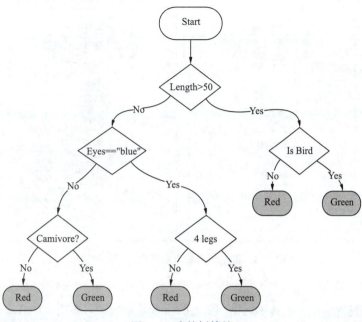

图 4-8　决策树算法

4.4.5　聚类算法

聚类算法的重点是发现元素之间的共性并对它们进行相应的分组，常用的聚类算法是 k-means 聚类算法。在 k-means 中，分析人员选择簇数（以变量 k 表示），并根据物理距离将元素分组为适当的聚类。

4.4.6　神经网络算法

人工神经网络算法是基于生物神经网络的结构，深度学习采用神经网络模型并对其进行更新。这些大且极其复杂的神经网络使用少量的标记数据和更多的未标记数据。神经网络和深度学习有许多输入，它们经过几个隐藏层后才产生一个或多个输出。这些连接形成一个特定的循环，模仿人脑处理信息和建立逻辑连接的方式。此外，随着算法的运行，隐藏层变得更小、更细微。

一旦选定了算法，还有一个非常重要的步骤，就是可视化和交流结果。虽然与算法编程的细节相比看起来比较简单，但是，如果没有人能够理解，那么惊人的洞察力又有什么用呢？

4.5　机器学习的基本结构

机器学习的基本流程是：数据预处理→模型学习→模型评估→新样本预测，它与人脑思考过程的对比如图 4-9 所示。

在学习系统的基本结构中，环境向系统的学习部分提供某些信息，学习部分利用这些信息修改知识库，以增进系统执行部分完成任务的效能，执行部分根据知识库完成任务，同时把获得的信息反馈给学习部分。在具体的应用中，环境、知识库和执行部分决定了工作内容，确定了学习部分所需要解决的问题。

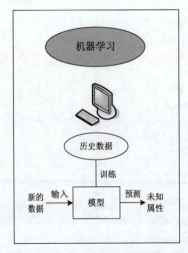 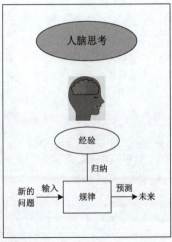

图 4-9　机器学习与人脑思考过程的对比

1. 环境

环境向系统提供信息，更具体地说，信息的质量是影响学习系统设计的最重要的因素。知识库里存放的是指导执行部分动作的一般原则，但环境向学习系统提供的信息却是各种各样的。如果信息的质量比较高，与一般原则的差别比较小，则学习部分比较容易处理。如果向学习系统提供的是杂乱无章的指导执行具体动作的具体信息，则学习系统需要在获得足够数据之后，删除不必要的细节，进行总结推广，形成指导动作的一般原则，放入知识库，这样学习部分的任务就比较繁重，设计起来也较为困难。

因为学习系统获得的信息往往是不完全的，所以学习系统所进行的推理并不完全是可靠的，它总结出来的规则可能正确，也可能不正确，这要通过执行效果加以检验。正确的规则能使系统的效能提高，应予保留；不正确的规则应予修改或从数据库中删除。

2. 知识库

这是影响学习系统设计的第二个因素。知识的表示有多种形式，比如特征向量、一阶逻辑语句、产生式规则、语义网络和框架等等。这些表示方式各有其特点，在选择表示方式时要兼顾以下 4 个方面：

① 表达能力强。

② 易于推理。

③ 容易修改知识库。

④ 知识表示易于扩展。

学习系统不能在没有任何知识的情况下凭空获取知识，每一个学习系统都要求具有某些知识理解环境提供的信息，分析比较，做出假设，检验并修改这些假设。因此，更确切地说，学习系统是对现有知识的扩展和改进。

3. 执行部分

执行部分是整个学习系统的核心，因为执行部分的动作就是学习部分力求改进的动作。同执行部分有关的问题有 3 个：复杂性、反馈和透明性。

4.6 机器学习的应用

机器学习有巨大的潜力来改变和改善世界,它已经有了十分广泛的应用,使社会朝着真正的人工智能迈进了一大步。机器学习的主要目的是为了从使用者和输入数据等处获得知识或技能,重新组织已有的知识结构使之不断改善自身的性能。从而可以减少错误,帮助解决更多问题,提高解决问题的效率。它是人工智能的核心,是使计算机具有智能的根本途径,其应用遍及人工智能的各个领域,它主要使用归纳、综合而不是演绎。

例如,机器翻译中最重要的过程是学习人类怎样翻译语言,程序通过阅读大量翻译内容来实现对语言的理解。以汉语和日语来举例,机器学习的原理很简单,当一个相同的词语在几个句子中出现时,只要通过对比日语版本翻译中同样在每个句子中都出现的短语便可知道它的日语翻译是什么(见图4-10),按照这种方式不难推测:

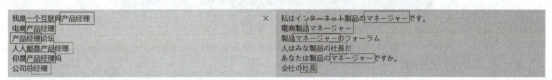

图4-10 汉语和日语

(1)"产品经理"一词的日语可翻译为"マネージャー";
(2)"经理"则一般翻译为"社长"。

机器学习在识别词汇时可以不追求完全匹配,只要匹配达到一定比例便可认为这是一种可能的翻译方式。

4.6.1 应用于物联网

物联网(Internet of Things,IoT),例如家里和办公室里联网的物理设备。随着机器学习的进步,物联网设备比以往任何时候都更聪明、更复杂。机器学习有两个主要的与物联网相关的应用:使设备变得更好和收集数据。让设备变得更好是非常简单的:使用机器学习来个性化您的环境,比如,用识别软件来感知哪个是房间,并相应地调整温度和AC(接入)控制器。收集数据更加简单,通过在你的家中保持网络连接的设备(如亚马逊回声)的通电和监听,像亚马逊这样的公司收集关键的人口统计信息,将其传递给广告商,比如电视显示你正在观看的节目、你什么时候醒来或睡觉、有多少人住在你家等。

4.6.2 应用于聊天机器人

在过去的几年里,我们看到了聊天机器人数量的激增,成熟的语言处理算法每天都在改进它们。聊天机器人被公司用在自己的移动应用程序和第三方应用上,比如Slack(见图4-11),以提供比传统的(人类)代表更快、更高效的虚拟客户服务。

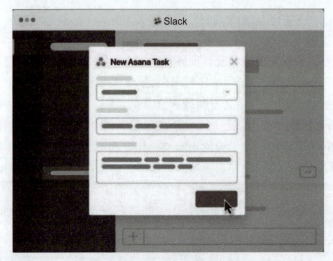

图 4-11　Slack 聊天机器人

4.6.3　应用于自动驾驶

如今有不少大型企业正在开发无人驾驶汽车（见图 4-12），这些汽车使用了通过机器学习实现导航、维护和安全程序的技术。一个例子是交通标志传感器，它使用监督学习算法来识别和解析交通标志，并将它们与一组标有标记的标准标志进行比较。这样，汽车就能看到停车标志，并认识到它实际上意味着停车，而不是转弯、单向或人行横道。

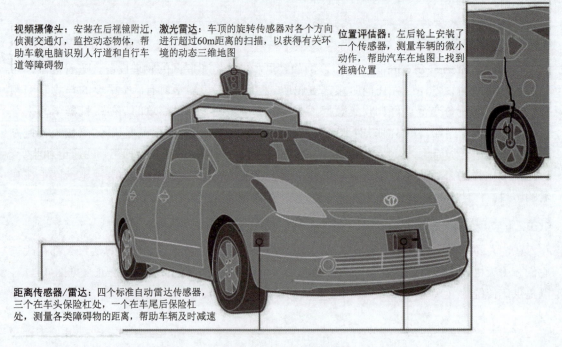

图 4-12　自动驾驶示意

1. 机器学习最早的发展可以追溯到（　　）。

    A. 英国数学家贝叶斯在1763年发表的贝叶斯定理

    B. 1950年计算机科学家图灵发明的图灵测试

    C. 1952年亚瑟·塞缪尔创建的一个简单的下棋游戏程序

    D. 唐纳德·米奇在1963年推出的强化学习的tic-tac-toe（井字棋）程序

2. 发展至今，机器学习大体上可分为4个时期，其中前三个时期是（　　）。

    ① 准备期　　　　② 热烈期　　　　③ 冷静期　　　　④ 复兴期

    A. ①②④　　　B. ①③④　　　C. ①②③　　　D. ②③④

3. 机器学习的最新阶段始于1986年，其主要表现之一，是机器学习已经成为新的（　　），它综合应用心理学、生物学和神经生理学以及数学、自动化和计算机科学形成机器学习理论基础。

    A. 人文学科　　　B. 边缘学科　　　C. 自然科学　　　D. 基础学科

4. 机器学习在（　　）年达到巅峰，当时，IBM深蓝国际象棋计算机在一场国际象棋比赛中击败了世界冠军加里·卡斯帕罗夫。

    A. 1997　　　B. 2021　　　C. 1956　　　D. 2000

5. 学习是人类具有的一种重要的智能行为，社会学家、逻辑学家和心理学家都各有其不同的看法。关于机器学习，合适的定义是（　　）。

    A. 兰利的定义是："机器学习是一门人工智能的科学，该领域的主要研究对象是人工智能，特别是如何在经验学习中改善具体算法的性能。"

    B. 汤姆·米切尔的定义是："机器学习是对能通过经验自动改进的计算机算法的研究。"

    C. 阿尔派丁的定义是："机器学习是用数据或以往的经验，以此优化计算机程序的性能标准。"

    D. A、B、C都可以

6. 机器学习专注于通过机器学习（　　）让人工智能具备学习任务的能力，使人工智能能够使用数据来教自己。

    A. 研究　　　B. 算法　　　C. 理论　　　D. 实验

7. 机器学习的核心是"使用（　　）解析数据，从中学习，然后对世界上的某件事情做出决定或预测"。

    A. 程序　　　B. 函数　　　C. 算法　　　D. 模块

8. 有三种主要类型的机器学习：监督学习、无监督学习和（　　），各自有着不同的特点。

    A. 重复学习　　　B. 强化学习　　　C. 自主学习　　　D. 优化学习

9. 监督学习的主要类型是（　　）。

    A. 分类和回归　　B. 聚类和回归　　C. 分类和降维　　D. 聚类和降维

10. 无监督学习又称归纳性学习，分为（　　）。

    A. 分类和回归　　B. 聚类和回归　　C. 分类和降维　　D. 聚类和降维

11. 强化学习使用机器的个人历史和经验来做出决定，其经典应用是（　　）。

A. 文字处理　　　B. 数据挖掘　　　C. 游戏娱乐　　　D. 自动控制

12. 算法能够对一定规范的（　　），在有限时间内获得所要求的（　　）。如果一个算法有缺陷，或者不适合于某个问题，执行这个算法就不会解决这个问题。

　　A. 前因，后果　　B. 输入，输出　　C. 理论，实践　　D. 目的，结果

13. 一个算法应该具有五个重要特征，包括（　　）、确切性、输入项、输出项和可行性。

　　A. 有穷性　　　B. 回归性　　　C. 决策性　　　D. 聚类性

14. 一个算法的功能结构不仅取决于所选用的操作，而且还与各操作之间的（　　）有关。

　　A. 关系亲疏　　B. 数字大小　　C. 执行顺序　　D. 操作时间

15. 要完全理解大多数机器学习算法，需要对一些关键的数学概念有一个基本的理解。机器学习使用的数学知识主要包括（　　）。

　　① 线性代数　　② 微积分　　③ 概率和统计　　④ 数论
　　A. ①②④　　　B. ①③④　　　C. ②③④　　　D. ①②③

16. 机器学习的各种算法都是基于（　　）理论的。

　　A. 贝叶斯　　　B. 回归　　　C. 决策树　　　D. 聚类

17. 回归算法是最流行的机器学习算法，其中的（　　）算法是基于连续变量预测特定结果的监督学习算法。

　　A. 离散集合　　B. 线性回归　　C. 多元回归　　D. 聚类修复

18. （　　）算法是机器学习中最基础和简单的算法之一，既能用于分类，也能用于回归。

　　A. 决策树　　　B. 线性回归　　C. KNN　　　D. SSPS

19. （　　）算法将一组"弱"学习器组织在树状结构中，相互分支，形成一种强算法。

　　A. 决策树　　　B. 线性回归　　C. KNN　　　D. SSPS

20. 在机器学习的具体应用中，（　　）决定了学习系统基本结构的工作内容，确定了学习部分所需要解决的问题。

　　① 环境　　　② 知识库　　　③ 执行部分　　　④ 接口库
　　A. ②③④　　　B. ①②④　　　C. ①③④　　　D. ①②③

研究性学习　什么是机器学习，例举机器学习的应用

小组活动：阅读本课的【导读案例】，学习课文内容，并通过网络搜索，了解更多机器学习的知识。讨论和加深理解什么是机器学习，例举机器学习的应用。

记录：请记录小组讨论的主要观点，推选代表在课堂上简单阐述你们的观点。

_____
_____
_____
_____

评分规则：若小组汇报得5分，则小组汇报代表得5分，其余同学得4分，余下类推。

实训评价（教师）：_____
_____

第 5 课

神经网络与深度学习

学习目标

知识目标
(1) 了解动物中枢神经系统，进而了解人工神经网络从中得到的启发和发展形成。
(2) 熟悉人工神经网络如何理解图片和开展训练。
(3) 熟悉基于人工神经网络的深度学习技术与应用。
(4) 熟悉机器学习与深度学习的内涵与不同应用场景。

能力目标
(1) 掌握专业知识的学习方法，培养阅读、思考与研究的能力。
(2) 提高"研究性学习小组"的参与、组织和活动能力，具备团队精神。

素质目标
(1) 从人工智能发展历程，尤其是从机器学习到深度学习的进步，理解和体会人工智能研究者的职业精神。
(2) 培养热爱计算学科，热爱智慧产业，关心社会进步的优良品质。
(3) 体验、积累和提高"工匠"的专业素质。

重点难点
(1) 理解科学的发展如何从自然和环境中汲取知识与联想。
(2) 理解人工神经网络，理解基于神经网络的深度学习技术。
(3) 理解和掌握机器学习与深度学习的不同应用场景。

导读案例 人类与动物的智商差别在哪里

人类的基因组与动物的基因组差距并不大，例如人与自己的灵长类近亲倭黑猩猩（见图5-1）有99.6%的基因一模一样，而与黑猩猩的基因也有98.73%的相似性。尽管基因差异不大，但是人的智商却远远高于自己的灵长类近亲。排除人类社会生活这个重要因素之外，人类智商高的纯粹生物学原因主要在于大脑的差异。

图 5-1　倭黑猩猩（左）与黑猩猩

1. 大脑质量和细胞数量

一直以来，研究人员认为，不同动物的大脑质量（容积）是决定其智商的重要因素之一。例如，黑猩猩和倭黑猩猩的大脑质量约为 400～500 g，猿的大脑质量约为 850 g，而人类的大脑平均质量可达 1 350～1 400 g。

但是，人的大脑质量也随人类进化和个体发育而有所不同。总体而言，人类进化越充分和个体发育越成熟，则大脑容积越大，大脑也越重。从进化看，早期直立人大脑质量有 800 g，晚期的直立人大脑质量容量已达到 1 200 g，与现代人的大脑 1 350～1 500 g 的质量相差不远。作为人类而言，在进化历史上，早期的大脑质量或容积不大，也与其智商相对较低联系在一起。

从个体发育来看，新生儿的脑重只有 380 g 左右，九个月则达到约 660 g，2 岁半～3 岁可达 900～1 011 g，7 岁儿童可达 1 280 g，已接近成年 1 400 g 的水平了。显然，个体的人在大脑发育的不同阶段，即脑质量不同的阶段，人的智力也不一样。

随着研究的发展，研究人员也认为，智商的高低也取决于与大脑容积相关的脑细胞的数量。例如，人类的大脑有神经细胞大约为 100 亿～140 亿个，而黑猩猩的脑容量尽管只有人大脑容量的 1/3，但其脑细胞的数量却达到人类大脑细胞的 80%，即约 80 亿～112 亿个。而蜜蜂的大脑只有 1 mg，神经细胞则不到 100 万个。

但是，仅以大脑质量（容积）和细胞数量来看，鲸的大脑比人的大脑容积大，也比人的神经细胞多，因为鲸（见图 5-2）的大脑有 9 000 g，神经细胞数目超过 2 000 亿个。但是，鲸显然无法与人类比智商，也无法与黑猩猩比智商。这其中的差异就在于大脑细胞的相对数量。显然，黑猩猩大脑细胞的相对数量要高得多，因而黑猩猩的智商在动物中是最接近人类的。所以，也有研究人员预测，每多出 10 亿个神经细胞，生物在进化上就可能会有一次中等程度的飞跃。

此外，智商的高低也与大脑容积与身体的比例有关。在脑体比例上，人类并不占优势，而最具优势的是黑猩猩，其脑体之比 1/20，名列第一；其次是鸟，为 1/34；再次是老鼠，为 1/36；然后才是人，为 1/38；然后是狗，为 1/250；之后是大象，为 1/560，最后是鲸，为 1/1 400。

图 5-2　鲸

2. 神经突触的材料构成

以大脑神经细胞（见图 5-3）相对数量做比较，人不如黑猩猩；同时，以脑体之比来衡量，人也不如黑猩猩，甚至不如鸟和老鼠，但为何还是人的智商最高呢？

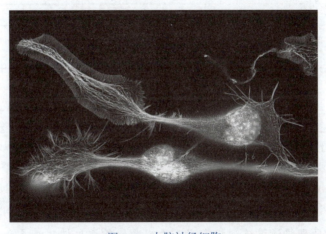

图 5-3　大脑神经细胞

研究人员认为，答案在于人与动物大脑中神经细胞的联系方式以及信息是通过什么方式传递的，例如，是单一的神经传递，还是通过立体和全方位的神经回路传递。

大脑中神经细胞与神经细胞之间的联系是通过两个以上的神经细胞的接触而形成的，神经细胞与神经细胞接触的节点称为神经突触，也称为神经键。这种神经突触则很像电子信息和网络传播中的"微处理器"，它不仅负责传递神经电子脉冲，而且对神经系统的学习和记忆活动起着关键性作用。

但是新的研究发现，组成神经突触的材料的多与少以及差异也是造成人的智商大大高于动物的原因之一。组成人和动物器官、组织的材料本质上都是蛋白质，但是蛋白质的不同则形成了器官和组织的不同。例如，皮肤是由上皮组织构成的，神经系统则是由神经组织构成的，而构成上皮组织和神经组织的蛋白质不同，这才形成了不同的组织器官。

阅读上文，请思考、分析并简单记录：

（1）对于人脑的研究，也是人工智能研究的重要内容之一，有助于推进强人工智能的发展。请通过网络搜索，进一步了解马斯克对脑机接口的研究，并简单记录。

答：_____
_____
_____
_____

（2）创新理论的研究结果告诉我们，知识面越宽，则创新能力越强，正所谓它山之石可以攻玉。你认为自己是对新知识敏感，积极好学的人吗？
答：_____
_____
_____
_____

（3）你还知道哪些脑神经研究的知识吗？试试网络搜索看。
答：_____
_____
_____
_____

（4）请简单记述你所知道的上一周发生的国际、国内或者身边的大事：
答：_____
_____
_____
_____

动物的中枢神经系统由被称为神经细胞或神经元的细胞组成，和所有细胞一样，它们具有含DNA的细胞核及含其他物质的细胞膜。与其他大多数细胞不同，它们能够将从脚趾接收到的感觉印象再由脊柱底部传至全身。

人工神经网络（ANN），是指以人脑和神经系统为模型的机器学习算法。与人脑神经系统类似，人工神经网络通过改变权重以呈现出相同的适应性，并且在许多应用中取得了广泛的成功。

5.1 动物的中枢神经系统

每当准备开始一项新的活动时，应该先了解关于这项活动是否已经存在现成的解决方案。例如，假设在1902年，即莱特兄弟成功进行飞行实验的前一年，你突发奇想要设计一个人造飞行器，那么，你首先应该注意到，在自然界，飞行的"机器"实际上是存在的（鸟），由此得到启发，你的飞机设计方案中可能要有两个大翼。同样道理，如果你想设计人工智能系统，那就要学习并分析这个星球上最自然的智能系统之一，即人脑和神经系统（见图5-4）。

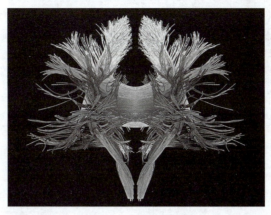

图 5-4　神经系统

动物的中枢神经系统由被称为神经细胞或神经元的细胞组成，和所有细胞一样，它们具有含 DNA（脱氧核糖核酸，细胞可以通过 DNA 复制的过程简单地复制遗传信息）的细胞核及含其他物质的细胞膜。与其他大多数细胞不同，它们的体积要大得多，这些神经细胞能够将从脚趾接收到的感觉印象再由脊柱底部传至全身。例如，长颈鹿颈部的神经元能够伸展至其身体的每个角落。神经细胞一般由三部分组成：胞体、树突和轴突。胞体是细胞的主体，也是细胞核所在；树突为较短的分支细丝，接收来自其他神经细胞的信号；轴突为单一的长条形分支，将信号传输至其他神经细胞。一个细胞的轴突与另一个细胞的树突之间的连接部位被称为突触（见图 5-5）。

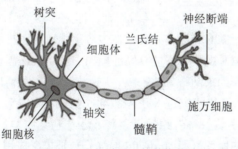

图 5-5　生物神经元的基本构造

神经细胞可被刺激激活，并沿轴突传导冲动。神经冲动要么存在要么不存在，无信号强弱之分。其他神经元的信号决定了神经元发送自身信号的可能性。这些来自其他细胞的信号可能提高或降低信号发送的概率，也能够改变其他信号的作用效果。有一部分神经元，除非接收到其他信号，否则自身不会发送信号；也有一部分神经元会不断重复发送信号，直到有其他信号进行干扰。一些信号的发送频率取决于它们接收到的信号。之前的研究认为神经细胞是一种简单的装置，它将所有信号进行叠加，只要总数超过阈值就会被激活，然而，我们逐渐意识到它们的能力其实远超于此。

人脑是一种适应性系统，必须对变幻莫测的事物做出反应，而学习是通过修改神经元之间连接的强度来进行的。现在，生物学家和神经学家已经了解了在生物中个体神经元是如何相互交流的。动物神经系统由数以千万计的互连细胞组成，而对于人类，这个数字达到了数十亿。然而，并行的神经元集合如何形成功能单元仍然是一个谜。

电信号通过树突（毛发状细丝）流入细胞体。细胞体（或神经元胞体）是"数据处理"的地方。当存在足够的应激反应时，神经元就被激发了。换句话说，它发送一个微弱的电信号（以毫瓦为单位）到被称为轴突的电缆状突出。神经元通常只有单一的轴突，但会有许多树突。足够的应激反应指的是超过预定的阈值。电信号流经轴突，直接到达神经断端。细胞之间的轴突－树突（轴突－神经元胞体或轴突－轴突）接触称为神经元的突触。两个神经元之间实际上有一个小的间隔（几乎触及），这个间隙充满了导电流体，允许神经元间电信号的流动。脑激素（或摄入的药物，如咖啡因）影响了当前的电导率。

5.2 了解人工神经网络

人工神经网络（Artificial Neural Network，ANN，简称神经网络），是指以人脑和神经系统为模型的机器学习算法。如今，人工神经网络从股票市场预测到汽车的自主控制，在模式识别、经济预测和许多其他应用领域都有突出的应用表现。

人脑由100亿~1 000亿个神经元组成，这些神经元彼此高度相连。一些神经元与另一些或另外几十个相邻的神经元通信，然后，其他神经元与数千个神经元共享信息。在过去数十年里，研究人员就是从这种自然典范中汲取灵感，设计人工神经网络。

5.2.1 人工神经网络的研究

与人脑神经系统类似，人工神经网络通过改变权重以呈现出相同的适应性。在监督学习的ANN范式中，学习规则承担了这个任务，监督学习通过比较网络的表现与所希望的响应，相应地修改系统的权重。ANN主要有3种学习规则，即感知器学习、增量和反向传播。反向传播规则具有处理多层网络所需的能力，并且在许多应用中取得了广泛的成功。

熟悉各种网络架构和学习规则还不足以保证模型的成功，还需要知道如何编码数据、网络培训应持续多长时间，以及如果网络无法收敛，应如何处理这种情况。

20世纪70年代，人工网络研究进入了停滞期。资金不足导致这个领域少有新成果产生。而就在此时，诺贝尔物理学奖获得者约翰·霍普菲尔德在这个学科的研究成果重新激起了人们对这一学科的热情，他的模型（即Hopfield网络）已被广泛应用于优化。

在了解（并模拟）动物神经系统的行为的基础上，美国的麦卡洛克和皮茨开发了人工神经元的第一个模型。对应于生物神经网络的生物学模型，神经网络的人工神经元采用了4个要素：

① 细胞体，对应于神经元的细胞体。
② 输出通道，对应于神经元的轴突。
③ 输入通道，对应于神经元的树突。
④ 权重，对应于神经元的突触。

其中，权重（实值）扮演了突触的角色，反映生物突触的导电水平，用于调节一个神经元对另一个神经元的影响程度，控制着输入对单元的影响。人工神经元模仿了神经元的结构。

未经训练的神经网络模型很像新生儿：它们被创造出来的时候对世界一无所知，只有通过接触这个世界，也就是后天的知识，才会慢慢提高它们的认知程度。算法通过数据体验世界——人们试图通过在相关数据集上训练神经网络，来提高其认知程度。衡量进度的方法是通过监测网络产生的误差。

实际神经元运作时要积累电势能，当能量超过特定值时，突触前神经元会经轴突放电，继而刺激突触后神经元。人类有着数以亿计相互连接的神经元，其放电模式无比复杂。哪怕是最先进的神经网络也难以比拟人脑的能力，因此，神经网络在短时间内应该还无法模拟人脑的功能。

5.2.2 典型的人工神经网络

人工神经网络是一种模仿生物神经网络（动物的中枢神经系统，特别是大脑）的结构和功能的数学模型或计算模型，用于对函数进行估计或近似计算。大多数情况下，人工神经网络能在外界信息的基础上改变内部结构，是一种自适应系统。

作为一种非线性统计性数据建模工具，典型的神经网络具有以下 3 个部分：

（1）结构：指定网络中的变量及其拓扑关系。例如，神经网络中的变量可以是神经元连接的权重和神经元的激励值。

（2）激励函数：大部分神经网络模型具有一个短时间尺度的动力学规则，来定义神经元如何根据其他神经元的活动改变自己的激励值。一般激励函数依赖于网络中的权重（即该网络的参数）。

（3）学习规则：指定人工神经网络中的权重如何随着时间推进而调整。这一般被看做是一种长时间尺度的动力学规则。一般情况下，学习规则依赖于神经元的激励值，它也可能依赖于监督者提供的目标值和当前权重的值。

5.2.3 类脑计算机

平均来说，人脑包含大约 1 000 亿个神经元，每个神经元又平均与 7 000 个其他神经元相连。假设人类思维源于大脑的运作，我们可以想象能够匹配人脑的计算机有多强大。每个突触需要一个基本操作，这样的操作每秒大约需要进行 1 000 次，精确之后也就是每秒 1 017 次。家用计算机有四个处理器（四核），在写入时每个处理器的速度约为每秒 109 次操作。当然，速度更快的处理器的确存在，我们可以通过廉价硬件来实现每秒 1 011 次操作，但至少需要 100 万个这样的处理器才能够匹配人脑。然而，计算机性能每 18 个月就能强化一倍，这意味着每十年它们的速度就可以提高 100 倍。在接下来的 30 年里，计算机的计算能力就有望与人脑相匹敌。

拥有速度更快的计算机也无法立即创建起人工智能，因为我们还需要了解如何编程。如果大脑由神经元组成并且是智能的，或许我们可以模拟神经元进行编程，毕竟这已经被证明是可行的了。

目前使用的人工神经元比人类神经元简单，它们接收数以千计的输入，并对其进行叠加，如果总数超过阈值则被激活。每一次输入都被设置一个可配置的权重，我们可以决定任何一次输入对总数的作用效果，如果权重为负值，则神经元的激活将被抑制。

这些人工神经元可以用于构建计算机程序，但它们比目前使用的语言更复杂。不过，我们可以类比大脑将它们大量集合成群，并且改变所有输入的权重，然后根据需求管理整个系统，而不必弄清其工作原理。

我们将这些神经元排列在至少三层结构中（见图 5-6），一些情况下将多达 30 层，每一层都含有众多神经元，可能多达几千个。因此，一个完整的神经网络可能含有 10 万个或更多的个体神经元，每个神经元接收来自前一层其他神经元的输入，并将信号发送给后一层的所有神经元，我们向第一层注入信号并解释最后一层发出的信号，以此来进行操作。

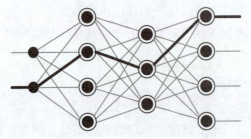

图 5-6　三层结构的人工神经网络

5.2.4　神经网络理解图片

支持图像识别技术获得骄人成绩的通常是深度神经网络。如图 5-7 所示，借助于特征可视化这个强大工具，能帮我们理解神经网络究竟是怎样认识图像的。现在，计算机视觉模型中每一层所检测的东西都可以可视化。经过在一层层神经网络中的传递，会逐渐对图片进行抽象：先探测边缘，然后用这些边缘来检测纹理，再用纹理检测模式，用模式检测物体的部分……

图 5-8 是 ImageNet（一个用于视觉对象识别软件研究的大型可视化数据库项目）训练的 GoogLeNet 的特征可视化图，我们可以从中看出它的每一层是如何对图片进行抽象的。

在神经网络处理图像的过程中，单个神经元不能理解任何东西，它们需要协作。所以，我们也需要理解它们彼此之间如何交互。通过在神经元之间插值，使神经元之间彼此交互。图 5-9 就展示了两个神经元是如何共同表示图像的。

功能可视化：通过生成示例来回答有关网络或网络部分
正在寻找的问题

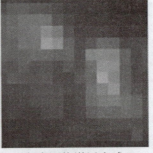

归因：研究一个例子的哪个部分负责网络激活方式

图 5-7　神经网络的可视化

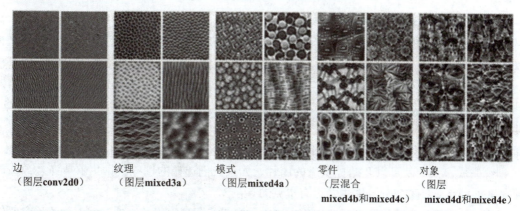

边	纹理	模式	零件	对象
（图层conv2d0）	（图层mixed3a）	（图层mixed4a）	（层混合 mixed4b和mixed4c）	（图层 mixed4d和mixed4e）

通过功能可视化，我们可以了解在 ImageNet 数据集上培训的 GoogleNet 如何通过多层层次了解图像。

图 5-8　训练用的特征可视化图

图 5-9　两个神经元共同表示图像

在进行特征可视化时，得到的结果通常会布满噪点和无意义的高频图案。要更好地理解神经网络模型是如何工作的，就要避开这些高频图案。这时所用的方法是进行预先规则化，或者说约束、预处理。

当然，了解神经网络内部的工作原理，也是增强人工智能可解释性的一种途径，而特征可视化正是其中一个很有潜力的研究方向。神经网络已经得到了广泛应用，解决了控制、搜索、优化、函数近似、模式关联、聚类、分类和预测等领域的问题。

例如，将人工神经网络应用在控制领域中，给设备输入数据，产生所需的输出。例如雷克萨斯豪华系列汽车的尾部配备了后备摄像机、声纳设备和人工神经网络，可以自动并行停车。实际上，这是一个所谓的反向问题的例子，汽车采用的路线是已知的，所计算的是需要的力以及所涉及方向盘的位移。反向控制的一个较早的示例是卡车倒车，正向识别的一个示例是机器人手臂控制（所需的力已知，必须识别动作）。在任何智能系统中，搜索都是一个关键部分，可以将人工神经网络应用于搜索。

神经网络的主要缺点是其不透明性，换句话说它们不能解释结果。有个研究领域是将 ANN 与模糊逻辑结合起来生成神经模糊网络，这个网络具有 ANN 的学习能力，同时也具有模糊逻辑的解释能力。

5.2.5 训练神经网络

起初，网络产生的结果是杂乱无章的，因为我们还没有给予其具体操作的指令。因此，我们为其提供大量数据，并十分清楚神经网络应该给出怎样的反馈。如果要思考的问题是观察战场的照片，判断其中是否存在坦克，我们可以拿几千张或有或没有坦克的照片，将其输入网络的第一层，然后，调整所有神经元的全部输入权重，使最后一层的输出更接近正确答案。其中涉及复杂的数学运算，但可以通过自动化程序解决，接着，不断重复这一过程，成百上千次地展示每一张训练图像。慢慢地，犯错的概率将逐渐降低，直到每次都能做出正确应答为止。一旦训练完成，我们就可以开始提供新的图片。如果我们选择的训练数据足够严谨，训练周期足够长，网络就能准确回答图中是否有坦克的存在。

训练神经网络的主要问题在于我们不知道它们究竟是如何得出结论的，因而无法确定它们是否真的在寻找我们想要它们寻找的答案。如果有坦克的照片都是在晴天拍摄的，而所有没有坦克的照片都是在雨天拍摄的，那么神经网络可能只是在判断我们是否需要雨伞而已。

因为神经网络不需要我们告诉它们如何获取答案，所以即使我们不知道它们怎样去做要做的事情，还是可以照常使用它们。识别图片中的物体只是一个例子，其他用途可能还包括预测股市走向等。只要拥有大量优质的训练数据，就可以对神经网络进行编程来完成这项工作。

尽管人工神经元只是真正神经细胞的简化模型，但有趣的是神经网络的运作方式却与大脑相同。扫描显示大脑的某些区域对上、下、左、右移动的光暗边缘十分敏感。谷歌公司训练神经网络来识别物体，向用户提供可爱的猫咪图片。这些神经网络大约有 30 层，谷歌表示第一层正是通过物体的不同边缘来分析图像，程序员并没有进行过这方面的编程，这种行为是在网络综合训练中自主出现的。

5.3 基于神经网络的深度学习

如今，人工智能技术正在快速发展中，其中尤以深度学习所取得的进步最为显著。深度学习所带来的重大技术革命，甚至有可能颠覆过去长期以来人们对互联网技术的认知，实现技术体验的跨越式发展。

5.3.1 深度学习的意义

从研究角度看，深度学习是基于多层人工神经网络，海量数据为输入，发现规则自学习的方法。深度学习所基于的多层神经网络并非新鲜事物，甚至在上个世纪 80 年代还被认为没有前途。但近年来，科学家们对多层神经网络的算法不断优化，使它出现了突破性的进展。

以往很多算法是线性的，而现实世界大多数事情的特征是复杂非线性的。比如猫的图像中，就包含了颜色、形态、五官、光线等各种信息。深度学习的关键就是通过多层非线性映射将这些因素成功分开。

那为什么要采用多层结构？多层神经网络比浅层的好处在哪儿呢？简单说，就是可以减少参数。因为它重复利用中间层的计算单元。还是以认猫作为例子。它可以学习猫的分层特征：最底层从原始像素开始，刻画局部的边缘和纹；中层把各种边缘进行组合，描述不同类型的猫的器官；最高层描述的是整个猫的全局特征。

深度学习需要具备超强的计算能力，同时还不断有海量数据的输入。特别是在信息表示和特征设计方面，过去大量依赖人工，严重影响有效性和通用性。深度学习则彻底颠覆了"人造特征"的范式，开启了数据驱动的"表示学习"范式——由数据自提取特征，计算机自己发现规则，进行自学习。

也可以理解为——过去，人们对经验的利用靠人类自己完成。而深度学习中，经验以数据形式存在。因此，深度学习，就是关于在计算机上从数据中产生模型的算法，即深度学习算法。

那么大数据以及各种算法与深度学习有什么区别呢？

过去的算法模式，数学上叫线性，x 和 y 的关系是对应的，它是一种函数体现的映射。但这种算法在海量数据面前遇到了瓶颈。国际上著名的 ImageNet 图像分类大赛，用传统算法，识别错误率一直降不下去，采用深度学习后，错误率大幅降低。在 2010 年，获胜的系统只能正确标记 72% 的图片；到了 2012 年，多伦多大学的杰夫·辛顿利用深度学习的新技术，带领团队实现了 85% 的准确率；2015 年的 ImageNet 竞赛上，一个深度学习系统以 96% 的准确率第一次超过了人类（人类平均有 95% 的准确率）。

计算机认图的能力，已经超过了人，尤其在图像和语音等复杂应用方面，深度学习技术取得了优越的性能。其实这就是思路的革新。

5.3.2 深度学习的方法

我们通过几个例子，来了解深度学习的方法。

示例 1：识别正方形

先从一个简单例子开始（见图 5-10），从概念层面上解释究竟发生了什么事情。我们来试试看如何从多个形状中识别正方形。

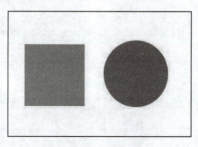

图 5-10　简单例子

第一件事是检查图中是否有四条线（简单的概念）。如果找到这样的四条线，进一步检查它们是相连的、闭合的和相互垂直的，并且它们是否相等（嵌套的概念层次结构）。

这样就完成了一个复杂的任务（识别一个正方形），并以简单、不太抽象的任务来完成它。深度学习本质上在大规模执行类似的逻辑。

示例 2：识别猫

我们通常能用很多属性描述一个事物。其中有些属性可能很关键，很有用，另一些属性可能没什么用。我们就将属性称为特征。特征辨识是一个数据处理的过程。

传统算法识别猫，是标注各种特征去识别：大眼睛，有胡子，有花纹。但这种特征写着写着，可能分不出是猫还是老虎了，就连狗和猫也分不出来。这种方法叫——人制定规则，机器学习这种规则。

深度学习的方法是，直接给你百万张图片，说这里有猫；再给你百万张图，说这里没猫，然后来训练深度网络，通过深度学习自己去学猫的特征，计算机就知道了，谁是猫（见图 5-11）。

从 YouTube 视频里面寻找猫的图片是深度学习接触性能的首次展现

图 5-11　猫

示例 3：训练机械手学习抓取动作

传统方法肯定是看到那里有个机械手，就写好函数，移动到 xyz 标注的空间点，利用程序实现一次抓取。

而谷歌现在用机器人训练一个深度神经网络，帮助机器人根据摄像头输入电机命令，预测抓取的结果。简单地说，就是训练机器人的手眼协调。机器人会观测自己的机械臂，实时纠正抓取运动。所有行为都从学习中自然浮现，而不是依靠传统的系统程序（见图 5-12）。

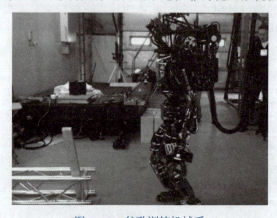

图 5-12　谷歌训练机械手

为了加快学习进程，谷歌公司用了 14 个机械手同时工作，在将近 3000 小时的训练，相当于 80 万次抓取尝试后，开始看到智能反应行为的出现。资料显示，没有训练的机械手，前 30 次抓取失败率为 34%，而训练后，失败率降低到 18%。这就是自我学习的过程。

示例 4：训练人工神经网络写文章

斯坦福大学的计算机博士安德烈·卡帕蒂曾用托尔斯泰的小说《战争与和平》来训练人工神经网络。每训练 100 个回合，就叫它写文章。在经过 100 次训练后，它就知道要加空格，但仍然有时是在"胡言乱语"（乱码）。500 个回合后，能正确拼写一些短单词。1200 个回合后，有标点符号和长单词。2000 个回合后，已经可以正确拼写更复杂的语句。

整个演化过程是什么情况呢？

以前我们写文章，只要告诉主谓宾，就是规则。而这个过程，完全没人告诉机器语法规则。甚至，连标点和字母区别都不用告诉它。不告诉机器任何程序，只是不停地用原始数据进行训练，一层一层训练，最后输出结果——就是一个个看得懂的语句。

一切看起来都很有趣。人工智能与深度学习的美妙之处，也正在于此。

示例 5：图像深度信息采集

用无人机可以实现对人的跟踪，它的方法是这样的：一个人，在图像系统里是一堆色块的组合。通过人工方式进行特征选择，比如颜色特征、梯度特征。以颜色特征为例：比如穿着绿色衣服，突然走进草丛，就可能跟丢。或者脱了件衣服，几个人很相近，也容易跟丢。

此时，若想在这个基础上继续优化，将颜色特征进行某些调整是非常困难的，而且调整后，还会存在对过去某些状况不适用的问题。这样的算法需要不停迭代，迭代又会影响前面的效果。

硅谷有个团队利用深度学习，把所有人脑袋做出来，只区分好前景和背景。区分之后，背景全部用数学方式随意填充，再不断生产大量背景数据，进行自学习。只要把前景学习出来就行。

例如，在人脸识别中，相比于 2D 只能获取二维图像，3D 识别能够采集多达几十万个信息点，获取深度信息，防止假冒身份（见图 5-13）。

2D VS 3D生物特征人脸安全对比		
	2D人脸识别	3D人脸识别
提取信息		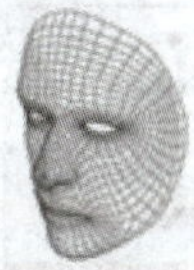
光源	环境光或红外	红外激光投射
面部特征	2D图像	唯一的3D模型/深度信息
匹配	图像矩阵提取特征	深度信息对比
攻击识别率	视频、照片可攻击	视频，面具假体>99%

图 5-13　2D 与 3D 人脸识别对比

又如某个"车辆深度识别系统"。该系统主要针对卡口以及其他前端采集方式所获得的过车图片、数据等资源，进行精细的分析与识别，提取车身颜色 / 车辆类型 / 车辆品牌包括子品牌以及不系安全带，接打手机电话等更多车辆特征信息，并统一车辆特征数据与识别率信息，联合交管所车辆登记信息和公安网的业务数据，对套牌、假牌车实现有效预警，为大数据情报的研判提供基础支撑。

该系统基于深度学习技术，通过深层神经网络对海量过车数据自动学习，逐层提取全局关联信息，通过"预训练"和联合优化提高了正规系统的识别表达能力，解决了因光照、场景、角度等因素干扰所导致的识别精度问题。该系统可针对海量过车图片以及数据进行结构化 / 非结构化信息的识别、提取和检索（见图 5-14）。

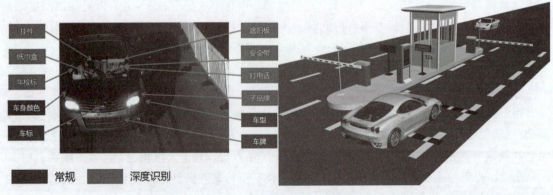

图 5-14　车辆深度识别系统

示例 6：做胃镜检查

胃不舒服做检查，常常会需要做胃镜，甚至要分开做肠、胃镜检查，而且通常小肠还看不见。有一家公司出了一种胶囊摄像头（见图 5-15）。将摄像头吃进去后，在人体消化道内每 5 秒拍一幅图，连续摄像，此后再排出胶囊。这样，所有关于肠道和胃部的问题，全部完整记录。但光是等医生把这些图看完就需要五个小时。原本的机器主动检测漏检率高，还需要医生复查。

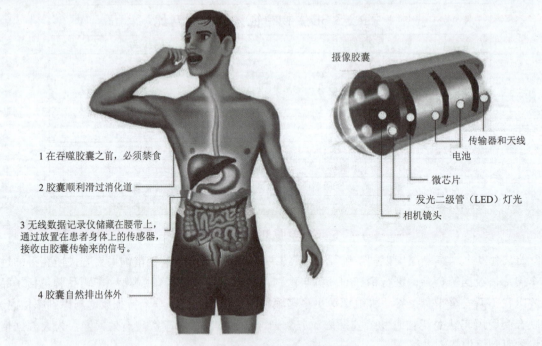

图 5-15　胶囊摄像头做胃镜检查

后来采用深度学习。采集 8 000 多例图片数据灌进去，让机器不断学习，不仅提高诊断精确率，减少了医生的漏诊以及对好医生的经验依赖，只需要靠机器自己去学习规则。深度学习算法，可以帮助医生作出决策。

5.3.3 深度的概念

深度学习是一种以人工神经网络（ANN）为架构，对数据进行表征学习的算法，即可以这样定义："深度学习是一种特殊的机器学习，通过学习将现实使用嵌套的概念层次来表示并实现巨大的功能和灵活性，其中每个概念都定义为与简单概念相关联，而更为抽象的表示则以较不抽象的方式来计算。"

已经有多种深度学习框架，如深度神经网络、卷积神经网络和深度置信网络和递归神经网络，被应用在计算机视觉、语音识别、自然语言处理、音频识别与生物信息学等领域并获取了极好的效果。另外，"深度学习"也成为神经网络的品牌重塑。

通过多层处理，逐渐将初始的"低层"特征表示转化为"高层"特征表示后，用"简单模型"即可完成复杂的分类等学习任务。由此，可将深度学习理解为进行"特征学习"或"表示学习"。

以往在机器学习用于现实任务时，描述样本的特征通常需由人类专家来设计，这成为"特征工程"。众所周知，特征的好坏对泛化性能有至关重要的影响，人类专家设计出好特征也并非易事；特征学习（表征学习）则通过机器学习技术自身来产生好特征，这使机器学习向"全自动数据分析"又前进了一步。

人工智能研究的方向之一，是以"专家系统"为代表的，用大量"If-Then"规则定义的，自上而下的思路。ANN标志着另外一种自下而上的思路，它试图模仿大脑的神经元之间传递、处理信息的模式。

5.3.4 深度学习的实现

深度学习本来并不是一种独立的学习方法，它会用到有监督和无监督学习方法来训练深度神经网络。但由于近几年该领域发展迅猛，一些特有的学习手段相继被提出（如残差网络），因此越来越多的人将其单独看作一种学习的方法。

最初的深度学习是利用神经网络来解决特征表达的一种学习过程。深度神经网络可大致理解为包含多个隐含层的神经网络结构。为了提高深层神经网络的训练效果，人们对神经元的连接方法和激活函数等方面做出相应的调整。如今，深度学习迅速发展，奇迹般地实现了各种任务，使得似乎所有的机器辅助功能都变为可能，无人驾驶汽车、预防性医疗保健、更好的电影推荐等等，都近在眼前或者即将实现。

与大脑中一个神经元可以连接一定距离内的任意神经元不同，ANN具有离散的层、连接和数据传播的方向。例如，我们可以把一幅图像切分成图像块，输入到神经网络的第一层。在第一层的每一个神经元都把数据传递到第二层。第二层的神经元也是完成类似的工作，把数据传递到第三层，以此类推，直到最后一层，然后生成结果。

以道路上的停止（Stop）标志牌（见图5-16）为例。将一个停止标志牌图像的所有元素都打碎，然后用神经元进行"检查"：八边形的外形、消防车般的红颜色、鲜明突出的字母、交通标志的典型尺寸和静止不动运动特性等等。神经网络的任务就是给出结论，它到底是不是一个停止标志牌。神经网络会根据所有权重，给出一个经过深思熟虑的猜测——"概率向量"。

图 5-16 Stop 标志牌

在这个例子里,系统可能会给出这样的结果:86% 可能是一个停止标志牌,7% 可能是一个限速标志牌,5% 可能是一个风筝挂在树上,然后网络结构告诉神经网络,它的结论是否正确。

神经网络是调制、训练出来的,时不时还是很容易出错的。它最需要的就是训练。需要成百上千甚至几百万张图像来训练,直到神经元的输入的权值都被调制得十分精确,无论是否有雾,晴天还是雨天,每次都能得到正确的结果。只有在这个时候,我们才可以说神经网络成功地自学习到一个停止标志的样子。

关键的突破在于,把这些神经网络从基础上显著地增大,层数非常多,神经元也非常多,然后给系统输入海量的数据来训练网络。这样就为深度学习加入了"深度",这就是神经网络中众多的层。

现在,经过深度学习训练的图像识别,在一些场景中甚至可以比人做得更好:从识别猫,到辨别血液中癌症的早期成分,到识别核磁共振成像中的肿瘤。谷歌的阿尔法狗先是学会了如何下围棋,然后与它自己进行下棋训练。它训练自己神经网络的方法,就是不断地与自己下棋,反复地练,永不停歇。

深度学习还存在以下问题:

(1) 深度学习模型需要大量的训练数据,才能展现出神奇的效果,但现实生活中往往会遇到小样本问题,此时深度学习方法无法入手,传统的机器学习方法就可以处理;

(2) 有些领域的问题采用简单的机器学习方法就可以很好地解决了,没必要非得用复杂的深度学习方法;

(3) 深度学习的思想来源于人脑的启发,但绝不是人脑的模拟,举个例子,给一个三四岁的小孩看一辆自行车之后,再见到哪怕外观完全不同的自行车,小孩也大都能说出那是一辆自行车,也就是说,人类的学习过程往往不需要大规模的训练数据,而现在的深度学习方法显然不是对人脑的模拟。

资深学者本吉奥在回答一个类似问题时,有一段话讲得特别好,引用如下:

Science is NOT a battle, it is a collaboration. We all build on each other's ideas. Science is an act of love, not war. Love for the beauty in the world that surrounds us and love to share and build something together. That makes science a highly satisfying activity, emotionally speaking!

这段话的大致意思是,"科学不是一场战斗,而是一场建立在彼此想法上的合作。科学是一种爱,而不是战争,热爱周围世界的美丽,热爱分享和共同创造美好的事物。从情感上说,这使得科学成为一项令人非常赏心悦目的活动!"

结合机器学习近年来的迅速发展来看本吉奥的这段话,就可以感受到其中的深刻含义。未来哪种机器学习算法会成为热点呢?资深专家吴恩达曾表示,"在继深度学习之后,迁移学习将引领下一波机器学习技术"。

5.4 机器学习与深度学习

在有所了解的基础上,接下来,我们来对比机器学习和深度学习这两种技术(见图5-17)。

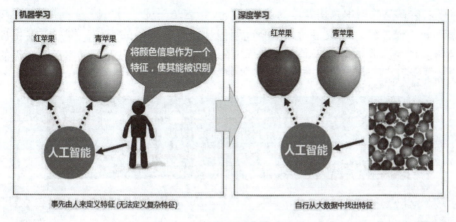

图5-17　机器学习与深度学习

1. 数据依赖性

深度学习与传统的机器学习最主要的区别在于随着数据规模的增加其性能也不断增长。当数据很少时,深度学习算法的性能并不好。这是因为深度学习算法需要大量的数据来完美地理解它。另一方面,在这种情况下,传统的机器学习算法使用制定的规则,性能会比较好,图5-18总结了这一事实。

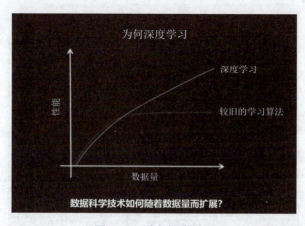

图5-18　为何深度学习

2. 硬件依赖

深度学习算法需要进行大量的矩阵运算，GPU 主要用来高效优化矩阵运算，所以 GPU 是深度学习正常工作的必要硬件。与传统机器学习算法相比，深度学习更依赖安装 GPU 的高端机器。

3. 特征处理

是将领域知识放入特征提取器里面来减少数据的复杂度并生成使学习算法工作的更好的模式的过程。特征处理过程很耗时而且需要专业知识。

在机器学习中，大多数应用的特征都需要专家确定然后编码为一种数据类型。特征可以是像素值、形状、纹理、位置和方向。大多数机器学习算法的性能依赖于所提取的特征的准确度。

深度学习尝试从数据中直接获取高等级的特征，这是深度学习与传统机器学习算法的主要不同。基于此，深度学习削减了对每一个问题设计特征提取器的工作。例如，卷积神经网络尝试在前边的层学习低等级的特征（边界、线条），然后学习部分人脸，然后是高级的人脸的描述（见图 5-19）。

图 5-19 从数据中获取特征

4. 问题解决方式

当应用传统机器学习算法解决问题的时候，传统机器学习通常会将问题分解为多个子问题并逐个解决子问题，最后结合所有子问题的结果获得最终结果。相反，深度学习提倡直接的端到端的解决问题。

例如：一个检测多物体的任务需要图像中物体的类型和各物体在图像中的位置（见图 5-20）。

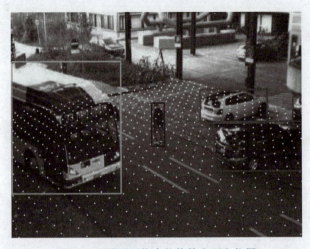

图 5-20 需要图像中物体的类型和位置

传统机器学习会将问题分解为两步：物体检测和物体识别。首先，使用边界框检测算法扫描整张图片找到物体可能的区域；然后使用物体识别算法对上一步检测出来的物体进行识别。相反，深度学习会直接将输入数据进行运算得到输出结果。例如可以直接将图片传给 YOLO 网络（一种深度学习算法），YOLO 网络会给出图片中的物体和名称。

5. 执行时间

通常情况下，训练一个深度学习算法需要很长的时间。这是因为深度学习算法中参数很多，因此训练算法需要消耗更长的时间。最先进的深度学习算法 ResNet 完整地训练一次需要消耗两周的时间，而机器学习的训练消耗的时间相对较少，只需要几秒钟到几小时的时间。

但两者测试的时间上完全相反。深度学习算法在测试时只需要很短的时间去运行。如果跟 k-nearest neighbors（一种机器学习算法）相比较，测试时间会随着数据量的提升而增加。不过，有些机器学习算法的测试时间也很短。

6. 可解释性

这一点至关重要，我们看个例子。假设使用深度学习自动为文章评分。深度学习可以达到接近人的标准，这是相当惊人的性能表现。但是这仍然有个问题。深度学习算法不会解释结果是如何产生的。人们不知道神经元应该是什么模型，也不知道这些神经单元层要共同做什么。

另一方面，为了解释为什么算法这样选择，像决策树这样的机器学习算法给出了明确的规则，所以解释决策背后的推理是很容易的。因此，决策树和线性/逻辑回归这样的算法主要用于工业上的可解释性。

7. 应用领域不同

使用机器学习/深度学习的一个主要例子是谷歌公司。谷歌正在将机器学习应用于其各种产品。机器学习/深度学习的应用是无尽的，人们只是需要寻找正确的时机。

1. 如果你想设计人工智能系统，那就要学习并分析这个星球上最自然的智能系统之一，即（　　）。

　　A. 人脑和神经系统　　　　　　　　B. 人脑和五官系统

　　C. 肌肉和血管系统　　　　　　　　D. 思维和学习系统

2. 动物的（　　）系统由被称为神经细胞或神经元的细胞组成，和所有细胞一样，它们具有含 DNA 的细胞核及含其他物质的细胞膜。

　　A. 思维神经　　B. 感觉神经　　C. 触觉神经　　D. 中枢神经

3. 神经细胞一般由（　　）三部分组成。

　　① 胞体　　　　② 白血球　　　　③ 树突　　　　④ 轴突

　　A. ①②③　　　B. ①③④　　　C. ②③④　　　D. ①②④

4. 神经细胞中，一个细胞的轴突与另一个细胞的树突之间的连接部位被称为（　　）。

　　A. 树突　　　　B. 胞体　　　　C. 突触　　　　D. 轴突

5. 神经细胞可被（　　）激活，并沿轴突传导冲动。神经冲动要么存在要么不存在，无信号强弱之分。

　　A. 刺激　　　　B. 调用　　　　C. 指令　　　　D. 信号

6. 人脑是一种适应性系统，必须对变幻莫测的事物做出反应，而学习是通过修改神经元之间连接的（　　）来进行的。
   A. 顺序　　　　　B. 平滑度　　　　C. 速度　　　　　D. 强度

7. 人脑由（　　）个神经元组成，这些神经元彼此高度相连。
   A. 100万元～1 000万元　　　　　　B. 100万元～1 000亿
   C. 50万元～500万元　　　　　　　D. 50万元～500亿

8. 两个神经元之间实际上有一个极小的间隔，其间充满了导电流体，允许神经元间（　　）的流动。脑激素（或摄入的药物，如咖啡因）影响了当前的电导率。
   A. 液体　　　　　B. 振动波　　　　C. 电信号　　　　D. 空气

9. 对应于生物神经网络的生物学模型，神经网络的人工神经元采用了细胞体（对应于神经元的细胞体）、（　　）等4个要素。
   ① 输出通道（轴突）　　　　　　② 输入通道（树突）
   ③ 存储器（导电层）　　　　　　④ 权重（突触）
   A. ①②④　　　　B. ①③④　　　　C. ②③④　　　　D. ①②③

10. 作为一种非线性统计性数据建模工具，典型的神经网络具有（　　）3个部分。
    ① 结构　　　② 激励函数　　　③ 学习规则　　　④ 加权系数
    A. ①②④　　　　B. ②③④　　　　C. ①③④　　　　D. ①②③

11. 所谓神经网络，是指以人脑和神经系统为模型的（　　）算法。
    A. 倒档追溯　　　B. 直接搜索　　　C. 机器学习　　　D. 深度优先

12. 如今，ANN从股票市场预测到（　　）和许多其他应用领域都有突出的应用表现。
    A. 汽车自主控制　B. 模式识别　　　C. 经济预测　　　D. A、B和C

13. ANN是一种模仿生物神经网络，其中的（　　）扮演了生物神经模型中突触的角色，用于调节一个神经元对另一个神经元的影响程度。
    A. 细胞体　　　　B. 权重　　　　　C. 输入通道　　　D. 输出通道

14. 人工智能在图像识别上已经超越了人类，支持这些图像识别技术的，通常是（　　）。
    A. 云计算　　　　B. 因特网　　　　C. 神经计算　　　D. 深度神经网络

15. 将ANN与模糊逻辑结合起来生成（　　）网络，这个网络既有ANN的学习能力，同时也具有模糊逻辑的解释能力。
    A. 模式识别　　　B. 人工智能　　　C. 神经模糊　　　D. 自动计算

16. 从研究角度看，（　　）是基于多层神经网络的、海量数据为输入的、发现规则自学习的方法。
    A. 深度学习　　　B. 特征学习　　　C. 模式识别　　　D. 自动翻译

17. 以往很多算法是线性的，而现实世界大多数事情的特征是复杂非线性的。比如猫的图像中就包含了颜色、形态、五官、光线等各种信息。深度学习的关键就是通过（　　）。
    A. 单层线性叠加将这些因素成功归纳
    B. 多层非线性映射将这些因素成功分开
    C. 多层线性组合将这些因素综合表达
    D. 单层非线性加工将这些因素成功分开

18. 深度学习开启了（　　）的"表示学习"范式——由数据自提取特征，计算机自己发现规则，进行自学习。

　　A．特征处理　　　B．函数依赖　　　C．功能驱动　　　D．数据驱动

19. 通过多层处理，逐渐将初始的"低层"特征表示转化为"高层"特征表示后，用"简单模型"即可完成复杂的分类等学习任务。由此，可将深度学习理解为进行"（　　）学习"。

　　A．特征　　　　　B．函数　　　　　C．功能　　　　　D．数据

20. 深度学习与传统的机器学习最主要的区别在于（　　），即随着数据规模的增加其性能也不断增长。当数据很少时，深度学习算法的性能并不好。

　　A．特征处理　　　B．硬件依赖　　　C．数据依赖性　　D．问题解决方式

研究性学习　熟悉人工神经网络的研究与应用

　　小组活动：阅读本课的【导读案例】，认真学习课文内容，并通过网络搜索，了解更多谷歌大脑、马斯克脑机接口等信息——它们是弱人工智能还是强人工智能。讨论和加深理解什么是人工神经网络，如何进行深度学习与应用。

　　记录：请记录小组讨论的主要观点，推选代表在课堂上简单阐述你们的观点。

_____

_____

_____

_____

　　评分规则：若小组汇报得5分，则小组汇报代表得5分，其余同学得4分，余下类推。

　　实训评价（教师）：_____

_____

第 6 课

大数据挖掘

学习目标

知识目标

(1) 如今,虽然数据唾手可得,但数据不等于信息,信息也不等于知识。要了解数据(将其转化为信息)并利用数据(再将其转化为知识),是我们的职责所在。

(2) 熟悉数据分析方法,理解数据挖掘知识,了解数据挖掘经典算法。

(3) 了解机器学习对于数据挖掘的意义,掌握其方法。

能力目标

(1) 掌握专业知识的学习方法,培养阅读、思考与研究的能力。

(2) 提高"研究性学习小组"的参与、组织和活动能力,具备团队精神。

素质目标

(1) 培养计算思维,培养数据思维,掌握学习方法,提高学习能力。

(2) 培养热爱专业,关心专业技术不断进步的优良品质。

(3) 体验、积累和提高"工匠"专业素质。

重点难点

(1) 理解什么是数据挖掘,什么是数据分析方法。

(2) 理解数据挖掘经典算法机器应用场景。

(3) 熟悉机器学习在数据挖掘中起到的作用。

导读案例 万物皆可智能化

最近,在网上刷到一条有意思的新闻:"人工智能牙刷:哪里没刷到有提醒,活了这么多年要被人工智能教如何刷牙了……"(见图 6-1)。当然,此牙刷引入了人工智能神经元算法技术,能进行深度学习。这款 AI 牙刷配备了能够识别不同刷牙风格的 AI,且已经经过了大量的行为训练。通过定位刷牙位置,AI 能够对刷牙时被忽略的区域进行分析和对比,从而为使用者提供指导和改进意见。

第 6 课 | 大数据挖掘

图 6-1 AI 牙刷与刷牙

而其配套的 App 可以引导用户顺利的进行正确刷牙的每个阶段。刚开始刷牙时，App 上所显示的牙齿图片都是蓝色的，当我们按引导正确刷完牙后，所有的牙齿会变成白色，表示 100% 完成了刷牙。也就是说，我们之前不管是用普通牙刷还是电动牙刷刷牙，都是刷的不完全的，但有了 AI 牙刷之后，我们就能实现刷牙自由了。AI 刷牙，精准识别未刷部位，哪里没刷刷哪里。

但让人们觉得孤陋寡闻的还不止是这款 AI 牙刷，这些产品：智能口红、智能粉底液、智能杯子、智能窗帘、智能衣服、智能鼠标、智能马桶盖……这才是真正人工智能的赋能万物——只有你想不到，没有 AI"做不到"。

智能马桶盖

如今的智能马桶盖，换卫生薄膜、冲洗、杀菌、除臭、音乐等功能样样俱全，可谓十六项全能。智能马桶盖常见功能有臀部清洗、座圈加温、女性清洗、暖风烘干、自动除臭、位置调节、水压调节、座温、水温、风温调节等（见图 6-2）。

图 6-2 AI 马桶盖

智能衣服

印度 Madura 服装公司曾推出名为 Icetouch 系列衬衫，该系列服装经特殊处理，能让体表温度降低 5℃。现在，还出现了"会呼吸"的智能衣服，可自动调节体温（见图 6-3）。植物叶片的表层布满气孔，用于与外界进行气体交换，而人工智能衣服正是仿照这一原理。

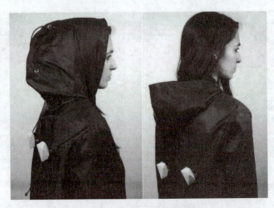

图 6-3 会呼吸的智能衣服

气孔位于夹克衣服前胸及后背，可根据自身体温手动开合这些气孔，而衣服可根据多次调节的记录将记录你的体温偏好，并在以后进行自动调节。美国科技媒体甚至预测，未来的服装将成为真正的"多功能便携式高科技产品"，一件衣服能同时播放音乐、视频、调节温度，甚至上网冲浪。

智能墨镜

不止智能衣服，智能珠宝、智能腕表、智能墨镜……潮牌可谓把人工智能玩出了各式各样的新花样。

深受明星潮人欢迎的墨镜品牌 GENTLE MONSTER 与华为携手合作，推出了可穿戴智能设备 GENTLE MONSTER X HUAWEI Eyewear 系列智能眼镜（见图 6-4）。

图 6-4 智能眼镜

Eyewear 系列智能眼镜采用器件极致堆叠技术，将诸多科技功能蕴藏于轻薄镜腿中，眼镜本体无任何接口和按键，最薄处镜腿壁仅 4mm，方寸间通过简单的双击镜腿操作可以完成接听、挂断电话，播放、暂停音乐以及唤醒语音助手等操作。以至于有网友称：这基本实现了电影《黑客帝国》中一副墨镜走天下的"炫酷"了。

智能水杯

智能水杯也是功能多多，可以根据用户的性别、年龄、身高、体重、体质等综合信息告诉用户一天该喝多少水，提醒我们每天喝足身体所需要的水量。在身体缺水之前，自动提醒功能可以通过声音与闪光提醒用户该喝水了。内置 3D 加速度感知模块，准确区分饮水动作和倒水动作，每天的喝水量做了图表化记录，用户可以看到自己每天和每月的饮水曲线。还可以将用户的喝水数据传送至手机 App，完整记录喝水过程，有针对性的给予饮水评价和建议，帮用户养成良好的饮水习惯；通过互动提醒，要让用户家人和好友帮用户

第 6 课 | 大数据挖掘

一起培养良好的饮水习惯,对方可以使用手机 APP 轻点一下用户的头像,便可提醒用户按时喝水,用户也可以通过这种方式关心自己的朋友。杯身的 LCD 显示屏,可以把杯里的水量及水温都为用户实时展现,避免用户在饮水过程中烫伤。

智能鼠标

智能鼠标可以通过语音来翻译文本、控制打开应用和网站,直接进行删除操作,据说还可以让办公效率提高 300%。在翻译时,按下翻译键开始说话,松开翻译键后便实现了翻译功能。也就是说,可以直接说中文,让它翻译成英文文本。或者在与外国友人交流时,可以把友人的语言直接翻译成中文。在语音智能搜索方面,只要下达指令,快鼠就能操控计算机,自动调用浏览器,直接打开搜索引擎的搜索结果,一步到位,无需自己动手输入。

除了以上这些智能产品,造福广大爱美女生的神器——智能口红、智能粉底液也已经横空出世。例如资生堂推出的一款智能粉底液,能自动打光,智能控油,自动感应外部环境变化。

牙刷、鼠标、衣服、马桶盖、墨镜、粉底液、口红……原来这才是真正的人工智能赋能万物。人工智能在客户端应用的良好体现,看起来比自动驾驶靠谱多了。如此潜力巨大的消费者端市场,让人惊喜不已。

阅读上文,请思考、分析并简单记录:

(1) 文章介绍的琳琅满目的智能消费产品你见过,或者听说过吗?请评价一二。

答:_____

_____

_____

(2) 如果市场价格合适,你会主动尝试这样的智能产品吗?还是继续坚守传统应用的消费底线?为什么?

答:_____

_____

_____

(3) 如果可以提要求,你是否想到过一个独特的智能产品,但导读案例并没有提及?那是什么?

答:_____

_____

_____

(4) 请简单记述你所知道的上一周发生的国际、国内或者身边的大事:

答:_____

_____

_____

现实社会有大量的数据唾手可得，但数据不等于信息，而信息也不等于知识。数据（将其转化为信息）并利用数据（再将其转化为知识）是一项巨大的工程。时间和直觉是有所收获的重要前提，如果能自动生成这些数据间的联系无疑对商家来说更有吸引力。

6.1　从数据到知识

如今，现实社会有大量的数据唾手可得。就不同领域来说，大部分数据都十分有用，但前提是人们有能力从中提取出感兴趣的内容。例如，一家大型连锁店有关于其数百万顾客购物习惯的数据，社会媒体和其他互联网服务提供商有成千上万用户的数据，但这只是记录谁在什么时候买了什么的原始数字，似乎毫无用处。

数据不等于信息，而信息也不等于知识。了解数据（将其转化为信息）并利用数据（再将其转化为知识）是一项巨大的工程。如果某人需要处理 100 万人的数据，每个人仅用时 10s，这项任务还是需要一年才能完成。由于每个人可能一周要买好几十件产品，等数据分析结果出来时都已经过了一年了。当然，这种需要人类花费大量时间才能完成的任务可以交由计算机来完成，但往往我们并不确定到底想要计算机寻找什么样的答案。

在计算机系统中，数据库程序具有内置功能，可以分析数据，并按用户要求呈现出不同形式。假如我们拥有充足的时间和敏锐的直觉，就可以从数据中分析出有用的规律来调整经营模式，从而获取更大的利润。然而，时间和直觉是有所收获的重要前提，如果能自动生成这些数据间的联系无疑对商家来说更有吸引力。

6.1.1　决策树分析

所有人工智能方法都可以用于数据挖掘，特别是神经网络及模糊逻辑，但有一些格外特殊，其中一种技术就是决策树（见图 6-5），由计算机确定能最好预测成果的单个数据。如果我们想要得到购买意大利通心粉的人口统计数据，首先，将数据库切分为购买意大利通心粉的顾客和不买的顾客，再检查每个独立个体的数据，从中找到最不平均的切分。我们可能会发现最具差异的数据就是购买者的性别，与女性相比，男性更倾向于购买意大利通心粉，然后，可以将数据库按性别分割，再分别对每一半数据重复同样的操作。

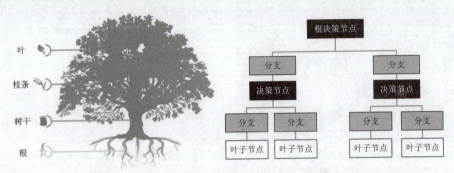

图 6-5　决策树

计算机可能会发现男性中差异最大的因素是年龄，而女性中差异最大的是平均收入。继续这一过程将数据分析变得更加详细，直到每一类别里的数据都少到无法再次利用为止。市场部一定十分乐于知道 30% 的意大利通心粉买家多为 20 多岁的男子，职业女性买走了另外 20% 的意大利通心粉。针对这些人口统计数据设计广告和特价优惠一定会卓有成效。至于拥有大学学历的 20 多岁未婚男子买走 5% 的意大利通心粉这样的数据，可能就无关紧要了。

6.1.2 购物车分析

另一种十分流行的策略是购物车分析（图 6-6）。这种策略可以帮助我们找到顾客经常一起购买的商品。假设研究发现，许多购买意大利通心粉的顾客会同时购买意大利面酱，我们就可以确定那些只买意大利通心粉但没有买面酱的个体，在他们下次购物时向其提供面酱的折扣。此外，我们还可以优化货物的摆放位置，既保证顾客能找到自己想要的产品，又能让他们在寻找的过程中路过可能会冲动购物的商品。

图 6-6　购物车分析

购物车分析面临的问题是我们需要考虑大量可能的产品组合。一个大型超市可能有成千上万条产品线，仅仅是考虑所有可能的配对就有上亿种可能性，而三种产品组合的可能性将超过万亿。很明显，采取这样的方式是不实际的，但有两种可以让这一任务变简单的方法。第一种是放宽对产品类别的定义。我们可以将所有冷冻鱼的销售捆绑起来考虑，而不是执著于顾客买的到底是柠檬味的多佛比目鱼还是油炸鳕鱼。类似地，我们也可以只考虑散装啤酒和特色啤酒，而不是追踪每一个独立品牌。

第二种是只考虑购买量充足的产品。如果仅有 10% 的顾客购买尿片，所有尿片与其他产品的组合购买率最多只有 10%。大大削减需要考虑的产品数量后，我们就可以把握所有的产品组合，放弃那些购买量不足的产品即可。

现在，我们有了成对的产品组合，可能设计三种产品的组合耗时更短，我们只需要考虑存在共同产品的两组产品对。比如，知道顾客会同时购买啤酒和红酒，并且也会同时购买啤酒和零食，那么我们就可以思考啤酒、红酒和零食是否有可能被同时购买。接着，我们可以合并有两件共同商品的三件商品组合，并依此类推。在此过程中，我们随时可以丢弃那些购买量不足的组合方式。

6.1.3 贝叶斯网络

在众多的分类模型中，应用最为广泛的是决策树模型和朴素贝叶斯模型（NBC）。朴素贝叶斯模型发源于古典数学理论，有着坚实的数学基础以及稳定的分类效率。同时，NBC 模型所需估计的参数很少，对缺失数据不太敏感，算法也比较简单。理论上，NBC 模型与其他分类方法相比具有最小的误差率。但是实际上并非总是如此，这是因为 NBC 模型假设属性之间相互独立，这个假设在实际应用中往往是不成立的，这给 NBC 模型的正确分类带来了一定影响。在属性个数比较多或者属性之间相关性较大时，NBC 模型的分类效率比不上决策树模型。而在属性相关性较小时，NBC 模型的性能最为良好。

了解哪些数据常常共存固然有用，但有时候我们更需要理解为什么会发生这样的情况。假设我们经营一家婚姻介绍所，我们想要知道促成成功配对的因素有哪些。数据库中包含所有客户的信息以及用于评价约会经历的反馈表。

我们可能会猜想，两个高个子的人会不会比两个身高差距悬殊的人相处得更好。为此，我们形成一个假说，即身高差对约会是否成功具有影响。有一种验证此类假说的统计方法叫做贝叶斯网络，其数学计算极其复杂，但自动化操作相对容易得多。

贝叶斯网络的核心是贝叶斯定理，该公式可以将数据（鉴于该假说）的概率转换为假说的概率（鉴于该数据）。就本例而言，我们首先建立两条相互矛盾的假说，一条认为两组数据相互影响，另一条认为两组数据彼此独立，再根据收集到的信息计算两条假说的概率，选择可能性最大的作为结论。

需要注意的是，我们无法分辨哪一块数据是原因，哪一块数据是结果。仅就数学而言，成功的交往关系可以推导出人们身高相同，尽管其他一些事实显示并非如此，这也无法证明数据之间存在因果关系，只是暗示二者之间存在某种联系。可能存在其他将二者联系起来的事实，只是我们没有关注甚至没有记录，又或者数据间的这种联系只是偶然而已。

鉴于计算机的强大功能，我们不必手动设计每一条假设，而是通过计算机来验证所有假设。在本例中，我们考虑的客户品质特征不可能超过 20 种，所以要检测的假设数量是有限的。如果我们认为有两种可能影响结果的特征，那么假设数量将增加 380 条，但也还算合理。如果特征数量变成四条，那么工作量就将高达 6840 条，应该还是可以接受的。

购物车分析和贝叶斯网络都是机器学习技术，计算机的确在逐渐发掘以前未知的信息。

6.2 数据挖掘

数据挖掘是人工智能和数据库领域研究的热点问题，它是指从大量的数据中通过算法搜索隐藏于其中信息的过程。数据挖掘通常与计算机科学有关，并通过统计、在线分析处理、情报检索、机器学习、专家系统（依靠过去的经验法则）和模式识别等诸多方法来实现上述目标。

近年来，数据挖掘一直得到信息产业界的极大关注，其主要原因是存在着可以广泛使用的大量数据，并且迫切需要将这些数据转换成有用的信息和知识。获取的信息和知识可以广泛用于各种应用，包括商务管理，生产控制，市场分析，工程设计和科学探索等。

数据挖掘是一种决策支持过程，它主要基于人工智能、机器学习、模式识别、统计学、数据库、可视化技术等，高度自动化地分析企业的数据，从大量数据中寻找其规律，作出归纳性的推理，从中挖掘出潜在的模式，帮助决策者调整市场策略，减少风险，作出正确的决策。知识发现过程由以下三个阶段组成：①数据准备；②数据挖掘（规律寻找）；③结果（规律）表达和解释。数据挖掘可以与用户或知识库交互。

数据准备是从相关的数据源中选取所需的数据并整合成用于数据挖掘的数据集；规律寻找是用某种方法将数据集所含的规律找出来；规律表示是尽可能以用户可理解的方式（如可视化）将找出的规律表示出来。数据挖掘的任务有关联分析、聚类分析、分类分析、异常分析、特异群组分析和演变分析等。

6.2.1 数据挖掘的步骤

数据的类型可以是结构化的、半结构化的，甚至是异构型的。发现知识的方法可以是数学的、非数学的，也可以是归纳的。最终被发现了的知识可以用于信息管理、查询优化、决策支持及数据自身的维护等。

数据挖掘的对象可以是任何类型的数据源。可以是关系数据库，包含结构化数据的数据源；也可以是数据仓库、文本、多媒体数据、空间数据、时序数据、Web 数据，包含半结构化数据甚至异构性数据的数据源。

在实施数据挖掘之前，先制定采取什么样的步骤，每一步都做什么，达到什么样的目标是必要的，有了好的计划才能保证数据挖掘有条不紊地实施并取得成功。很多软件供应商和数据挖掘顾问公司投提供了一些数据挖掘过程模型，来指导他们的用户一步步地进行数据挖掘工作，比如 SPSS 公司的 5A 和 SAS 公司的 SEMMA。

数据挖掘过程模型（见图 6-7）主要包括定义问题、建立数据挖掘库、分析数据、准备数据、建立模型、评价模型和实施。

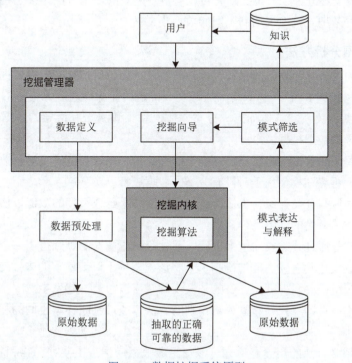

图 6-7　数据挖掘系统原型

（1）定义问题。在开始知识发现之前最先的也是最重要的要求就是了解数据和业务问题。必须要对目标有一个清晰明确的定义，即决定到底想干什么。比如，想提高电子信箱的利用率时，想做的可能是"提高用户使用率"，也可能是"提高一次用户使用的价值"，要解决这两个问题而建立的模型几乎是完全不同的，必须做出决定。

（2）建立数据挖掘库。包括以下几个步骤：数据收集，数据描述，选择，数据质量评估和数据清理，合并与整合，构建元数据，加载数据挖掘库，维护数据挖掘库。

（3）分析数据。目的是找到对预测输出影响最大的数据字段，和决定是否需要定义导出字段。如果数据集包含成百上千的字段，那么浏览分析这些数据将是一件非常耗时耗力的事情，这时需要选择一个具有好的界面和功能强大的工具软件来协助你完成这些事情。

（4）准备数据。这是建立模型之前的最后一步数据准备工作。可以把此步骤分为四个部分：选择变量，选择记录，创建新变量，转换变量。

（5）建立模型。这是一个反复的过程。需要仔细考察不同的模型以判断哪个模型对面对的商业问题最有用。先用一部分数据建立模型，然后再用剩下的数据来测试和验证这个得到的模型。有时还有第三个数据集，称为验证集，因为测试集可能受模型的特性的影响，这时需要一个独立的数据集来验证模型的准确性。训练和测试数据挖掘模型需要把数据至少分成两个部分，一个用于模型训练，另一个用于模型测试。

（6）评价模型。模型建立好之后，必须评价得到的结果，解释模型的价值。从测试集中得到的准确率只对用于建立模型的数据有意义。经验证明，有效的模型并不一定是正确的模型。造成这一点的直接原因就是模型建立中隐含的各种假定，因此，直接在现实世界中测试模型很重要。先在小范围内应用，取得测试数据，觉得满意之后再大范围推广。

（7）实施。模型建立并经验证之后，可以有两种主要的使用方法。第一种是提供给分析人员做参考；另一种是把此模型应用到不同的数据集上。

6.2.2 数据挖掘分析方法

数据挖掘分为有指导的数据挖掘和无指导的数据挖掘。有指导的数据挖掘是利用可用的数据建立一个模型（见图 6-8），这个模型是对一个特定属性的描述。无指导的数据挖掘是在所有的属性中寻找某种关系。具体而言，分类、估值和预测属于有指导的数据挖掘；关联规则和聚类属于无指导的数据挖掘。

（1）分类。首先从数据中选出已经分好类的训练集，在该训练集上运用数据挖掘技术，建立一个分类模型，再将该模型用于对没有分类的数据进行分类。

（2）估值。估值与分类类似，但估值最终的输出结果是连续型的数值，估值的量并非预先确定。估值可以作为分类的准备工作。

（3）预测。它是通过分类或估值来进行，通过分类或估值的训练得出一个模型，如果对于检验样本组而言该模型具有较高的准确率，可将该模型用于对新样本的未知变量进行预测。

（4）相关性分组或关联规则。其目的是发现哪些事情总是一起发生。

（5）聚类。它是自动寻找并建立分组规则的方法，通过判断样本之间的相似性，把相似样本划分在一个簇中。

数据挖掘有很多合法的用途，例如可以在患者数据库中查出某种药物和其副作用的关系。这种关系可能在 1 000 人中也不会出现一例，但和药物学相关的项目就可以运用此方法减少对药物有不良反应的病人数量，甚至可能挽救生命；不过其中还是可能存在数据库被滥用的问题。

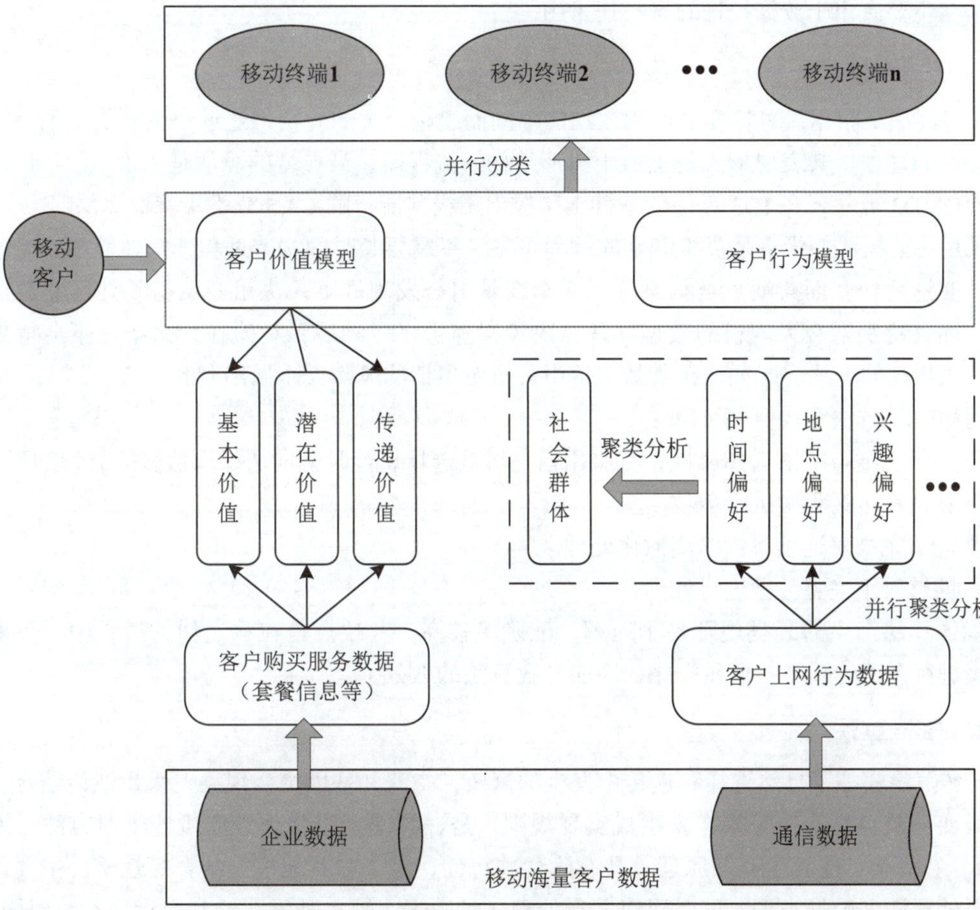

图 6-8　有指导的数据挖掘原型示意

数据挖掘用其方法实现来发现信息，但它必须受到规范，应当在适当的说明下使用。如果数据是收集自特定的个人，那么就会出现一些涉及保密、法律和伦理的问题。

6.3　数据挖掘经典算法

数据挖掘算法主要有神经网络、决策树、遗传算法、粗糙集、模糊集和关联规则等方法。

6.3.1　神经网络法

神经网络法是模拟生物神经系统的结构和功能，通过训练来学习的非线性预测模型（见图 6-9），它将每一个连接看作一个处理单元，试图模拟人脑神经元的功能，可完成分类、聚类、特征挖掘等多种数据挖掘任务。神经网络的学习方法主要表现在权值的修改上。其优点是具有抗干扰、非线性学习、联想记忆功能，对复杂情况能得到精确的预测结果；缺点首先是不适合处理高维变量，不能观察

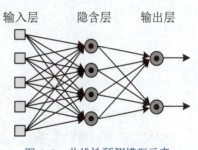

图 6-9　非线性预测模型示意

中间的学习过程,具有"黑箱"性,输出结果也难以解释;其次是需要较长的学习时间。神经网络法主要应用于数据挖掘的聚类技术中。

6.3.2 决策树法

决策树法是根据对目标变量产生效用的不同而建构分类的规则,通过一系列的规则对数据进行分类的过程,其表现形式是类似于树形结构的流程图。最典型的算法是 J. R. 昆兰于 1986 年提出的 ID3 算法,在 ID3 算法的基础上又提出了极其流行的 C4.5 分类决策树算法。

采用决策树法的优点是决策制定的过程可见,不需要长时间构造过程、描述简单,易于理解,分类速度快;而其缺点是很难基于多个变量组合发现规则。决策树法擅长处理非数值型数据,而且特别适合大规模的数据处理。决策树提供了一种展示类似在什么条件下会得到什么值这类规则的方法。比如,在贷款申请中,要对申请的风险大小做出判断。

例如,C4.5 决策树算法可以:
① 用信息增益率来选择属性,克服用信息增益选择属性时偏向选择取值多的属性的不足;
② 在树构造过程中进行剪枝;
③ 能够完成对连续属性的离散化处理;
④ 能够对不完整数据进行处理。

C4.5 算法产生的分类规则易于理解,准确率较高,其缺点是在构造树的过程中,需要对数据集进行多次的顺序扫描和排序,因而导致算法的低效。

6.3.3 遗传算法

遗传算法模拟了自然选择和遗传中发生的繁殖、交配和基因突变现象,采用遗传结合、遗传交叉变异及自然选择等操作来生成实现规则,是一种基于进化理论的机器学习方法(见图 6-10)。它基于"适者生存"原理,具有隐含并行性,易于和其他模型结合等性质。主要优点是可以处理许多数据类型,同时可以并行处理各种数据;缺点是需要的参数太多,编码困难,一般计算量比较大。遗传算法常用于优化神经元网络,能够解决其他技术难以解决的问题。

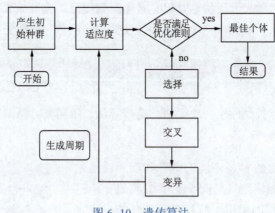

图 6-10 遗传算法

6.3.4 粗糙集法

粗糙集法也称粗糙集理论,是由波兰数学家帕拉克在 20 世纪 80 年代初提出的,是一种处理含糊、不精确、不完备问题的数学工具,可以处理数据约简、数据相关性发现、数据意义的评估等问题。其优点是算法简单，在其处理过程中可以不需要关于数据的先验知识，可以自动找出问题的内在规律；缺点是难以直接处理连续的属性，须先进行属性的离散化。因此，连续属性的离散化问题是制约粗糙集理论实用化的难点。粗糙集理论主要应用于近似推理、数字逻辑分析和化简、建立预测模型等问题。

6.3.5 模糊集法

模糊集法是利用模糊集合理论对问题进行模糊评判、模糊决策、模糊模式识别和模糊聚类分析。模糊集合理论是用隶属度来描述模糊事物的属性。系统的复杂性越高，模糊性就越强。

6.3.6 关联规则法

关联规则反映了事物之间的相互依赖性或关联性（见图 6-11）。其最著名的算法是 R．阿格拉瓦尔等人提出的阿普里里（Apriori）算法。阿普里里算法是一种最有影响的挖掘布尔关联规则频繁项集的算法。其核心是基于两阶段频集思想的递推算法。算法思想是：首先找出频繁性至少和预定意义的最小支持度一样的所有频集，然后由频集产生强关联规则。最小支持度和最小可信度是为了发现有意义的关联规则给定的两个阈值。在这个意义上，数据挖掘的目的就是从源数据库中挖掘出满足最小支持度和最小可信度的关联规则。

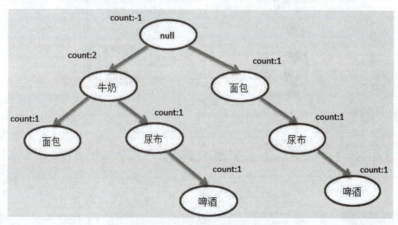

图 6-11 关联规则法示意

6.4 机器学习与数据挖掘

从数据分析的角度来看，从某种意义上说，机器学习的科学成分更重一些，而数据挖掘的技术成分更重一些。

学习能力是智能行为的一个非常重要的特征，不具有学习能力的系统很难称之为真正的智能系统，而机器学习则希望（计算机）系统能够利用经验来改善自身的性能，因此该领域一直是人工智能的核心研究领域之一。机器学习专门研究计算机是怎样模拟或实现人类的学习行为，以获取新的知识或技能，重新组织已有的知识结构，使之不断改善自身的性能。

数据挖掘是针对海量数据进行的，从中获取有效的、新颖的、潜在有用的、最终可理解的模式的非平凡过程。数据挖掘中用到了大量的机器学习提供的数据分析技术和数据库界提供的数据管理技术。

在计算机系统中,"经验"通常是以数据的形式存在的,因此,机器学习不仅涉及对人的认知学习过程的探索,还涉及对数据的分析处理。由于几乎所有的学科都要面对数据分析任务,因此机器学习已经影响到计算机科学的众多领域,甚至影响到计算机科学之外的很多学科,成为计算机数据分析技术的创新源头之一。

机器学习是数据挖掘中的一种重要工具。然而数据挖掘不仅仅要研究、拓展、应用一些机器学习方法,还要通过许多非机器学习技术解决数据仓储、大规模数据、数据噪声等实践问题。机器学习的涉及面也很宽,常用在数据挖掘上的方法通常只是"从数据学习",其子领域甚至与数据挖掘关系不大,如增强学习与自动控制等。

6.4.1 典型的数据挖掘和机器学习过程

图 6-12 是一个典型的推荐类应用,需要找到"符合条件的"潜在人员。要从用户数据中得出这张列表,首先需要挖掘出客户特征,然后选择一个合适的模型来进行预测,最后从用户数据中得出结果。

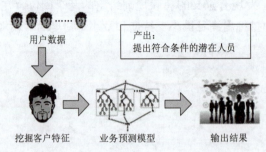

图 6-12　典型的推荐类应用示意

把上述例子中的用户列表获取过程进行细分,有如下几个部分(见图 6-13)。

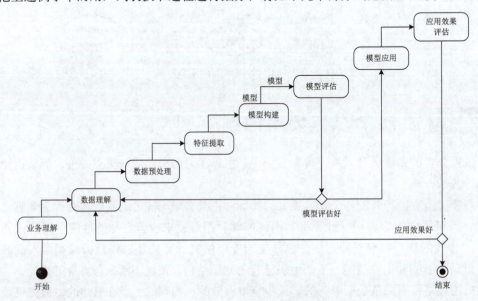

图 6-13　用户列表获取过程

业务理解：理解业务本身，其本质是什么？是分类问题还是回归问题？数据怎么获取？应用哪些模型才能解决？

数据理解：获取数据之后，分析数据里面有什么内容、数据是否准确，为下一步的预处理做准备。

数据预处理：原始数据会有噪声，格式化也不好，所以为了保证预测的准确性，需要进行数据的预处理。

特征提取：特征提取是机器学习最重要、最耗时的一个阶段。

模型构建：使用适当的算法，获取预期准确的值。

模型评估：根据测试集来评估模型的准确度。

模型应用：将模型部署、应用到实际生产环境中。

应用效果评估：根据最终的业务，评估最终的应用效果。整个过程会不断反复，模型也会不断调整，直至达到理想效果。

6.4.2 机器学习与数据挖掘应用案例

沃尔玛利用数据挖掘工具对原始交易数据进行分析和挖掘，意外地发现跟尿布一起购买最多的商品竟然是啤酒！从而揭示出隐藏在"尿布与啤酒"背后的美国人的一种行为模式。数据挖掘技术对历史数据进行分析，反映了数据的内在规律。如今，这样的故事随时可能发生。

1．决策树用于电信领域故障快速定位

电信领域比较常见的应用场景是决策树，利用决策树来进行故障定位。比如，用户投诉上网慢，其中就有很多种原因，有可能是网络的问题，也有可能是用户手机的问题，还有可能是用户自身感受的问题。怎样快速分析和定位出问题，给用户一个满意的答复？这就需要用到决策树。

图 6-14 就是一个典型的用户投诉上网慢的决策树的样例。

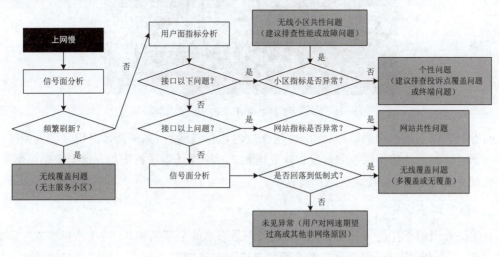

图 6-14 决策树分析

2．图像识别

百度的百度识图能够有效地处理特定物体的检测识别（如人脸、文字或商品）、通用图像

的分类标注。常规的图片搜索，是通过输入关键词的形式搜索到互联网上相关的图片资源，而百度的百度识图则能实现用户通过上传图片或输入图片的链接地址，从而搜索到互联网上与这张图片相似的其他图片资源，同时也能找到这张图片相关的信息（见图6-15）。

图6-15 百度识图

谷歌的开源TensorFlow可以做到实时图像识别（见图6-16），未来的图形识别引擎不仅能够识别出图片中的对象，还能够对整个场景进行简短而准确的描述。这种突破性的概念来自机器语言翻译方面的研究成果：通过一种递归神经网络（RNN）将一种语言的语句转换成向量表达，并采用第二种RNN将向量表达转换成目标语言的语句。

图6-16 谷歌开源TensorFlow的图像识别示例

而谷歌将以上过程中的第一种RNN用深度卷积神经网络CNN替代，用来识别图像中的物体，通过这种方法将图像中的对象转换成语句，对图像场景进行描述。这个概念虽然简单，但实现起来还十分复杂，距离完美仍有差距。

3. 自然语言识别

自然语言识别一直是一个非常热门的领域，最有名的是苹果的Siri，支持资源输入，调用手机自带的天气预报、日常安排、搜索资料等应用，还能够不断学习新的声音和语调，提供对话式的应答。

微软的Skype Translator可以实现中英文之间的实时语音翻译功能，使英文和中文普通话之间的实时语音对话成为现实（见图6-17）。在准备好的数据被录入机器学习系统后，机器学习软件会在这些对话和环境涉及的单词中搭建一个统计模型。当用户说话时，软件会在该统计模型中寻找相似的内容，然后应用到预先"学到"的转换程序中，将音频转换为文本，再将文本转换成另一种语言。

虽然语音识别近几十年来一直是重要研究课题，但是该技术的发展受到错误率高、扬声器敏感度差异、噪声环境等因素的阻碍。将深层神经网络（DNNs）技术引入语音识别，极大地降低了错误率、提高了可靠性，最终使这项语音翻译技术得以广泛应用。

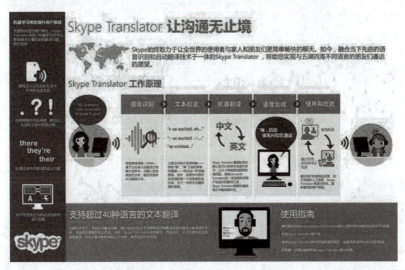

图 6-17　Skype Translator 示意

1. 现实社会有大量的数据唾手可得，其中的大部分数据都十分有用，但前提是人们有能力从中提取出（　　）的内容。

　　A. 连续　　　　B. 离散　　　　C. 精确　　　　D. 感兴趣

2. 数据不等于信息，而信息也不等于知识。了解数据（将其转化为信息）并利用数据（再将其转化为知识）是一项（　　）的工程。

　　A. 巨大　　　　B. 简单　　　　C. 直接　　　　D. 直观

3. 数据存储在称为（　　）的计算机系统中，它具有内置功能，可以分析数据，并按用户要求呈现出不同形式。

　　A. 电子表　　　B. 数据库　　　C. 文档　　　　D. 堆栈

4. 所有人工智能方法都可以用于数据挖掘，其中特别是（　　）。

　　A. 模式识别与图像处理　　　　　B. 机器人技术
　　C. 神经网络及模糊逻辑　　　　　D. 智能代理与自动规划

5. 数据挖掘的分析技术之一是（　　），用来确定能最好预测成果的单个数据。

　　A. 决策树　　　B. 分析表　　　C. 堆栈　　　　D. 链表

6. （　　）是数据挖掘中十分流行的策略，它可以帮助我们找到顾客经常一起购买的商品。

　　A. 垂直预测　　B. 离散分析　　C. 网络冲浪　　D. 购物车分析

7. 购物车分析面临的问题是需要考虑大量可能的（　　）。有两种可以让这一任务变简单的方法，第一种是放宽对产品类别的定义。第二种是只考虑购买量充足的产品。
  A. 垂直预测 B. 离散分析 C. 产品组合 D. 网络冲浪

8. 在众多的分类模型中，应用最为广泛的两种分类模型是决策树模型和（　　）模型，它发源于古典数学理论，有着坚实的数学基础以及稳定的分类效率。
  A. 遗传 B. 模糊 C. 朴素贝叶斯 D. 关联

9. 数据挖掘是指从大量的数据中通过（　　）搜索隐藏于其中信息的过程。
  A. 程序 B. 算法 C. 数据 D. 结构

10. 知识发现过程一般由三个阶段组成，但下列（　　）不属于其中。
  A. 知识培养 B. 数据准备 C. 数据挖掘 D. 结果表达和解释

11. 数据的类型可以是（　　），数据挖掘的对象可以是任何类型的数据源。
  A. 结构化的 B. 半结构化的 C. 异构的 D. A、B 和 C

12. 下列（　　）方法不属于有指导的数据挖掘。
  A. 分类 B. 估值 C. 聚类 D. 预测

13. 数据挖掘过程模型主要包括（　　）、建立数据挖掘库、分析数据、准备数据、建立模型、评价模型和实施。
  A. 应用分类 B. 定义问题 C. 数据采集 D. 系统建立

14. 数据挖掘有很多经典的算法，但下列（　　）不属于其中。
  A. 神经网络法 B. 决策树法 C. 蚁群算法 D. 遗传算法

15. （　　）是模拟生物神经系统的结构和功能，通过训练来学习的非线性预测模型，它将每一个连接看作一个处理单元，可完成分类、聚类、特征挖掘等多种数据挖掘任务。
  A. 神经网络法 B. 决策树法 C. 蚁群 D. 遗传算法

16. （　　）模拟了自然选择和遗传中发生的繁殖、交配和基因突变现象，采用遗传结合、遗传交叉变异及自然选择等操作来生成实现规则，是一种基于进化理论的机器学习方法。
  A. 神经网络法 B. 决策树法 C. 蚁群 D. 遗传算法

17. （　　）是利用模糊集合理论对问题进行模糊评判、模糊决策、模糊模式识别和模糊聚类分析。系统的复杂性越高，模糊性就越强。
  A. 神经网络法 B. 决策树法 C. 模糊集法 D. 遗传算法

18. 机器学习的涉及面很宽，用在数据挖掘上的方法通常只是"（　　）"，其子领域甚至与数据挖掘关系不大，如增强学习与自动控制等。
  A. 非机器学习 B. 从数据学习 C. 神经网络 D. 深度学习

19. 谷歌的（　　）可以做到实时图像识别。未来的图形识别引擎不仅能够识别出图片中的对象，还能够对整个场景进行简短而准确的描述。
  A. 谷歌翻译 B. 谷歌大脑 C. 深层神经网络 D. 开源 TensorFlow

20. 语音识别技术的发展受到错误率高、麦克风敏感度差异、噪声环境等因素的阻碍。但引入（　　）技术后，极大地降低错误率、提高可靠性，最终使这项语音翻译技术得以广泛应用。
  A. 谷歌翻译 B. 谷歌大脑 C. 深层神经网络 D. 开源 TensorFlow

研究性学习 大数据对于人工智能技术的意义

小组活动：阅读本课【导读案例】和课文内容，并通过网络搜索，了解更多数据挖掘的知识。讨论大数据时代与大数据技术对于人工智能技术与应用的意义。

记录：请记录小组讨论的主要观点，推选代表在课堂上简单阐述你们的观点。

_____
_____
_____

评分规则：若小组汇报得 5 分，则小组汇报代表得 5 分，其余同学得 4 分，余下类推。

实训评价（教师）：_____

第 7 课

智能代理

学习目标

知识目标

(1) 熟悉什么是智能代理,理解为什么人工智能系统通常需要应用智能代理技术。
(2) 了解智能代理的特征以及系统内的协同合作。
(3) 熟悉智能代理的典型应用场景。

能力目标

(1) 掌握专业知识的学习方法,培养阅读、思考与研究的能力。
(2) 提高"研究性学习小组"的参与、组织和活动能力,具备团队精神。

素质目标

(1) 热爱学习,勤于思考,掌握学习方法,提高学习能力。
(2) 培养合作精神,理解团队协同合作,关心技术进步。
(3) 体验、积累和提高"工匠"专业素质。

重点难点

(1) 理解什么是智能代理机器典型应用场景。
(2) 理解智能代理的作用及其协同作业机制。

导读案例 被裹挟的"自动驾驶"

"自动驾驶"成了近期颇有争议的一个词。

先是企业家林文钦在一起交通事故中丧生,通告中写道,他驾驶着ES车,"启用自动驾驶功能(NOP领航状态)后,发生交通事故"(见图7-1)。

"NOP不是自动驾驶"

"是不是没按要求操作"

"是不是NOP出了故障"

……

图 7-1　交通事故

一时间对于事故原因的争议四起，众说纷纭。在交警部门给出事故责任认定结果之前，人们很难隔空做出判断，但是事故给我们带来的争议和思考，已经超过了这次事件本身的范畴。毕竟，这不是第一次发生与"自动驾驶"相关的事故了。美国国家公路交通安全管理局（NHTSA）曾发布调查声明，针对 2018 年以来发生的 11 起与特斯拉 Autopilot 相关的车祸事故，对特斯拉辅助驾驶系统进行正式调查。

这是怎么了？

令人迷惑的自动驾驶 or 辅助驾驶

在这起事故的新闻下边，我们能看到不同用户的留言。网友们隔着屏幕来发表自己的看法，这些甚至有点互相矛盾的观点背后，正是自动驾驶现阶段的乱象。

从无自动化的纯人工驾驶，到彻底摆脱驾驶员的完全自动化，最早的 SAE 自动驾驶分级标准划分了 L0～L5 不同的阶段。L0～L2 阶段只能算是"驾驶员辅助系统"，在这个阶段，车辆只是给驾驶员提供警告和短时间的辅助，驾驶员是操控汽车的责任主体；L3～L5 阶段是"自动驾驶系统"，车辆是控制主体，驾驶员变成了乘客。而夹在两者中间的 L3，就成了尴尬的存在：部分功能由系统操控，部分功能需要驾驶员接管。那什么时候车辆负责，什么时候用户来负责？因此，车企们给自家产品起个"辅助驾驶"的名字，甚至发明了"L2+""L2.5"的字眼来宣传。只要不到 L3，"用户是汽车的责任主体"就是一柄免责的"尚方宝剑"。给自动驾驶划分等级的本质，是因为它在功能上有缺陷，无法一蹴而就。

很多人将这次 NOP 事故原因归结为没有搭载激光雷达。因此，在识别前方道路的静止物体时有很大的缺陷，识别不到静止的工程车，把停在路旁的白色货车识别成蓝天……

但是搭载了激光雷达就解决问题了么？激光雷达对静止障碍物的识别精度，的确提高了汽车的感知能力，增加了安全冗余。不过看看更早就使用了激光雷达的商用场景，Waymo 的测试车们头顶着巨大的激光雷达，进行了超过 1 000 万公里的测试，依然出现过近 20 次事故，几十次车辆失控需要人为接管。

当阿尔法狗已经能在棋盘上对职业选手"大杀四方"的时候，在更复杂的道路上，汽车的智能化显然还应付不了。更先进的传感器、激光雷达、更先进的仿真系统，解决掉了 99%、99.9% 场景下的障碍，但是当 1%、0.1% 发生在用户身上的时候，造成的创伤就是 100%。

因此，现阶段的汽车领域能看到不同车企对于自动驾驶的选择：丰田、大众、通用这些老牌车企，并不愿意以"自动驾驶"为卖点，只提供几项 ADAS（高级驾驶辅助系统）功能；就算是相对激进的新造车们，也会在自家的"Pilot（驾驶员）"功能界面上反复强调"只是驾驶辅助，无法实现自动驾驶""驾驶时不能双手离开方向盘""使用时也要时刻关注路况"……

是谁让你信任"NOP"们？

在现实中，那些对辅助驾驶完全不信任的人，不会把它作为买车时的加分项，甚至很少使用相关的功能；而会因为类似 NOP 的功能而买车，频繁使用这个功能的人，正是那些相信它的人。这个功能伤害的，正是它的簇拥者。

是谁让他们信任 NOP、FSD、NGP 这些辅助驾驶功能呢？

打开汽车的说明手册、或者在车内点击辅助驾驶功能界面，都有同样的情况说明，告诉用户"这不是自动驾驶，操作时双手必须时刻放在方向盘上"，要遵守使用规则和使用的条件等等。

不过选择信任 NOP 们的用户，接收到的可不只是这一种信息。在车外，在广告和新闻上，我们能看到铺天盖地关于辅助驾驶"标题党"式的宣传：品牌店里，销售顾问热情的向客户演示着售价不菲的辅助驾驶功能，有意无意地将手脱离方向盘演示，动作和话术向消费者暗示着：我在高速公路上打开 NOP 功能，就可以稍微走个神。在新闻里，各地区的 Robotaxi（自动驾驶出租车）路段陆续开放（见图 7-2），消费者能看到无人驾驶的出租车都开始试营业了。而背后看不到的是，每台 Robotaxi 都配备了安全员，高度智能化的背后依然是人来做安全的兜底。

图 7-2 自动驾驶出租车

在视频网站上，某些品牌 L4 级的自动驾驶表现惊人，顺利地穿越复杂路段，躲避障碍；看不到的是，这辆车上搭载了可能比汽车本身都昂贵的先进传感器，在同一段路上经过了上百次的反复测试。

车展上，某些车企直接打出了"L4 级自动驾驶量产车"的口号……

一边是严谨的、全面的操作说明；一边是铺天盖地的"汽车足够智能"的宣传。

当我们在指责用户有没有认真看说明书的同时，也想问一句：他们是否收到了足够的安全提醒？没有没被误导呢？

这让我想起来前几年的宜家"夺命抽屉柜事件"（见图 7-3）。2014 年宜家抽屉柜倒塌致儿童窒息死亡，第一起事故发生后，宜家在说明书中增加安全警示，详细地提醒用户要将柜子与墙固定，可以说是尽到了企业的安全告知义务，就像 ES8 说明书中那句"NOP 是辅助驾驶，不是自动驾驶"一样。然而，这并没有阻止悲剧的继续发生，后续两年里，又陆续发生了几起同样的事故。最终宜家不得不将抽屉柜召回，改造结构，强制加上后背的固定部件，才避免更多的危险发生。

图 7-3　夺命抽屉柜

对于企业来说，说明书、操作界面的安全警示，是法律上的义务；但是当悲剧发生的时候，不论是一家企业还是整个行业，要做的不只是完成义务，不是用一句"辅助驾驶不是自动驾驶"来推卸责任，而是肩负更多的社会责任，去阻止尚未发生的危险到来。

下一步的自动驾驶，该刹车么？

自动驾驶，寄托着大家对更先进的智能化的期望，希望它能解放人类的双手双眼双脚，让那些不会开车、不能开车、懒得开车的人也能独立坐车出门。就算是现阶段"尚有缺陷"的辅助驾驶功能，也在无数场景中帮用户避免了交通事故的发生。

科技本身是无罪的，自动驾驶也好，辅助驾驶功能也好，它们本身都不是带着目的去"杀人"。这个功能可以在一定程度上提升效率，甚至改变人们的出行习惯，推进人类社会进步。而想要推进这个技术，就必须得在一定程度上付出时间、对技术的研究、对法规的改进、甚至不得不提前"上路"。因为技术"不上路"，就很容易触碰到瓶颈，很难用纯仿真的方法接触到现实中的各种 corner case（角落案例）。

因此，也许情感上很难接受，但悲剧的事故，无法阻止汽车智能化的前进。也许一个月后我们又能看到辅助驾驶技术突破的新闻，能看到以"pilot"功能为卖点的新车上市。

当汽车的智能化技术飞速发展，把车企、行业、甚至不少消费者都带着"上头"的时候，自动驾驶要做的不是"刹车"，而是加上几把"安全锁"。在传统汽车领域有一条绝对不能触碰的"红线"，那就是安全。

上世纪 70 年代，福特的"平托（pinto）"轿车由于油箱设计缺陷，在遭遇追尾事故时，可能会引发起火甚至爆炸。这起本来应该召回的缺陷，在福特内部却变成了一道数学题：召回要花大约 1.4 亿美金，福特预估这一缺陷可能会导致大约 180 人烧死、180 人烧伤，外加车辆损毁的费用，就算全赔，花费也不到 5 000 万美金。后来的结果也知道，这件案例被揭露出来，福特不仅被美国法官处以重罚，也让公司名誉受到很大挑战。

福特收到的重罚，不是因为具体发生了几起事故，而是因为它为社会造成了多大的潜在风险。汽车百年的工业史，就是建立在这些为尚未发生的危险而接受惩罚之上。这些惨痛的"教训"，让传统车企在面对辅助驾驶、面对智能化时，更加谨慎，甚至有点保守。

相比之下，汽车行业的新玩家们显然没领教过这种"代价"。在互联网思维的"赋能"下，汽车开始"提速"：系统迭代更迅速，反正OTA（汽车远程升级）让软件功能的不足可以后期弥补。运营和宣传更灵活。宣传语夸大了？那是消费者断章取义没看原文。新技术上车的速度也更快了，每一家都在抢着"首发"的名头……

然而汽车与互联网不同，与手机、计算机其他消费产品都不一样，它与生命息息相关。当某个App充满了BUG，开发者大可以推送一个升级包，甚至可以不要这个App，在应用商城上重新发布一个新的App。但是当汽车出现BUG，后果可能不是一个升级包就能解决的。

市场监管总局发布《关于进一步加强汽车远程升级（OTA）技术召回监管的通知》，要求采用OTA式消除产品缺陷、实施召回，应按照条例，要像实体车召回一样，来备案履行责任。也就是说，想抢先让功能上车，把BUG交给OTA的念头，还是断了吧。

最后

这件事，不仅让大家看到了自动驾驶与辅助驾驶的乱象，甚至看到了智能汽车的乱象。在技术上，辅助驾驶功能们采用"边普惠，边研发"的打法，提前进入市场，来缩短研发的成本和时间，抢占市场；在宣传上，用限定范围的、限定使用条件的、带着障眼法的、定语们、包装出来的"自动驾驶"，提前获取用户的信任。

技术研发的需求，迫使自动驾驶不得不以"辅助驾驶""自动辅助驾驶"等一系列的中间形态提前面世；而企业也好，宣传也好，为了市场，刻意"低调"宣传了这项技术的不完善点。以至于自动驾驶像一个任人打扮的小姑娘，被裹挟着以完美的形态出现在大家面前。那份被隐藏起的不完美，却要由信任它、购买它、使用它的用户来买单。

被华丽泡沫裹挟着的哪里是自动驾驶，分明是那些使用它的消费者啊。

资料来源：腾讯网，https://new.qq.com/omn/20210822/20210822A07KYX00.html

阅读上文，请思考、分析并简单记录：

（1）文章说"自动驾驶'被裹挟'"，你认为根本原因是什么？请简述之。

答：_____

_____

_____

（2）既然技术不完善，问题多多，你认为"下一步的自动驾驶，该刹车么？"为什么？

答：_____

_____

_____

(3) 市场监管总局发布了《关于进一步加强汽车远程升级（OTA）技术召回监管的通知》，请网络搜索阅读该通知，对此，你的看法是什么？

答：_____

_____

_____

(4) 请简单记述你所知道的上一周发生的国际、国内或者身边的大事：

答：_____

_____

_____

_____

大部分的人工智能应用都是一个独立和庞大的程序系统，通常系统在前期的实验性操作取得成功之后，系统将变得太过庞大而运作太慢。因此，人们开发了智能代理来解决这些问题。智能代理的复杂性源于不同简单程序间的相互作用。

7.1 智能代理的定义

在社会科学中，所谓智能代理（Intelligent Agent，简称 IA）是一个理性并且自主的人或其他系统，根据感知世界而得到的信息来做出动作以影响这个世界。这一定义在计算机智能代理中同样适用。

代理必须理性，根据可得的信息做出正确的决定；代理也必须自主，它与世界的关系包括感知世界的过程，它做出的决定源于其对世界的感知及自身经历。我们不期望智能代理能像象棋程序一样获得最完美、最完备的信息，它的一部分任务就是理解周边环境，随后做出反应。它的行为将改变环境，随即改变其感知，但它仍旧需要在这个已经改变的世界中继续运作。

通常，广义的智能代理包括人类、物理世界中的移动机器人和信息世界中的软件机器人；而狭义的智能代理则专指信息世界中的软件机器人。它是代表用户或其他程序，以主动服务方式自动完成一组操作的机动计算程序。总之，智能代理是指收集信息或提供其他相关服务的程序，它不需要人的即时干预即可定时完成所需功能，它可以看作是利用传感器感知环境，并使用效应器作用于环境的任何实体。

这里，"主动"包含两层意思：

(1) 主动适应，即在完成操作过程中，可自动获得关于操作对象的知识以及关于用户意图和偏好的知识，并在以后操作中加以利用；

(2) 主动代理，即无须用户发出指令，只要当前状态符合某种条件就可代表用户执行相应操作。

智能代理的典型工作过程如图 7-4 所示。

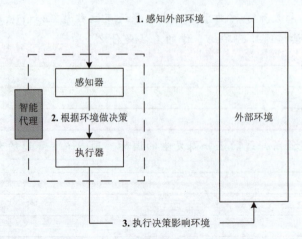

图 7-4　智能代理的典型工作过程

即：

第一步：智能代理通过感知器收集外部环境信息；

第二步：智能代理根据环境做出决策；

第三步：智能代理通过执行器影响外部环境。

智能代理会不断重复这一过程直到目标达成，这一过程被称之为"感知执行循环"。

7.2　智能代理的特征

智能代理又称智能体，是可以进行高级、复杂的自动处理的代理软件。它在用户没有明确的具体要求的情况下，根据用户需要，代替用户进行各种复杂的工作，如信息查询、数据筛选及管理，并能推测用户的意图，自主制订、调整和执行工作计划。智能代理可应用于广泛的领域，是信息检索领域开发智能化、个性化信息检索的重要技术之一。

智能代理系统的基本特征有：

（1）智能性。是指代理的推理和学习能力，它描述了智能代理接受用户目标指令并代表用户完成任务的能力，如理解用户用自然语言表达的对信息资源和计算资源的需求，帮助用户在一定程度上克服信息内容的语言障碍，捕捉用户的偏好和兴趣，推测用户的意图并为其代劳等。它能处理复杂的、难度高的任务，自动拒绝一些不合理或可能给用户带来危害的要求，而且具有从经验中不断学习的能力。它可以适当地进行自我调节，提高处理问题的能力。

（2）代理性。主要是指智能代理的自主与协调工作能力。在功能上是用户的某种代理，它可以代替用户完成一些任务，并将结果主动反馈给用户。其表现为智能代理从事行为的自动化程度，即操作行为可以离开人或代理程序的干预，但代理在其系统中必须通过操作行为加以控制，当其他代理提出请求时，只有代理自己才能决定是接受还是拒绝这种请求。

（3）移动性。是指智能代理在网络之间的迁移能力。它可以在网络上漫游到任何目标主机，并在目标主机上进行信息处理操作，最后将结果集中返回到起点，而且能随计算机用户的移动而移动。必要时，智能代理能够同其他代理和人进行交流，并且都可以从事自己的操作以及帮助其他代理和人。

（4）主动性。能根据用户的需求和环境的变化主动向用户报告并提供服务。

（5）协作性。能通过各种通信协议和其他智能体进行信息交流，并可以相互协调，共同完成复杂的任务。

智能代理还有一个特点，那就是学习能力。因为它们身处现实世界，并接收行为效果的反馈，这可以让它们根据之前的决策成功与否来调整自身行为。负责行走的代理可以学习在地毯或木地板上不同的行走模式；负责预测未来股票走势的代理可以根据股价实际上涨或下跌的情况来修改其计算方法（见图7-5）。

图 7-5　股市分析

7.3　系统内的协同合作

智能代理还是一个程序，只不过人们在程序中设置了许多独立模块。它们甚至可以在不同计算机上运行，但依然遵循所设计的层次协同合作原理。然而，通过离散每个部分，智能代理的复杂度也大大降低，这样的程序编写和维护都更加简单。虽然整个程序很复杂，但通过系统内的协同合作，这种复杂性是可划分的，我们完全可以修改某些模块而不影响任何其他模块。

智能代理技术能使计算机应用趋向人性化、个性化，这些代理软件通常会在适当的时候帮助人们完成迫切需要完成的任务，如Office助手就是一种智能代理。在社会科学中，智能代理就是社会协同合作的模型。

手机制造企业（图7-6）通常由好几个不同的部门组成。如研发部门设计新手机，生产部门制作手机，销售团队进行销售。营销人员需要宣传推广新手机，执行主管则要保证他们不出差错。如果企业想要获得成功，则所有各个部门都要密切沟通交流。为了设计出人们乐于购买的产品，研发部门需要市场营销方面的信息；只有与生产部门沟通，研发团队才能保证其设计是可以付诸实践的；想要在销售中获利，销售团队就必须从生产部门了解产品生产成本；销售团队需要与市场部门沟通，了解产品用户的承受能力与期望；任何时候都会有许多不同的产品设计在同时进行，生产部门也会同时制造好几种不同型号的产品；执行主管需要决定重点推广哪一种设计以及需要制作多少不同型号的产品。

图 7-6　手机制造企业

如同手机制造企业一样，在人工智能领域中，多个智能代理在一个系统中协同作业，每个智能代理负责自己最擅长的工作。为了执行任务，它们需要与其他做不同工作的智能代理沟通。每个智能代理都对环境进行感知，它们的环境由任务所决定。例如，对其任务是在厚地毯上行走的智能代理来说，它的环境就是其所处位置及腿部传来的力的信号。它不需要知道也不关心是朝着食物移动还是远离光线，而只关注如何移动才能更有效地到达指定位置。

与包容体系结构（见本书第 11 课）类似，智能代理系统同样由多个独立模块构成。智能代理可以装备存储器，沟通交流不会抑制其他智能代理的操作，接收的输入也不再只是真实世界这一个渠道。因此，与包容体系结构下简单的反射行为相比，智能代理的操作可能更加复杂。代理和行为都只执行一步操作，但代理所做的却要智能得多。

下面通过一个藏在暗处的甲虫机器人（见图 7-7）来讲解智能代理系统内的协同合作。我们想为甲虫机器人配置各种强大的功能，考虑的问题有：装备腿还是轮子？它如何感知环境？感知后如何认识到外面既有食物也有明亮的光线？决定朝食物进发后如何操控移动？需要根据不同接触面调整行走方式吗？如何识别并躲避障碍物？……人工智能的研究人员曾经思考过上述所有问题，也在一定程度上解决了这些问题。然而，这些问题各不相同，对应的解决方案也是五花八门。

图 7-7　甲虫机器人

导航问题的解决方法可以是利用框架理论来制作甲虫机器人周边环境的地图,在不同表面上行走可以利用遗传算法,识别食物和光线则利用神经网络,不管是决定朝食物前进还是远离光线,都可以利用模糊逻辑完成——如果将这些任务编入独立的智能代理,就能够根据任务需求来选择最佳方案。

智能代理可以根据操作方式进行分类。例如,反射代理不需要存储器,它们仅凭传感器的即时指令做出反应;负责甲虫视线的代理可以凭借物体不同瞬间的形象来检测物体,还可以创建更高级的成分,从多个视角描绘环境地图。

基于模型的反射代理具备存储器,它们建立外部世界的模型,通过传感器不断补充信息,并根据建立的模型采取行动。昆虫腿部的工作原理可能是:机器人需要知道自己正在做什么,以决定下一步行动。它可能知道行走的表面是柔软的还是不平整的,根据得到的信息对操作进行调整。基于目标的代理搜索方法来完成不能立刻实现的任务,它们必须设计一系列行动来取得最后的成功。机器人内部的构图代理需要规划朝食物或黑暗进发的路线,并躲避障碍物,有时并不是直接朝最终目的地前进,而有可能需要先远离才能一步步接近。

所有这些相关的智能代理的独立程序,彼此间需要交谈,这通常是通过传递信息来完成的。负责传感器的智能代理将告诉构图代理有光或是有食物,在决定移动方向后,构图代理计算出最佳路径,并告诉行走代理应该朝什么方向前进。一条信息就是一个数据块,既可以发送给某个特定代理,也可以群发给所有代理,数据块中仅包含必要的信息。如果机器人的视线代理告诉构图代理食物在北面 30cm 的地方,那么数据块中仅需要 3 条数据:食物、30cm、北面。假设一条信息发送给了不止一个代理,那么根据配置需要,只有负责的代理才会对其进行处理,其他代理将直接忽略该信息。行走代理既不关心在哪里可以找到食物,也没有能力对这一信息做出任何反应。

7.4 智能代理的典型应用场景

美国斯坦福大学的海耶斯·罗斯认为"智能代理持续地执行 3 项功能:感知环境中的动态条件;执行动作影响环境;进行推理以解释感知信息,求解问题,产生推理和决定动作。"他认为,代理应在动作选择过程中进行推理和规划。

7.4.1 股票/债券/期货交易

智能代理系统的一个适用场景是股票市场。代理被用于分析市场行情,生成买卖指令建议,甚至直接买入和卖出股票。某些独立代理还会监控股票市场并生成统计数据,监测异常价格变动,找寻适合买入或卖出的股票,管理用户投资组合所代表的整体风险并与用户互动。

交易智能代理根据获取的新闻资讯和其他环境数据做出交易决策并执行交易过程。这一细分领域就是量化交易研究的内容(见图 7-8)。

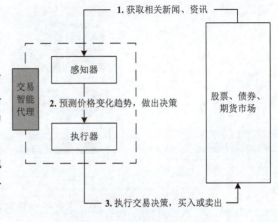

图 7-8　交易智能代理过程

7.4.2 实体机器人

实体机器人智能代理与环境的交互过程相似(见图 7-9)。不同的是,它获知环境是通过摄像头、扬声器、触觉传感器等物理外设实现,执行决策也是轮子、机器臂、扬声器、腿等物理外设完成,因为实体使用物理外设与周围环境交互,所以与其他单纯的人工智能应用场景稍有区别(见图 7-10)。

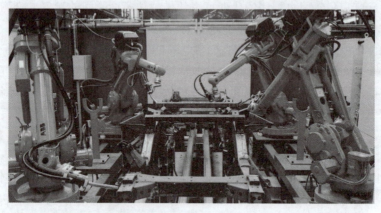

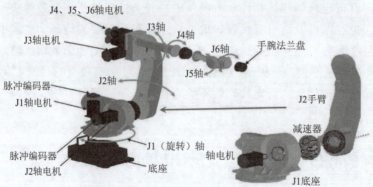

图 7-9 工业机器人是多自由度的机器装置

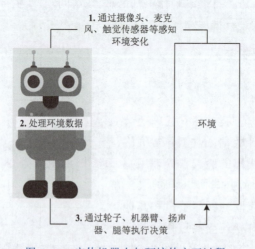

图 7-10 实体机器人与环境的交互过程

7.4.3 计算机游戏

游戏代理有两种：一种用于与人类玩家实现对战，比如你玩棋牌游戏，那么对于智能代理而言，你就是环境，智能代理将以你的操作作为输入，以战胜你为目标来做出决策并执行决策；另一种则充当了游戏中的其他角色（见图7-11），智能代理的目的是让游戏更加真实，更富可玩性。

图 7-11　游戏代理

7.4.4 医疗诊断

医疗诊断的智能代理以病人的检测结果——血压、心率、体温等等作为输入推测病情，推测的诊断结果将告知医生，并由医生根据诊断结果给予病人恰当的治疗。这一场景中，病人和医生同时作为外部环境，智能代理的输入和输出不同（见图7-12）。

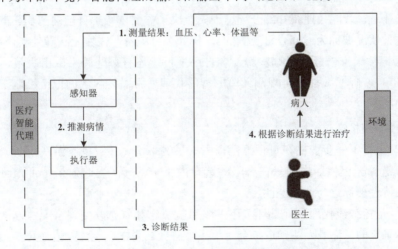

图 7-12　医疗诊断过程

7.4.5 搜索引擎

搜索引擎智能代理的输入包括网页和搜索用户，它一方面以网络爬虫抓取的网页作为输入存入数据库，在用户搜索时从数据库中检索匹配最合适的网页返回给用户（见图7-13）。

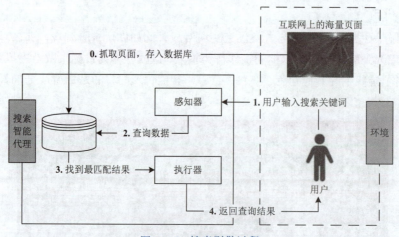

图 7-13　搜索引擎过程

综上所述，人工智能可以简单理解成——通过外部环境输入做决策并影响外部环境的过程，如果写一个程序可以帮助计算机聪明的解决问题，那就是智能代理。

7.5　与外部环境相关的重要术语

一些与外部环境相关的重要术语例举如下：

1．完全可观测性和部分可观测性

如果智能代理任何时间点能够获取的环境信息足以让它做出最优决策，那么它就是"完全可观测的"。举例来说，在扑克游戏中，如果所有人把牌面都亮出，那么对于智能代理来说，环境就是"完全可观测的"。

而多数情况下，智能代理获知部分环境因素，决策需要依赖于自己之前积累的环境数据来做出决策，这种情况被称为"部分可观测的"。例如，打牌时，往往无法看到其他玩家的牌面，出牌需要根据记住大家已经出了哪些牌，各自手里可能还有哪些牌来做出决策，那么这种环境就是"部分可观测的"。部分可观测环境的智能代理通常需要内部的记忆机制，记忆历史环境数据来帮助决策。

2．确定性与随机性

"确定性"是指下一步变化在可预测范围内。举例来说，多数棋类游戏下子一方在某一时刻虽然有多重选择，但按照规则只有限的选择内下子，其产生的效果是可预测的。这种选择范围有限的特性被称之为"确定性"。

"随机性"是指智能代理和外部环境下一步可能决定和状态改变完全无法预测。例如，扑克牌游戏是不确定的，你既无法知道每个对手手中有什么牌，也无法知道他可能出什么牌，所以这种情况具有随机性。

3．离散性和连续性

"离散性"是指外部环境的变化是在有限个可预期的结果和情况中做出选择，而非完全随机。举例来说，因为象棋或围棋落子只能在棋盘上画出的固定位置，所以是"离散的"。

"连续性"则指环境变化状态不存在确定的点。例如,投掷飞镖的落点就是"连续性"的。

4. 温和性与对抗性

"温和性"环境虽然变化莫测,但其目标并不是阻止你完成某项任务,这种环境是"温和性"的。举例来说,天气情况虽然变化莫测,但是其变化的目的并非是针对任何人,那么天气就是"温和性"环境。

若环境会始终阻碍你完成任务,将其称之为"对抗性"环境。举例来说,智能代理与人类进行棋牌对弈时,外部环境(人类对手)的目标是战胜智能代理,那么人类对智能代理来说就是"对抗性"外部环境。

可以通过以下三种智能代理面临的环境因素做个对比(见表7-1)。

表 7-1 三种智能代理面临的环境因素对比

	部分可观测	确定性	连续性	对抗性
跳棋				是
扑克游戏	是	是		
自动驾驶汽车	是	是	是	

1. 通常,大部分人工智能系统都是(　　)的程序,在前期实验性操作成功的基础上,无法按比例放大至可用规模。

　　A. 独立和细小　　B. 关联和具体　　C. 关联和庞大　　D. 独立和庞大

2. 在社会科学中,智能代理是一个(　　)的人或其他系统,根据感知世界得到的信息做出举动来影响这个世界。

　　A. 理性且自主　　B. 感性且自主　　C. 理性且集中　　D. 感性且集中

3. 在社会科学中,智能代理有一个最典型的特征,它们是社会(　　)的模型。

　　A. 集中控制　　B. 协同合作　　C. 超链接　　D. 独立控制

4. 在人工智能领域中,与包容体系结构类似,智能代理系统由(　　)的模块构成。

　　A. 单一复杂　　B. 多个耦合　　C. 多个独立　　D. 单个独立

5. 智能代理可以根据操作方式进行分类,但下列(　　)不属于其中。

　　A. 理论代理　　　　　　　　B. 反射代理

　　C. 基于模型的反射代理　　　D. 基于实用的代理

6. 美国斯坦福大学的海耶斯·罗斯认为"智能代理持续地执行3项功能",但下列(　　)不属于其中。

　　A. 感知环境中的动态条件

　　B. 执行动作影响环境

　　C. 进行推理以解释感知信息,求解问题,产生推理和决定动作

　　D. 感知环境中的静态参数

7. 智能代理是一套辅助人和充当他们代表的软件,一般有4个特征,但以下(　　)不

属于其中。

    A. 代理性　　　　B. 临时性　　　　C. 智能性　　　　D. 机动性

8. 智能代理系统的适用场景有很多,但以下(　　)不属于其中。

    A. 股票、期货交易　　　　　　　　B. 实体机器人

    C. 计算机游戏　　　　　　　　　　D. 有限元计算

9. 因为实体机器人使用(　　)与周围环境交互,所以与其他单纯的人工智能应用场景稍有区别。

    A. 虚拟组件　　　B. 智能程序　　　C. 物理外设　　　D. 逻辑部件

10. 在人与计算机玩棋牌游戏时,智能代理与(　　)实现对战,以其操作作为输入,以战胜其为目标来做出决策并执行决策。

    A. 程序员　　　　B. 服务器　　　　C. 计算机外设　　D. 人类玩家

11. 在智慧医疗中,诊断的智能代理以(　　)作为输入推测病情,推测的诊断结果将告知医生,并由医生根据诊断结果给予病人恰当的治疗。

    A. 医生的检查指令　　　　　　　　B. 病人的检测结果

    C. 机器的检测电流　　　　　　　　D. 服务器中的历史数据

12. 人工智能可以简单理解成——通过外部环境输入做决策并影响外部环境的过程,如果你写一个程序帮助计算机聪明的解决问题,它就是(　　)。

    A. 功能函数　　　B. 机器知识　　　C. 智能代理　　　D. 程序组件

13. 如果智能代理任何时间点能够获取的环境信息足以让它做出最优决策,那么它就是(　　)。

    A. 完全可观测的　　　　　　　　　B. 部分可观测的

    C. 不可观测的　　　　　　　　　　D. 不确定是否可观测

14. 多数情况下,智能代理仅获知部分环境因素,做出决策需要依赖于自己之前积累的环境数据,这种情况被称为"(　　)"。

    A. 完全可观测的　　　　　　　　　B. 部分可观测的

    C. 不可观测的　　　　　　　　　　D. 不确定是否可观测

15. "(　　)"是指下一步变化在可预测范围内。例如,多数棋类游戏下子方在某一时刻虽然有多重选择,但按照规则只在有限的选择内下子,其产生的效果是可预测的。

    A. 确定性　　　　B. 随机性　　　　C. 主动性　　　　D. 合理性

16. "(　　)"是指智能代理和外部环境下一步可能决定和状态改变完全无法预测。

    A. 确定性　　　　B. 随机性　　　　C. 主动性　　　　D. 合理性

17. "(　　)"是指外部环境的变化是在有限个可预期的结果和情况中做出选择,而非完全随机。例如象棋或围棋只能在棋盘上画出的固定位置落子。

    A. 永久性　　　　B. 临时性　　　　C. 离散性　　　　D. 连续性

18. "(　　)"是指环境变化状态不存在确定的点。例如投掷飞镖的落点就是"连续性"的。

    A. 永久性　　　　B. 临时性　　　　C. 离散性　　　　D. 连续性

19. "(　　)"环境虽然变化莫测,但其目标并不是阻止你完成某项任务。例如,天气的变化莫测并非专门针对任何人。

A. 温和性　　　　B. 对抗性　　　　C. 适应性　　　　D. 应激性
20. 若环境会始终阻碍你完成任务，则称之为"（　　）"环境。
A. 温和性　　　　B. 对抗性　　　　C. 适应性　　　　D. 应激性

研究性学习　什么是智能代理，例举智能代理的应用

小组活动：阅读本课的【导读案例】，认真学习课文内容，并通过网络搜索，了解更多智能代理的知识。讨论和加深理解什么是智能代理，例举智能代理的应用。

记录：请记录小组讨论的主要观点，推选代表在课堂上简单阐述你们的观点。

_____
_____
_____
_____

评分规则：若小组汇报得 5 分，则小组汇报代表得 5 分，其余同学得 4 分，余类推。

实训评价（教师）：_____

第8课

群体智能

学习目标

知识目标
(1) 什么是群体智能?群体智能与我们一般理解的智能体有什么不同?
(2) 熟悉群体智能技术及其基本特点。
(3) 了解群体智能的典型算法模型,了解群体智能的发展及其意义。

能力目标
(1) 掌握专业知识的学习方法,培养阅读、思考与研究的能力。
(2) 提高"研究性学习小组"的参与、组织和活动能力,具备团队精神。

素质目标
(1) 热爱学习,勤于思考,掌握学习方法,提高学习能力。
(2) 热爱大自然,学会在自然中和谐共存,关注自然生态。
(3) 学习和体验"两山论",深刻理解"绿水青山就是金山、银山"的深刻内涵。

重点难点
(1) 理解什么是群体智能,理解群体智能技术的意义和作用。
(2) 了解典型的群体智能算法模型。

导读案例 无人机最快圈速:算法控制首次战胜专家级驾驶员

对于工业用途的无人机来说,由于电池续航有限,它们必须在尽可能短的时间内完成任务,比如在灾难现场寻找幸存者、检查建筑物、运送货物等。在此类任务中,无人机必须通过一系列航点(如窗户、房间或特定位置)进行检查,在每个路段采用最佳轨迹和正确的加速或减速。顶尖的人类无人机驾驶员在这一方面有丰富经验,并在以往的无人机竞赛中的表现均优于自主飞行系统。

基于苏黎世大学研究人员开发了一种新算法,让自主飞行的四旋翼飞行器计算出充分考虑无人机局限性的时间最优轨迹,并首次在无人机竞赛中战胜两名人类驾驶员(见图8-1)。

图 8-1　无人机圈速赛道

来自苏黎世大学（UZH）的研究团队创建了一种算法，以找到最快的轨迹来引导四旋翼飞行器（带有四个螺旋桨的无人机，见图 8-2）通过路线上的各个航点。这项研究近日发表在 2021 年 7 月 21 日的《科学机器人》杂志上。

图 8-2　用于真实环境实验的无人机

"我们的无人机在实验赛道上超越了两名专家级人类驾驶员的最快圈速，"大卫·斯卡拉穆扎说道，他是 UZH 机器人与感知小组和 NCCR 机器人"救援机器人挑战赛"的负责人，也是这个挑战赛项目资助了这项研究。

算法凭什么击败人类驾驶员？

这一算法的新颖之处在于，它充分考虑了无人机的局限性，第一个生成时间最优轨迹，而以往的研究通常依赖于四旋翼系统简化或飞行路径描述。"关键在于，我们的算法并不会将飞行路径各部分去分配给特定航路点，只是告诉无人机通过所有航路点，且不规定出如何或何时这样做，"论文作者、苏黎世大学博士生菲利普·范恩补充说。

这台无人机设备理论上推重比[1]接近 4，质量为 0.8 kg，装备有杰森 TX2、莱尔德通信模块、无人机竞赛组件和用于运动捕捉的红外发射标记器。研究者提出利用互补约束来优化通过很多路径点的轨迹，这种新的算法生成了理论上的时间最优轨迹（见图 8-3）。

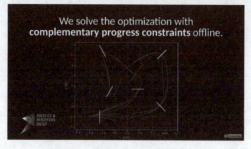

图 8-3　新算法的动态示意图

1　推重比：推力重量比，用来描述利用排气产生的推力以及所负担的重量之间的比例。这种描述多使用于火箭或喷气发动机作为推力来源的飞行器上。

算法控制的无人机与两名专家级人类驾驶员控制的无人机在一场实地的无人机竞赛中进行了演示，竞赛的最终目标是充分利用飞行器的潜力，在最短的时间内完成一项任务。他们让算法和两名人类驾驶员驾驶同一个四旋翼飞行器通过赛道，使用外部摄像头来精确捕捉无人机的运动，并向算法提供有关无人机在任何时刻所处位置的实时信息（见图8-4）。

图8-4　两名人类驾驶员操控无人机（上）与算法控制无人机在竞赛中的飞行轨迹

为了确保公平比较，人类驾驶员有机会在赛道上进行赛前训练。但是最终还是算法击败了专业的无人机驾驶员：它在所有的圈数上都比人类要快，而且表现更稳定。这并不奇怪，因为一旦算法找到了最佳轨迹，它就可以多次再现它，这一点与人类驾驶员不同。

具体地，研究者分别在推重比3.3实验了两次，在推重比3.15实验了一次。无一例外，算法控制的无人机在时间上都击败了人类专家级驾驶员。无论是推重比3.3还是3.15，研究者提出的时间最优轨迹均比专家级人类驾驶员的最佳单圈速要快。

在商用之前，这一算法需要面临的门槛是"降低计算要求"，因为现在计算机需要长达一个小时来计算无人机的时间最佳轨迹。此外，无人机依靠外部摄像头来计算位置，在未来的工作中，研究者们希望使用机载相机。原则上，无人机比人类驾驶员飞得更快是有希望的。斯卡拉穆扎说："这种算法可以在无人机包裹递送、检查、搜索和救援等方面有巨大的应用潜力。"

资料来源：机器之心报道

阅读上文，请思考、分析并简单记录：

（1）这是一场有趣的竞赛。如果不看文章，让你猜，你觉得自己会猜谁赢呢？算法还是人类专家级无人机驾驶员？为什么？

答：_____

_____

_____

（2）算法操控的无人机在所有的圈数上都比人类控制的要快，而且表现更稳定。这是为什么？奇怪吗？请简述之。

答：_____

(3) 请简单说说你对无人驾驶智能设备（例如无人机、自动驾驶汽车等）的展望。

答：_____

(4) 请简单记述你所知道的上一周发生的国际、国内或者身边的大事：

答：_____

群体智能的概念来自对自然界中一些社会性昆虫，如蚂蚁、蜜蜂等的群体行为的研究。在某群体中，若存在众多无智能的个体，它们通过相互之间的简单合作所表现出来的群居性生物的智能行为是分布式控制的，具有自组织性，就被称为群体智能。

8.1　从蜜蜂身上学习群体智能

蜜蜂（见图 8-5）被认为是自然界中被研究的时间最长的群体智能动物。蜜蜂在进化过程中，它们首先形成了大脑以处理信息，但是在某种程度上它们的大脑不能变大，大概因为它们是飞行动物，较小的大脑能够减轻飞行的负担。事实上，蜜蜂的大脑比一粒沙子还要小，其中只有不到一百万个神经元。相比之下，人类大约有 850 亿个神经元。不管你有多聪明，把它除以 85 000，这就是一只蜜蜂的智慧。

图 8-5　蜜蜂

所以，一只蜜蜂是一个非常非常简单的有机体，但是蜜蜂们有非常困难的问题需要解决，这也是关于蜜蜂被研究最多的一个问题——选择筑巢地点。通常一个蜂巢内有 1 万只蜜蜂，并且随着蜜蜂数量的壮大，它们每年都需要建一个新家。它们的筑巢地点可能是空树干里面的一个洞，也可能在建筑物某一侧。因此，蜜蜂群体需要找到合适的筑巢地点。这听起来好像很简单，但对于蜜蜂来说，这是一个关乎蜂群生死的决定。因此，它们选择的筑巢地点越好，对于物种的生存就会越有利。

为了解决这个问题，蜜蜂形成蜂群思维，或者说群体智能，而第一步就是它们需要收集关于周围世界的信息。因此，蜂群会先派出数百只侦察蜜蜂到外面约 78 km^2 的地方进行搜索，寻找它们可以筑巢的潜在地点（见图 8-6），这是数据收集阶段。它们派出数百只蜜蜂到各个地点寻找潜在的住所，然后这些蜜蜂把信息带回蜂群，接下来就是最困难的部分：它们要做出决定，在找到的几十个潜在地点中挑选出最好的。这听起来很简单，但蜜蜂们非常挑剔。它们需要找到一个能满足一系列条件的新住所。那个新房子必须足够大，可以储存冬天所需的蜂蜜；通风要足够好，这样它们在夏天就能保持凉爽；需要能够隔热，以便在寒冷的夜晚保持温暖；需要保护蜜蜂不受雨水的影响，但也需要有充足水源。当然，还需要有良好的地理位置，接近好的花粉来源。

图 8-6　一群蜜蜂聚集在一棵树上，而侦察蜂外出寻找新巢址

这是一个复杂的多变量问题。事实上，一个正在研究这些数据的人会发现，人类去寻找这个多变量优化问题的最佳解决方案都是非常困难的。换成具有类似挑战性的人类的问题，比如为新工厂选取一个厂址，或者为开设新店选取完美的店址，或者定义新产品的完美特性，这些问题都很难找到一个十全十美的解决方案。然而，生物学家的研究表明，蜜蜂常常能够从所有可用的选项中选出最佳的解决方案，或者选择第二好的解决方案，这是很了不起的。事实上，通过群体智能一起工作，蜜蜂能够作出一个优化的决定，而比蜜蜂大脑强大 85 000 倍的人脑，却很难做到这一点。

那么蜜蜂们是怎么做到的呢？它们形成了一个实时系统，在这个系统中，它们可以一起处理数据，并在最优解上汇聚在一起。蜜蜂是如何处理这些数据的呢？这是大自然想出的绝妙办法，它们通过振动身体来实现这一过程，生物学家把这叫做"摇摆舞"。人类刚开始研究蜂巢的时候，他们看到这些蜜蜂在做一些看起来像是在跳舞的事情，它们在振动自己的身体。这些振动产生的信号代表它们是否支持某个特定的筑巢地点。成百上千的蜜蜂同时振动它们的身体时，基本上就是一个多维的选择问题。它们揣度每个决定，探索所有不同的选择，直到在某个解决方案中能够达成一致，而这几乎总是最优或者次优的解决方案，并且能够解决单个大脑无法解决的问题。这是关于群体智能最著名的例子，我们也看到同样的过程发生在鸟群以及鱼群中，它们的群体智能大于个体。

利用这一方式，我们来为一大群游客在曼哈顿找一家优质酒店。假设大部分游客都年老体弱，无法长途行走。首先，我们在中央公园的演奏台建立一个临时基地，接着，派出体力最好的成员到处巡查，随后他们将回到演奏台并互相比较。听到有更好的酒店选择时，他们就再次前往实地考察。最后，大家达成共识，所有人再集体前往目标酒店办理入住。

曼哈顿的街道有两种命名方式，街道常为东西向，而大道常为南北向，所以侦察兵回来的时候只需要说明该酒店最接近哪条街哪条大道，大家就可以明白。任何时间，侦察兵的定位都可以用两个数字来表示：街、大道。如果用数学语言，就是 X 和 Y。假如需要的话，我们还可以在演奏台准备一张坐标纸，追踪每一个侦察兵的行走路线，以此定位酒店位置。侦察兵在曼哈顿街道上寻找最佳酒店就如同在 XY 坐标轴上寻找最优值是一样的。

所谓集群机器人或者人工蜂群智能，就是让许多简单的物理机器人协作。就像昆虫群体一样，机器人会根据集群行为行动，它们会在环境中导航，与其他机器人沟通。

与分散机器人系统不同，集群机器人会用到大量机器人，它是一个灵活的系统。世界上许多著名的科研机构都在研究这门技术。此技术未来若能获得成功，集群机器人将会展示巨大的潜力，影响到医疗保健、军事等领域。机器人越来越小，未来，我们也许可以让大量纳米机器人以群蜂的形式协调工作，在微机械、人体内执行任务。

8.2 什么是群体智能

群体智能，也称集体智能、群智，是一种共享的智能，是集结众人的意见进而转化为决策的一种过程，用来对单一个体做出随机性决策。对群体智能的研究实际上可以被认为是一个属于社会学、商业、计算机科学、大众传媒和大众行为的分支学科，研究从夸克（一种参与强相互作用的基本粒子，也是构成物质的基本单元）层次到细菌、植物、动物以及人类社会层次的群体行为的一个领域。群体智能的四项原则是：开放、对等、共享和全体行动。

群体智能的概念源于对自然界中一些社会性昆虫，如蚂蚁、蜜蜂等的群体行为的研究。单只蚂蚁的智能并不高，它看起来不过是一段长着腿的神经节而已（见图8-7）。不过，几只蚂蚁凑到一起，就可以一起往蚁穴搬运路上遇到的食物。如果是一群蚂蚁，它们就能协同工作，建起坚固、漂亮的巢穴，一起抵御危险，抚养后代。

图 8-7 蚂蚁利用简单行为解决复杂问题

在某群体中，若存在众多无智能的个体，它们通过相互之间的简单合作所表现出来的群居性生物的智能行为是分布式控制的，具有自组织性，则被称为群体智能。

8.2.1 群体人工智能技术

受到蚂蚁、鸟类和蜜蜂等的启发，从对自然界的学习中可以发现，社会动物以一个统一的动态系统集体工作时，解决问题和做决策上的表现会超越大多数单独成员，这一过程在生物学上被称为"群集智能"。

这就带来一个问题：人类可以形成群集智能吗？当然，人类并没有进化出群集的能力，因为人类缺少同类用于建立实时反馈循环的敏锐连接（比如，蚂蚁的触角），这种连接是高度相关的，让群体行为被认为是一个"超级器官"。通过这么做，这些生物能够进行最优选择，这要远比独立的个体的选择能力要强得多。

但是，人类可以做到把个人的思考组合起来，让它们形成一个统一的动态系统，以做出更好的决策、预测、评估和判断。人类群集已经被证明在预测体育赛事结果、金融趋势甚至是奥斯卡奖得主这些事上的准确率超过了个人专家。这一技术被称为"群体人工智能"，它能让群体组成实时的线上系统，把世界各地的人作为"人类群集"连接起来。它是一个人类实时输入和众多 AI 算法的结合。群体人工智能结合人类参与者的知识、智慧、硬件和直觉，并把这些要素组合成一个统一的新智能，能生成最优的预测、决策、洞见和判断。

依赖于每个格子单元（细胞）的几条简单运动规则，就可以使细胞集合的运动表现出超常的智能行为。群体智能不是简单的多个体的集合，而是超越个体行为的一种更高级表现，这种从个体行为到群体行为的演变过程往往极其复杂，以至于无法预测。

蚁群优化（ACO）和粒子群优化（PSO）是两种最广为人知的"群体智能"算法。从基础层面上来看，这些算法都使用了多智能体。每个智能体执行非常基础的动作，合起来就是更复杂、更即时的动作，可用于解决问题。

蚁群优化与粒子群优化这二者的目的都是执行即时动作，但采用的是两种不同方式。蚁群优化与真实蚁群类似，利用信息激素指导单个智能体走最短的路径。最初，随机信息激素在问题空间中初始化。单个智能体开始遍历搜索空间，边走边洒下信息激素。信息激素在每个时间步中按一定速率衰减。单个智能体根据前方的信息激素强度决定遍历搜索空间的路径。某个方向的信息激素强度越大，智能体越可能朝这个方向前进。全局最优方案就是具备最强信息激素的路径。

粒子群优化更关注整体方向。多个智能体初始化，并按随机方向前进。每个时间步中，每个智能体需要就是否改变方向作出决策，决策基于全局最优解的方向、局部最优解的方向和当前方向。新方向通常是以上三个值的最优"权衡"结果。

8.2.2 基本原则与特点

基于群体智能的技术可用于许多应用程序。美国军方正在研究用于控制无人驾驶车辆的群体技术。欧洲航天局正在考虑用于自组装和干涉测量的轨道群。美国宇航局正在研究使用群体技术进行行星测绘。安东尼·刘易斯和乔治·贝基 1992 年撰写的论文讨论了使用群体智能来控制体内纳米机器人以杀死癌症肿瘤的可能性。相反，里菲和阿伯使用随机扩散搜索来帮助定位肿瘤。群体智能也已应用于数据挖掘等领域。如：多罗等人和惠普在 20 世纪 90 年代中期以来研究了基于蚂蚁的路由算法在电信网络中的应用。

米洛纳斯在 1994 年提出了群体智能应该遵循的五条基本原则，分别为：

① 邻近原则，群体能够进行简单的空间和时间计算；

② 品质原则，群体能够响应环境中的品质因子；

③ 多样性反应原则，群体的行动范围不应该太窄；

④ 稳定性原则，群体不应在每次环境变化时都改变自身的行为；

⑤ 适应性原则，在所需代价不太高的情况下，群体能够在适当的时候改变自身的行为。

这些原则说明实现群体智能的智能主体必须能够在环境中表现出自主性、反应性、学习性和自适应性等智能特性。但是，这并不代表群体中的每个个体都相当复杂，事实恰恰与此相反。就像单只蚂蚁智能不高一样，组成群体的每个个体都只具有简单的智能，它们通过相互之间的合作表现出复杂的智能行为。可以这样说，群体智能的核心是由众多简单个体组成的群体能够通过相互之间的简单合作来实现某一功能，完成某一任务。

其中，"简单个体"是指单个个体只具有简单的能力或智能，而"简单合作"是指个体和与其邻近的个体进行某种简单的直接通信或通过改变环境间接与其他个体通信，从而可以相互影响、协同动作。

群体智能具有以下特点：

① 控制是分布式的，不存在中心控制。因而它更能够适应当前网络环境下的工作状态，并且具有较强的鲁棒性，即不会由于某一个或几个个体出现故障而影响群体对整个问题的求解。

② 群体中的每个个体都能够改变环境，这是个体之间间接通信的一种方式，这种方式被称为"激发工作"。由于群体智能可以通过非直接通信的方式进行信息的传输与合作，因而随着个体数目的增加，通信开销的增幅较小，因此，它具有较好的可扩充性。

③ 群体中每个个体的能力或遵循的行为规则非常简单，因而群体智能的实现比较方便，具有简单性的特点。

④ 群体表现出来的复杂行为是通过简单个体的交互过程突现出来的智能，因此，群体具有自组织性。

8.3 典型算法模型

自1991年意大利学者多里戈提出蚁群优化（ACO）理论开始，群体智能作为一个理论被正式提出，并逐渐吸引了大批学者的关注，从而掀起了研究高潮。1995年，肯尼迪等学者提出粒子群优化算法（PSO），此后群体智能研究迅速展开。目前对群体智能的研究主要包括蚁群优化算法、蚁群聚类算法和粒子群算法，以及多机器人协同合作系统。

随着群体智能算法在诸如机器学习、过程控制、经济预测、工程预测等领域取得了前所未有的成功，它已经引起了包括数学、物理学、计算机科学、社会科学、经济学及工程应用等领域的科学家们的极大兴趣。

8.3.1 蚁群算法

蚂蚁生活在一个十分高效并且秩序井然的群体之中，它们几乎总是以最高效的姿态来完成每件事。它们修建蚁巢来保证最佳温度和空气流通；它们确定食物位置后能够确定最佳路径，并以最快的速度赶到。有人可能会认为这是由于某些中央权力中心，比如蚁后，在管控它们的所有行动。事实上，这样的权力中心并不存在，蚁后不过是产卵的机器而已，每一只蚂蚁都是自主的独立个体。

蚂蚁在寻找食物时，一开始会漫无目的地到处走动，直到发现另一只蚂蚁带着食物返回巢穴时留下的信息素踪迹，然后，它就开始沿着踪迹行走。信息素越强，追踪的可能性越大。在找到食物后它将返回巢穴，留下自己的踪迹。如果该地还有大量食物，许多蚂蚁也会按照该路径来回往复，踪迹将变得越来越鲜明，对路过的蚂蚁的吸引力也会越来越大。不过，偶尔会有一些蚂蚁因为找不到踪迹而选择了不同的路径。如果新路径更短，那么大量的蚂蚁将在这条踪迹上留下越来越多的信息素，旧路径上的信息素就将逐渐蒸发。随着时间的流逝，蚂蚁们选择的路径将会越来越接近最佳路径。

蚁群能够搭建身体浮桥跨越缺口地形（见图8-8），这并不是偶然事件。一个蚁群可能在同时搭建超过50个蚂蚁桥梁，每个桥梁从1只蚂蚁到50只蚂蚁不等。蚂蚁不仅可以建造桥梁，而且能够有效评估桥梁的成本和效率之间的平衡，比如在V字形道路上，蚁群会自动调整到合适的位置建造桥梁，既不是靠近V顶点部分，也不是V开口最大的部分。

图8-8　蚂蚁建造桥梁

生物学家对蚁群桥梁研究的算法表明，每只蚂蚁并不知道桥梁的整体形状，它们只是在遵循两个基本原则：

① 如果我身上有其他蚂蚁经过，那么我就保持不动；

② 如果我身上蚂蚁经过的频率低于某个阈值，我就加入行军，不再充当桥梁

数十只蚂蚁可以一起组成木筏渡过水面。当蚁群迁徙的时候，整个木筏可能包含数万只或更多蚂蚁。每只蚂蚁都不知道木筏的整体形状，也不知道木筏将要漂流的方向。但蚂蚁之间非常巧妙的互相连接，形成一种透气不透水的三维立体结构，即使完全沉在水里的底部蚂蚁也能生存。而这种结构也使整个木筏包含超过75%空气体积，所以能够顺利的漂浮在水面。

蚁群在地面形成非常复杂的寻找食物和搬运食物的路线（见图8-9），似乎整个集体总是能够找到最好的食物和最短的路线，然而每只蚂蚁并不知道这种智能是如何形成的。用樟脑丸在蚂蚁经过的路线上涂抹会导致蚂蚁迷路，这是因为樟脑的强烈气味严重干扰了蚂蚁生物信息素的识别。

蚁群具有复杂的等级结构，女王可以通过特殊的信息素影响到其他蚂蚁，甚至能够调节其

他蚂蚁的生育繁殖。但女王并不会对工蚁下达任何具体任务,每个蚂蚁都是一个自主的单位,它的行为完全取决于对周边环境的感知和自身的遗传编码规则。尽管缺乏集中决策,但蚁群仍能表现出很高的智能水平,这种智能也称之为分布式智能。

图 8-9　蚁群的路线

不仅蚂蚁,几乎所有膜翅目昆虫都表现出很强的群体智能行为,另一个知名的例子就是蜂群。蚁群和蜂群被广泛的认为是具有真社会化属性的生物种群,这是指它们具有以下三个特征:

(1) 繁殖分工。

种群内分为能够繁殖后代的单位和无生育能力的单位,前者一般为女王和王,后者一般为工蜂、工蚁等。

(2) 世代重叠。

即上一代和下一代共同生活,这也决定了下一个特征。

(3) 协作养育。

种群单位共同协作养育后代。

这个真社会化属性和我们人类的社会化属性并不是同一概念。

受到自然界中蚂蚁群的社会性行为的启发,由多里戈等人首先提出的蚁群优化(AOC)算法模拟了实际蚁群寻找食物的过程。

我们可以利用群体智能来设计一组机器人,每个机器人配置十分简单,仅需要了解自身所处的局部环境,通常也只与附近的其他机器人进行沟通。每个设备都是自主运行的,不需要中央智能来发布指令,就像我们在包容体系结构时说到的机器人一样,每个独立个体只知道自己对世界的感知,这可以帮助我们建立强大稳固的行为,可以自主适应环境的变化。在拥有大量编程一致的同款机器人之后,我们就可以实现更大的弹性,因为一小部分个体的操作失误并不会对整体的效能产生大的影响。

这类与蚂蚁行为十分相似的机器人可以用于查找并移除地雷,或是在灾区搜寻伤亡人员。蚂蚁利用信息素来给巢穴内的其他成员留下信号,但感知信息素对机器人来说并不容易(虽然已经可以实现),机器人利用的是灯光、声响或是短程无线电。

目前,蚁群算法已在组合优化问题求解,以及电力、通信、化工、交通、机器人、冶金等多个领域中得到应用,都表现出了令人满意的性能。

8.3.2　搜索机器人

想象一下在远足登山区(见图 8-10)有大量机器人的场景。在没有其他事情要做的时候,它们就会站在视野范围内其他机器人的中间位置，这也意味着可以做到在该区域内平均分布。它们能够注意到嘈杂的噪声及挥动的手势，所以遇到困难的背包客就可以向它们寻求帮助。

图 8-10　山区远足

如果有需要紧急服务的请求，则可以从一个机器人传递到另一个机器人，直到传递到能接收无线电或手机信号的机器人那里。假如需要运送受伤的背包客，更多的机器人也可以前来提供帮助，其他机器人则将移动位置来保证区域覆盖度。比起包容体系结构，所有这些操作都可以在机器人数量更少的情况下完成。

换一种方式，我们考虑利用一组四轴飞行器（见图 8-11）来保证背包客的安全。这些飞行器将以集群的方式在特定区域内巡查，尤其关注背包客们常穿的亮橙色。在某些难以察觉的地方可能有人受伤，一旦有飞行器注意到了那抹橙色就会立刻转向该地点。飞行器在背包客头顶盘旋时，每一架都会以稍稍不同的有利位置进行观察，慢慢地，越来越多的飞行器就会发现伤员。很快，整个飞行器集群就将在某地低空盘

图 8-11　四轴飞行器

旋，也就意味着它们已经成功确定了可能的事故地点。这时就需要利用到其他人工智能技术，比如，自然语言理解、手势识别和图像识别，但很明显，这些都不是太棘手的问题。

8.3.3　微粒群（鸟群）优化算法

另一类经常被模仿的群体行为是鸟类的群集（见图 8-12）。当整个群体需要集体移动但又需要寻找特定目标时，就可以利用这种技术。创建个体集群的规则十分简单。

图 8-12　一群椋鸟寻找最好的栖息地

① 跟紧群体内其他成员。
② 以周边成员的平均方向作为飞行方向。
③ 与其他成员和障碍物保持安全距离。

如果我们设置向某个目标偏转的趋势，整个集群都将根据趋势行进。

鸟类在群体飞行中往往能表现出一种智能的簇拥协同行为，尤其是在长途迁徙过程中，以特定的形状组队飞行可以充分利用互相产生的气流，从而减少体力消耗。

常见的簇拥鸟群是迁徙的大雁，它们数量不多，往往排成一字型或者人字形，据科学估计，这种队形可以让大雁减少15%~20%的体力消耗。体型较小的欧椋鸟组成的鸟群的飞行则更富于变化，它们往往成千上万只一起在空中飞行，呈现出非常柔美的群体造型。

基于三个简单规则，鸟群就可以创建出极复杂的交互和运动方式，形成奇特的整体形状，绕过障碍和躲避猎食者：

① 分离，和临近单位保持距离，避免拥挤碰撞
② 对齐，调整飞行方向，顺着周边单位的平均方向飞行
③ 凝聚，调整飞行速度，保持在周边单位的中间位置

鸟群没有中央控制，实际上每只鸟都是独立自主的，只考虑其周边球形空间内的5~10只鸟的情况。

鱼群的群体行为和鸟群非常相似（见图8-13）。金枪鱼、鲱鱼、沙丁鱼等很多鱼类都成群游行，这些鱼总是倾向于加入数量庞大的、体型大小与自身更相似的鱼群，所以有的鱼群并不是完全由同一种鱼组成。群体游行不仅可以更有效利用水动力减少成员个体消耗，而且更有利于觅食和生殖，以及躲避捕食者的猎杀。

鱼群中的绝大多数成员都不知道自己正在游向哪里。鱼群使用共识决策机制，个体的决策会不断地参照周边个体的行为进行调整，从而形成集体方向。

在哺乳动物中也常见群体行为，尤其是陆上的牛、羊、鹿，或者南极的企鹅。迁徙和逃脱猎杀时，它们能表现出很强的集体意志。研究表明，畜群的整体行为很大程度上取决于个体的模仿和跟风行为，而遇到危险的时候，则是个体的自私动机决定了整体的行为方向。

图8-13 鱼群

细菌和植物也能够以特殊的方式表现出群体智能行为。培养皿中的枯草芽孢杆菌根据营养组合物和培养基的粘度，整个群体从中间向四周有规律的扩散迁移，形成随机但非常有规律

的数值形状。而植物的根系作为一个集体，各个根尖之间存在某种通信，遵循范围最大化且互相保持间隔的规律生长，进而能够最有效的利用空间吸收土壤中的养分。

粒群优化算法最早是由肯尼迪和埃伯哈特提出的，是一种基于种群寻优的启发式搜索算法，其基本概念源于对鸟群群体运动行为的研究。在微粒群优化算法中，每个微粒代表待求解问题的一个潜在解，它相当于搜索空间中的一只鸟，其"飞行信息"包括位置和速度两个状态量。每个微粒都可获得其邻域内其他微粒个体的信息，并可根据该信息以及简单的位置和速度更新规则，改变自身的状态量，以便更好地适应环境。随着这一过程的进行，微粒群最终能够找到问题的近似最优解。

由于微粒群优化算法概念简单，易于实现，并且具有较好的寻优特性，因此它在短期内得到迅速发展，目前已在许多领域中得到应用，如电力系统优化、TSP 问题求解、神经网络训练、交通事故探测、参数辨识、模型优化等。

曾经获得奥斯卡技术奖的计算机图形学家克雷格·雷诺兹，1986 年开发了团体（Birds）鸟群算法，这种算法仅仅依赖分离、对齐、凝聚三个简单规则就实现各种动物群体行为的模拟。

8.3.4 没有机器人的集群

在讨论遗传算法时，我们用一组称作"基因"的数字来代表群体中的每个独立个体。遗传算法就是通过改变这些数字直到它们能够代表最优个体为止。

就同样的数字而言，利用群体智能技术，我们不再将它们看做染色体上的基因，而是看做图表或地图等空间上的位置。随着每个独立个体空间位置的变化，数字相应地发生改变，就像走在曼哈顿大街上，代表你所在位置的街道数字发生改变一样。我们的搜索不再是固定个体的进化过程，而是不同个体的旅程。我们可以使用任何用来搜索位置的技术，例如，蚂蚁觅食、蜜蜂群集或是鸟类聚集，而完全不用建造任何机器人。

8.4　群体智能背后的故事

在公园，我们经常看到成群的鸟儿在树木上空飞旋，它们迟早总会落在建筑的突出物上休息，之后又受了什么惊扰，于是动作一致地再度起飞（见图 8-14）。这群鸟中并没有领导。没有一只鸟儿会指示其他鸟儿该做什么，相反，它们各自密切注意身边的同伴，在空中飞旋时，全都遵循着简单的规则。这些规则构成了另一种群体智能，它与决策的关系不大，主要是用来精确协调行动的。

图 8-14　群鸟

研究计算机制图的克雷格·雷诺兹对这些规则感到好奇，他在 1986 年设计了一个看似简单的导向程序，叫做"拟鸟"。在这个模拟程序中，一种模仿鸟类的物体（拟鸟）接收到三项指示：

① 避免挤到附近的拟鸟；

② 按附近拟鸟的平均走向飞行；

③ 跟紧附近的拟鸟。

运行结果呈现在计算机屏幕上时,模拟出了令人信服的鸟群飞舞效果,包括逼真的、无法预测的运动。当时,雷诺兹正在寻求能在电视和电影中制造逼真动物特效的办法。1992年的《蝙蝠侠归来》是第一部利用他的技术制作的电影,其中模拟生成了成群的蝙蝠和企鹅。如今他在索尼公司从事电子游戏领域的研究,例如用一套算法实时模拟数量达1.5万的互动的鸟、鱼或人。雷诺兹展示了自组织模型在模仿群体行为方面的力量,这也为机器人工程师开辟了道路。如果能让一队机器人像一群鸟般协调行动,就比单独的机器人有优势得多。

宾夕法尼亚大学的机械工程教授维贾伊·库马尔说:"观察生物界中数目庞大的群体,很难发现哪一个有中心角色。一切都是高度分散的:成员并不都参与交流,根据本地信息采取行动;它们都是无名的,不必在乎谁去完成任务,只要有人完成就行。要从单个机器人发展到多个机器人合作,这三个思路必不可少。"

据野生动物专家卡斯滕·霍耶尔在2003年观察,陆地动物的群体行为也与鱼群相似。那年,他和妻子利恩·阿利森跟着一大群北美驯鹿旅行了五个月,行程超过1500 km,记录了它们的迁徙过程。迁徙从加拿大北部育空地区的冬季活动范围起始,到美国阿拉斯加州北极国家野生动物保护区的产犊地结束(见图8-15)。

图8-15 驯鹿迁徙

卡斯滕说:"这很难用语言形容。鹿群移动时就像云影漫过大地,或者一大片多米诺骨牌同时倒下并改变着方向。好像每头鹿都知道它周边的同伴要做什么。这不是出于预计或回应,也没有因果关系,它们自然而然就这样行动。"

一天,正当鹿群收窄队形、穿过森林边界线上的一条溪谷时,卡斯滕和利恩看见一只狼偷袭过去。鹿群做出了经典的群体防御反应。卡斯滕说:"那只狼一进入鹿群外围的某一特定距离,鹿群就骤然提高了警惕。这时每头鹿都停下不动,完全处于戒备状态,四下张望。"狼又向前走了100 m,突破了下一个限度。"离狼最近的那头鹿转身就跑,这反应就像波浪一样扫过整个鹿群,于是所有的鹿都跑了起来。之后逃生行动进入另一阶段。鹿群后端与狼最接近的那一小群驯鹿就像条毯子般裂开,散成碎片,这在狼看来一定是极度费解的。"狼一会儿追这头鹿,一会儿又追那头,每换一次追击目标都会被甩得更远。最后,鹿群翻过山岭,脱逃而去,而狼留在那儿气喘吁吁,大口吞着白雪。

每头驯鹿本来都面临着绝大的危险,但鹿群的躲避行动所表现的却不是恐慌,而是精准。每头驯鹿都知道该什么时候跑、跑往哪个方向,即便不知道为什么要这样做。没有领袖负责鹿群的协调,每头鹿都只是在遵循着几千年来应对恶狼袭击而演化出来的简单规则。

这就是群体智能的美妙魅力。无论我们讨论的是蚂蚁、蜜蜂、鸽子,还是北美驯鹿,智慧群体的组成要素——分散化控制、针对本地信息行动、简单的经验法则,这些加在一起,就构成了一套应对复杂情况的精明策略。

最大的变化可能体现在互联网上。谷歌利用群体智能来查找你的搜索内容。当你输入一条搜索时,谷歌会在它的索引服务器上考查数十亿网页,找出最相关的,然后按照它们被其他网页链接的次数进行排序，把链接当作投票来计数（最热门的网站还有加权票数，因为它们可靠性更高）。得到最多票数的网页被排在搜索结果列表的最前面。谷歌说，通过这种方式，"利用网络的群体智能来决定一个网页的重要性"。

维基百科是一部免费的合作性百科全书，办得十分成功，其中有200多种语言写成的数以百万计的文章，世间万物无不涉及，每一词条均可由任何人撰写、编辑。麻省理工学院集体智能中心的托马斯·马隆说："如今可以让数目庞大的人群以全新的方式共同思考，这在几十年前我们连想都不敢想。要解决我们全社会面临的问题，如医疗保健或气候变化，没有一个人的知识是够用的。但作为集体，我们的知识量远比迄今为止我们所能利用的多得多。"

这种想法突出反映了关于群体智能的一个重要真理：人群只有在每个成员做事尽责、自主决断的时候，才会发挥出智慧。群体内的成员如果互相模仿，盲从于潮流，或等着别人告诉自己该做什么，这个群体就不会很聪明。若要一个群体拥有智慧，无论它是由蚂蚁还是律师组成，都得依靠成员们各尽其力。我们有些人往往怀疑，值不值得把那只多余的瓶子拿去回收，来减轻我们对地球的压力。而事实是：我们的一举一动都事关重大，即使我们看不出其中玄机。

蜜蜂专家托马斯·西利说："蜜蜂跟你我一样，从来看不到多少全局。我们谁都不知道社会作为一个总体需要什么，但我们会看看周围，说，哦，他们需要人在学校当义工，给教堂修剪草坪，或者在政治宣传活动中帮忙。"

假如你要在一个充满复杂性的世界中寻找行为榜样，不妨去学习蜜蜂吧。

8.5　群体智能的发展

2017年7月8日，中国国务院印发了《新一代人工智能发展规划》（简称《AI发展规划》），《AI发展规划》中明确指出了群体智能的研究方向，对于推动新一代人工智能发展有着十分重大的意义。

目前，以互联网及移动通信为纽带，人类群体、物联网和大数据已经实现了广泛和深度的互联，使人类群体智能在万物互联的信息环境中日益发挥着越来越重要的作用，借此深刻地改变了人工智能领域。比如基于群体开发的开源软件、基于众筹众智的万众创新、基于众问众答的知识共享、基于群体编辑的维基百科、以及基于众包众享的共享经济等。

这些趋势昭示着人工智能已经进入了新的发展阶段，新的研究方向以及新范式已经开始逐渐显现，从强调专家的个人智能模拟走向群体智能，智能的构造方法从逻辑和单调走向开放和涌现，智能计算模式从"以机器为中心"走向"群体在计算回路"，智能系统开发方法从封闭和计划走向开放和竞争。

所以，我们必须要依托良性的互联网科技创新生态环境实现跨时空的汇聚群体智能，高效的重组群体智能，更广泛且准确地释放群体智能。

1. 蜜蜂被认为是自然界中被研究的时间最长的群体智能动物。在进化过程中，蜜蜂首先形成了大脑以处理信息，蜜蜂的大脑中大约有（　　）个神经元。

　　A．850万　　　　　B．一百万　　　　　C．一千万　　　　　D．850亿

2. 一只蜜蜂是一个非常非常简单的有机体，但是它们有非常困难的问题需要解决，于是，蜜蜂形成了（　　）。
   A. 群体思维　　　B. 创新思维　　　C. 计算思维　　　D. 英雄思维
3. 蜂群为寻找可以筑巢的潜在地点，会派出数百只侦察蜜蜂到外面约 78 km² 的地方进行搜索。对蜜蜂来说，这个筑巢行为是一个（　　）问题。
   A. 简单多变量　B. 困难单变量　C. 简单单变量　D. 复杂多变量
4. 生物学家的研究表明，蜜蜂常常能够从所有可用的选项中选出最佳或者次最佳的解决方案，而比蜜蜂大脑强大 85 000 倍的人脑，（　　）这一点。
   A. 更容易做到　B. 做不到　　　C. 很难做到　　D. 也能做到
5. 蜜蜂们处理数据的方式被生物学家叫作"摇摆舞"，即通过（　　）来达成一致认识。
   A. 震动身体　　B. 摇摆触角　　C. 发出嗡声　　D. 沉默安静
6. 蜜蜂们所表现出的大于个体智能的群体智能能力在许多动物身上也存在，但下列（　　）除外。
   A. 蚂蚁　　　　B. 驯鹿　　　　C. 狮子　　　　D. 鱼群
7. 所谓集群机器人或者人工蜂群智能就是让许多（　　）的物理机器人协作。
   A. 个性　　　　B. 复杂　　　　C. 强大　　　　D. 简单
8. 群体智能是一种共享的智能，是集结众人的意见进而转化为决策的一种过程，用来对单一个体做出（　　）决策。
   A. 规划　　　　B. 随机性　　　C. 计划性　　　D. 简单
9. 对群体智能的研究可以被认为是一个属于（　　）、商业、计算机科学、大众传媒和大众行为的分支学科。
   A. 社会学　　　B. 生态学　　　C. 项目管理　　D. 交互界面
10. 群体智能的四项原则是：（　　）和全体行动。
    ① 整合　　　　② 开放　　　　③ 共享　　　　④ 对等
    A. ①②④　　　B. ①②③　　　C. ②③④　　　D. ①③④
11. 在某群体中，若存在众多无智能的个体，它们通过相互之间的简单合作所表现出来的群居性生物的智能行为是（　　）控制的。
    A. 分布式　　　B. 中心　　　　C. 独立　　　　D. 集中
12. 蚂蚁、鸟类和蜜蜂等社会动物以一个统一的动态系统集体工作时，解决问题和做决策上的表现会超越大多数单独成员，这一过程在生物学上被称为"（　　）"。
    A. 集中统筹　　B. 群集智能　　C. 集体智慧　　D. 团队
13. 人类并没有进化出群集的能力，因为人类缺少同类用于建立实时反馈循环的（　　），这种连接是高度相关的，让群体行为被认为是一个"超级器官"。
    A. 积极连接　　B. 随机连接　　C. 敏锐连接　　D. 直接连接
14. 人类可以做到把个人的思考组合起来，让它们形成一个统一的（　　），以做出更好的决策、预测、评估和判断。
    A. 动态系统　　B. 静态整合　　C. 协同作业　　D. 积极组织
15. 人类群集已经被证明在预测体育赛事结果、金融趋势甚至是奥斯卡奖得主这些事上的准确率超过了个人专家。这一技术被称为"（　　）人工智能"。

　　A. 集体　　　　B. 可信　　　　C. 超级　　　　D. 群体

16. 蚁群和蜂群被广泛的认为是具有真社会化属性的生物种群，这是指它们具有（　　）三个特征。这个真社会化属性和我们人类的社会化属性并不是同一概念。

　　① 繁殖分工　　② 世代重叠　　③ 协作养育　　④ 对等互助

　　A. ①②④　　　B. ①②③　　　C. ②③④　　　D. ①③④

17. 蚁群优化（ACO）和粒子群优化（PSO）是两种最广为人知的"群体智能"算法，它们都使用了（　　）。

　　A. 复杂体　　　B. 多智能体　　C. 单智能体　　D. 无智能体

18. 米洛纳斯在1994年提出了群体智能应该遵循的五条基本原则，但下列（　　）不属于其中。

　　A. 邻近原则　　B. 品质原则　　C. 连接原则　　D. 多样性反应原则

19. 鸟类群集也是经常被模仿的群体行为，创建这种个体集群的规则十分简单，包括（　　）。

　　① 显示能力，充当领头大雁　　　　② 跟紧群体内其他成员
　　③ 以周边成员的平均方向作为飞行方向　　④ 与其他成员和障碍物保持安全距离

　　A. ①②④　　　B. ①②③　　　C. ②③④　　　D. ①③④

20. 2017年7月8日，中国国务院印发的《新一代人工智能发展规划》中明确指出了（　　）的研究方向，对于推动新一代人工智能发展有着十分重大的意义。

　　A. 群体智能　　B. 蚁群优化　　C. 聚类算法　　D. 智能机器人

研究性学习　群体智能及其应用前景

小组活动：阅读本课的【导读案例】，学习课文内容，并通过网络搜索了解更多群体智能及其应用的知识，例举动物群体智能行为，展望群体智能在人工智能领域的广泛应用前景。

例如：

蚂蚁：群居，几乎所有活动都是靠集体的力量，比如建造房屋，搬运食物；

蜜蜂：群居，一起采集蜂蜜，然后一起分享；

海豚：一起追捕鱼群，用缩小包围网的方法使鱼群聚集起来，然后发动攻击；

其他还有非洲斑马、鹿群等抵御狮子等大型食肉动物的攻击等。

记录：请记录小组讨论的主要观点，推选代表在课堂上简单阐述你们的观点。

_____

_____

_____

_____

评分规则：若小组汇报得5分，则小组汇报代表得5分，其余同学得4分，余类推。

实训评价（教师）：_____

_____

第9课 机器视觉

学习目标

知识目标

（1）机器视觉是人工智能领域发展最迅速的重要分支之一，熟悉和理解机器视觉是学习人工智能的一个重要方面。

（2）了解机器视觉工作原理，熟悉机器视觉的主要组成部件。

（3）熟悉机器视觉行业应用案例，熟悉机器视觉的不同应用场景和应用形式。

能力目标

（1）掌握专业知识的学习方法，培养阅读、思考与研究的能力。

（2）提高"研究性学习小组"的参与、组织和活动能力，具备团队精神。

素质目标

（1）热爱人工智能的从业素质、职业素养，主动拥抱人工智能发展中的专业知识，勤于思考，掌握学习方法，提高学习能力。

（2）培养热爱计算思维，热爱智能工业，关心社会进步的优良品质。

（3）体验、积累和提高"工匠"的专业素质。

重点难点

（1）理解是什么内在动力持续推动着机器视觉技术的不断发展。

（2）掌握机器视觉专业知识，熟悉机器视觉技术的丰富应用场景。

（3）体验、积累和提高"智能工匠"的专业素质。

导读案例 关于芯片巨头并购背后的思考

2018年7月25日，全球最大的芯片公司美国高通要收购也是全球十大芯片公司之一的荷兰恩智浦，作价440亿美元，洽谈历时19个月，但最终被中国一票否决。当时，美国媒体曾形容，"这个世纪交易，因为中国说不而告吹"。

如今，随着美国英伟达公司正式提出收购英国芯片设计公司ARM，这个问题正越来越受到国内外媒体的关注。因为在过去两年时间里，美国政府不断利用自己的国内法和在半导体行业的技术优势卡我们的"脖子"。

从中兴到华为，如今美国制裁的绳索收得越来越紧，令中国企业几乎难以呼吸。正在此时这个关键时刻，中国应不应该再次动用"否决权"？做出反制？一笔国际芯片巨头的收购交易，会让中国半导体行业面临"至暗时刻"吗？

01

在全球互联网中，每天都有难以计数的网站诞生，但是9月16日出现的一个网站却引起了世界媒体的关注。这个地址为savearm.co.uk的网站，翻译过来叫"救救ARM"，创建者是ARM公司联合创始人赫尔曼·豪瑟。而他创建这个网站的目的，就是为了反对美国的半导体芯片大企业英伟达收购ARM。

ARM的总部在剑桥，同时在伦敦和纽约上市（见图9-1）。ARM公司并不生产芯片，但创造了一种指令集架构，支撑计算芯片的最基本的IP（芯片架构），它是计算核心设计的基础。

图9-1　ARM芯片设计公司

为什么赫尔曼说要"救救ARM"呢？原因是，2020年9月13日，美国最大芯片制造商之一英伟达发表声明，将以400亿美元（现金+股票）的价格从正面临缺钱的日本软银集团手中收购其英国芯片设计子公司ARM。英伟达和软银表示，这笔交易将重塑全球半导体格局。

全球90%的智能手机处理器和其他类型的移动芯片，都使用的是ARM公司的芯片设计方案，该公司收取版税。出售给英伟达之后，ARM公司将失去其作为中立供应商的吸引力，而ARM公司客户如三星、苹果和高通将面临其芯片竞争对手英伟达持有了ARM公司的状况，这些公司很可能会转向其他选择。

赫尔曼担心的主要有三大问题：

第一，成千上万名ARM公司员工在剑桥的工作受到影响。当总部迁往美国时，这将不可避免地导致英国失去工作机会，以及英国在这个行业的影响力。

第二，将ARM多年来的商业模式打破。该模式原本与500多家被许可人以平等的方式交易。他们大多数是英伟达公司的竞争对手，其中也有不少英国公司。

第三，也是最重要的，那就是从长远来看，这是国家经济主权的问题。

ARM是英国仅存的领先技术公司，在手机微处理器方面占据主导地位。英国受到谷歌、脸书、亚马逊、奈飞、苹果等公司在美国技术领域的统治。由于美国在与中国的贸易战将技术优势"武器化"，因此除非英国拥有自己的讨价还价武器，否则英国将成为附带受害者。

将ARM出售给英伟达意味着，ARM将受到美国CFIUS（美国外国投资委员会）法规的约束。英国电子行业有数百家公司，雇用数以万计的人在其产品中使用ARM。其中许多产品出口到包括中国在内的全球主要市场，那就意味着他们都必须遵守美国CFIUS

法规。

英伟达主要生产 GPU，如今已是芯片行业巨头之一，世界上大多数智能手机都使用其设计的微处理器。英伟达以制造如任天堂 Switch 游戏机上的视频游戏的图形芯片而闻名，公司成为今年股市上表现最好的公司之一。所以，现在英伟达公司有钱了。

如果成功收购 ARM，这意味着全球最大的 GPU 制造商、芯片巨头要将全球最大的芯片架构供应商收入囊中，一个芯片"巨无霸"就将诞生。引用英伟达的声明原话，就是将打造 AI 时代的世界顶级计算公司。

英伟达如果成功收购 ARM，将给中国企业带来什么影响？用《华尔街日报》的说法，很容易让人联想到华为即将迎来的"至暗时刻"。事实上，对于整个中国的半导体产业来说，都将带来深远的影响。作为自主创新能力较强的华为，海思的麒麟、鲲鹏系列芯片都基于 ARM 构架。其中麒麟芯片在"断供"后，已经无法生产，而一旦美国政府再对 ARM 构架发出禁令的话，连设计都恐怕难以进行了。

截至目前，英国、美国和中国官方都没有就这笔收购交易表态。

02

2018 年 7 月 25 日，高通要收购荷兰恩智浦，当时中国为什么会投"否决票"？

高通公司是全球手机芯片业龙头老大，于 1985 年创办，芯片销量超过近百亿片，中国大多数的手机，尤其是高端手机，都使用高通的芯片。随着人工智能的发展，高通更是如鱼得水。而高通打算收购的恩智浦公司，是由飞利浦分拆出来的，在汽车及家居等领域的半导体市场，有很大的优势，可以说是"强强联手"。

不过，由于两家公司的销售是面向全球的，因此如果要合并的话，必须得到包括美国、欧盟、中国、韩国、日本和俄罗斯等 9 个关联国家或地区的监管部门一致同意，才能够顺利完成。之所以设立这道程序，是因为担心这种"强强联手"的并购会带来垄断。

高通本来以为最难通过的是欧盟的反垄断调查，所以在公布收购交易前连番向欧盟让步，例如承诺收购事成之后，在 8 年内会继续提供恩智浦 MIFARE 技术。高通最后取得了 8 个关联国家或地区的监管部门的同意，只差中国。

中国政府强调指出，中国是根据《反垄断法》而否决此项并购计划，与中美贸易纠纷无关。美国政府也拒绝就中方的决定加以置评，但是，舆论普遍认为高通的并购计划很可能是美中贸易战的一大牺牲品。如果这个交易放在特朗普上任之前，中国很可能就会通过。但是，特朗普政府向中国开打贸易战，并不断以各种"莫须有"的理由对中国华为、中兴等高科技实施制裁"卡脖子"，因此中国不批准高通的收购申请，也在预料之中（见图 9-2）。

图 9-2　高通收购恩智浦，中国不同意

世界半导体行业十大公司之一的博通曾经出价1 300亿美元要收购高通。博通是一家由新加坡控制的美国公司。但这个交易遭到特朗普反对，理由是博通并购高通"会危害到美国的国家安全"。说白了，就是美国芯片巨头，丝毫不容其他国家控制。

如果中国同意高通并购欧洲公司恩智浦，若再出现美国政府肆意禁售的情况，恩智浦不能卖芯片给中国企业，这是不是会危害到中国的国家安全呢？英伟达收购ARM公司，当然也存在着同样的担心。

03

从未来发展来看，芯片领域先进架构主要有两个大方向：英特尔X86和ARM（见图9-3）。比起X86，ARM由于具有体积小、低功耗、低成本等特点，发展潜力巨大，甚至可以被称为"未来的架构"，且ARM架构最近的表现尤为亮眼。比起功耗高的X86，ARM架构在物联网领域也具备明显的优势（见图9-4）。由此可见，一旦ARM被美国公司收购，处于美国公司的控制下，对中国的芯片产业发展而言，将是非常不利的。

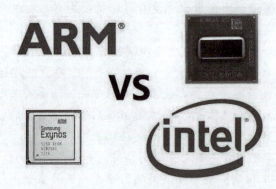

图9-3　英特尔和ARM

图9-4　ARM架构在物联网领域优势明显

寡头并购，关乎市场竞争。根据中国《反垄断法》及相关规定，如果两家公司在全球范围内的营业额超过100亿元人民币，无论是不是牵扯到中国企业，都要纳入中国的反垄断监管之中。很明显，不管是ARM还是英伟达都是满足这一条件的，同时中国还是ARM的最大市场，所以并购案无疑是需要得到中国审批的。在这种情况下，中国是否应该否决这起收购案呢？

实际上，即使行使了否决权，未来美国政府也很可能在其他高科技领域对中国发起新的攻击，试图窒息中国企业。为此，中国必须认清形势，放弃幻想，痛下决心，走上独立自主、自力更生的路。

资料来源：微信推送。

阅读上文，请思考、分析并简单记录：

（1）作为人工智能的学习者，按理我们应该更多地关注相关的技术。你觉得，这篇文章对于技术人员（学生）有阅读理解的必要吗？为什么？

答：_____
_____
_____

（2）"中国芯"的缺失一直是国人的痛点，你觉得解决之道在哪里？

答：_____
_____
_____

（3）走出国门，积极收购造"芯"的外企，在资本成功运作的背后，你觉得有风险吗？你有什么建议？

答：_____
_____
_____

（4）请简单记述你所知道的上一周发生的国际、国内或者身边的大事：

答：_____
_____
_____

机器视觉是利用光机电一体化的手段使机器具有视觉的功能。将机器视觉引入检测领域，可以在很多场合实现在线高精度高速测量。即机器视觉就是用机器代替人眼来做测量和判断。

机器视觉的应用主要在检测和机器人视觉两个方面。此外，还有自动光学检查、人脸识别、无人驾驶汽车、产品质量等级分类、印刷品质量自动化检测、文字识别、纹理识别、追踪定位等都是机器视觉图像识别的应用。

9.1　机器视觉概述

机器视觉（Machine Vision）是人工智能领域中发展迅速的一个重要分支，正处于不断突破、走向成熟的阶段。一般认为，机器视觉"是通过光学装置和非接触传感器自动地接受和处理一个真实场景的图像，通过分析图像获得所需信息或用于控制机器运动的装置"。具有智能图像处理功能的机器视觉，相当于人们在赋予机器智能的同时为机器安上了眼睛（见图9-5），使机器能够"看得见""看得准",可替代甚至胜过人眼做测量和判断,使机器视觉系统实现高分辨率和高速度的控制,并且,机器视觉系统与被检测对象无接触,安全可靠。

图 9-5　机器视觉系统

9.1.1　机器视觉的概念

机器视觉系统是通过机器视觉产品(即图像摄取装置,分 CMOS 和 CCD 两种半导体器件)将被摄取目标转换成图像信号,传送给专用的图像处理系统,得到被摄目标的形态信息,根据像素分布和亮度、颜色等信息,转变成数字化信号;图像系统对这些信号进行各种运算来抽取目标的特征,进而根据判别的结果来控制现场的设备动作。

机器视觉是一项综合技术,包括图像处理、机械工程技术、控制、电光源照明、光学成像、传感器、模拟与数字视频技术、计算机软硬件技术(图像增强和分析算法、图像卡、I/O 卡等)。

机器视觉系统最基本的特点是提高生产的柔性和自动化程度。在一些不适合人工作业的危险工作环境或人工视觉难以满足要求的场合,常用机器视觉来替代人工视觉;同时,在大批量工业生产过程中,用人工视觉检查产品质量效率低且精度不高,用机器视觉检测方法可以大大提高生产效率和生产的自动化程度。而且机器视觉易于实现信息集成,是实现计算机集成制造的基础技术。

9.1.2　机器视觉的发展

机器视觉的起源可追溯到 20 世纪 60 年代美国学者 L. R. 罗伯兹对多面体积木世界的图像处理研究。70 年代麻省理工学院人工智能实验室开设"机器视觉"课程,同时机器视觉形成几个重要研究分支:①目标制导的图像处理;②图像处理和分析的并行算法;③从二维图像提取三维信息;④序列图像分析和运动参量求值;⑤视觉知识的表示;⑥视觉系统的知识库等。到 80 年代,全球性机器视觉研究热潮开始兴起,出现了一些基于机器视觉的应用系统,90 年代以后,随着计算机和半导体技术的飞速发展,机器视觉的理论和应用得到进一步发展。

进入 21 世纪后,机器视觉技术的发展速度更快,已经大规模地应用于多个领域,如智能制造、智能交通、医疗卫生、安防监控等领域。常见机器视觉系统主要分为两类,一类是基于计算机的,如工控机或 PC;另一类是更加紧凑的嵌入式设备。典型的基于工控机的机器视觉系统主要包括:光学系统,摄像机和工控机(包含图像采集、图像处理和分析、控制/通信)等单元(见图 9-6)。机器视觉系统对核心的图像处理要求算法准确、快捷和稳定,同时还要求系统的实现成本低,升级换代方便。

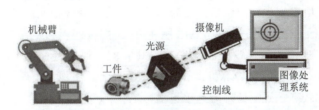

图 9-6　机器视觉系统

经过长期蛰伏，2010 年中国机器视觉市场迎来了爆发式增长，中国成为世界机器视觉发展最活跃的地区之一，应用范围涵盖了工业、农业、医药、军事、航天、气象、天文、公安、交通、安全、科研等国民经济的各个行业。其重要原因是中国已经成为全球制造业的加工中心，高要求的零部件加工及其相应的先进生产线，使许多具有国际先进水平的机器视觉系统和应用经验也进入了中国。

但是，机器视觉技术比较复杂，最大的困难在于人对自身的视觉机制尚不完全清楚。人可以用内省法（心理学方法，又称自我观察法）描述对某一问题的解题过程，从而用计算机加以模拟。但尽管每一个正常人都是"视觉专家"，却不可能用内省法来描述自己的视觉过程。例如，来自谷歌和 OpenAI 研究所的研究人员发现机器视觉算法的一个弱点：机器视觉会被一些经过修改的图像而干扰，而人类却可以很容易地发现这些图像的修改之处。因此，建立机器视觉系统仍是一项比较困难的任务。可以预测的是，随着机器视觉技术自身的成熟和发展，它将在现代和未来制造企业中得到越来越广泛的应用。

9.2　机器视觉工作原理

机器视觉检测系统（见图 9-7）采用 CCD 照相机将被检测的目标转换成图像信号，传送给专用的图像处理系统，根据像素分布和亮度、颜色等信息，转变成数字化信号，图像处理系统对这些信号进行各种运算来抽取目标的特征，如面积、数量、位置、长度，再根据预设的允许度和其他条件输出结果，包括尺寸、角度、个数、合格/不合格、有/无等，实现自动识别功能。

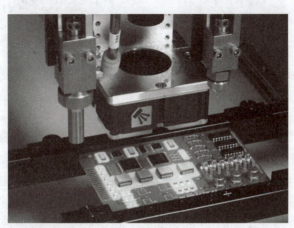

图 9-7　机器视觉检测系统

一个典型的工业机器视觉系统包括：光源、镜头（定焦镜头、变倍镜头、远心镜头、显微镜头）、照相机（包括 CCD 照相机和 COMS 照相机）、图像处理单元（或图像采集卡）、图像处理软件、监视器、通信/输入输出单元等（见图 9-8）。通常有五大块，其中的视觉处理器集采集卡与处理器于一体，以往计算机运算速度较慢时，采用视觉处理器加快视觉处理任务。如今系统主流配置比较高，视觉处理器几乎退出市场。

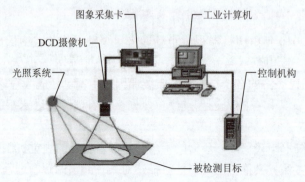

图 9-8 视觉系统工作原理简图

9.2.1 照明

照明是影响机器视觉系统输入的重要因素，它直接影响输入数据的质量和应用效果（见图 9-9）。由于没有通用的机器视觉照明设备，所以针对每个特定的应用实例，要选择相应的照明装置，以达到最佳效果。

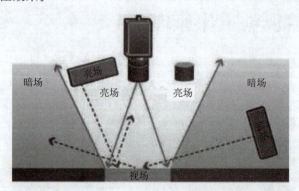

图 9-9 机器视觉的照明

光源可分为可见光和不可见光。常用的几种可见光源是白炽灯、日光灯、水银灯和钠光灯。可见光的缺点是光能不能保持稳定。如何使光能在一定的程度上保持稳定，是实用化过程中亟待解决的问题。另一方面，环境光有可能影响图像的质量，所以可采用加防护屏的方法来减少环境光的影响。照明系统按其照射方法可分为：背向照明、前向照明、结构光和频闪光照明等。其中，背向照明是被测物放在光源和摄像机之间，它的优点是能获得高对比度的图像。前向照明是光源和摄像机位于被测物的同侧，这种方式便于安装。结构光照明是将光栅或线光源等投射到被测物上，根据它们产生的畸变，解调出被测物的三维信息。频闪光照明是将高频率的光脉冲照射到物体上，摄像机拍摄要求与光源同步。

9.2.2 镜头

如图 9-10 所示，镜头的作用是充当眼球晶状体这一环节，简而言之，镜头主要的作用就是聚光。为什么要聚光？比如说在太阳光下用放大镜生火，你会发现阳光透过放大镜聚集到一点上，也就是说，想通过一块小面积的芯片去承载这么一片区域就不得不使用镜头聚焦。

镜头（见图 9-11）的基本功能是实现光束变换（调制）。在机器视觉系统中，镜头将目标成像在图像传感器的光敏面上。镜头的质量直接影响到机器视觉系统的整体性能，合理地选择和安装镜头，是机器视觉系统设计的重要环节。

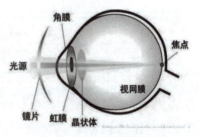

图 9-10　视觉结构

图 9-11　机器视觉的镜头

在特定应用场合选择合适的工业镜头时，必须考虑的因素包括：

（1）视野：被成像区域的大小。

（2）工作距离：摄像机镜头与被观察物体或区域之间的距离。

（3）CCD：摄像机成像传感器装置的尺寸。

这些因素必须采取一致的方式对待。例如，如果测量物体的宽度，则需要使用水平方向的 CCD 规格，等等。

9.2.3 高速照相机

按照不同标准，高速照相机可分为标准分辨率数字照相机和模拟照相机等。要根据不同的应用场合选择不同的照相机和高分辨率照相机（见图 9-12）。

图 9-12　百万像素高速照相机

按成像色彩划分，可分为彩色照相机和黑白照相机；

按分辨率划分，像素数在 38 万以下的为普通型，像素数在 38 万以上的为高分辨率型；

按光敏面尺寸大小划分，可分为 1/4、1/3、1/2、1 英寸照相机；

按扫描方式划分，可分为行扫描照相机（线阵照相机）和面扫描照相机（面阵照相机）两种方式；（面扫描照相机又可分为隔行扫描照相机和逐行扫描照相机）；

按同步方式划分，可分为普通照相机（内同步）和具有外同步功能的照相机等。

9.2.4 图像采集卡

图像采集卡（见图 9-13）只是完整的机器视觉系统的一个部件，但是它扮演一个非常重要的角色。图像采集卡直接决定了摄像头的接口：黑白、彩色、模拟、数字等等。

图 9-13　图像采集卡

比较典型的是 PCI 或 AGP 兼容的图像采集卡，可以将图像迅速地传送到计算机存储器进行处理。有些采集卡有内置的多路开关。例如，可以连接 8 个不同的摄像机，然后告诉采集卡采用哪一个照相机抓拍到的信息。有些采集卡有内置的数字输入以触发采集卡进行捕捉，当采集卡抓拍图像时数字输出口就触发闸门。

9.3　光源选择

在机器视觉系统中，获得一张高质量的可处理的图像至关重要。一个机器视觉项目的失败，大部分情况是由于图像质量不高，特征不明显引起的。要保证采集到好的图像，必须要选择一个合适的光源。

光源选型的基本要素是：

（1）对比度：这对机器视觉来说非常重要。机器视觉应用照明的最重要任务就是使需要被观察的特征与需要被忽略的图像特征之间产生最大的对比度，从而易于特征的区分。对比度定义为在特征与其周围的区域之间有足够的灰度量区别。好的照明应该能够保证需要检测的特征突出于其他背景。

（2）亮度：当选择两种光源的时候，最佳的选择是选择更亮的那个。当光源不够亮时，可能有三种不好的情况会出现。第一，相机的信噪比不够；由于光源的亮度不够，图像的对比度必然不够，在图像上出现噪声的可能性也随即增大。其次，光源的亮度不够，必然要加大光圈，从而减小了景深。另外，当光源的亮度不够的时候，自然光等随机光对系统的影响会更大。

（3）鲁棒性：另一个测试好光源的方法是看光源是否对部件的位置敏感度最小。当光源放置在摄像头视野的不同区域或不同角度时，结果图像不会随之变化。方向性很强的光源，增大了对高亮区域的镜面反射发生的可能性，这不利于后面的特征提取。

好的光源需要能够让需要寻找的特征非常明显，除了使摄像头能够拍摄到部件外，好的光源应该能够产生最大的对比度、亮度足够且对部件的位置变化不敏感。光源选择好了，剩下来的工作就容易多了。具体的光源选取方法还在于试验的实践经验。

9.4 机器视觉的行业应用

机器视觉的应用主要在检测和机器人视觉两个方面。

（1）检测：又可分为高精度定量检测（例如显微照片的细胞分类、机械零部件的尺寸和位置测量）和不用量器的定性或半定量检测（例如产品的外观检查、装配线上的零部件识别定位、缺陷性检测与装配完全性检测）。

（2）机器人视觉：用于指引机器人在大范围内的操作和行动，如从料斗送出的杂乱工件堆中拣取工件并按一定的方位放在传输带或其他设备上（即料斗拣取问题）。至于小范围内的操作和行动，还需要借助于触觉传感技术。

此外还有自动光学检查、人脸识别、无人驾驶汽车、产品质量等级分类、印刷品质量自动化检测、文字识别、纹理识别、追踪定位等等机器视觉图像识别的应用。

在行业应用方面，主要有制药、包装、电子、汽车制造、半导体、纺织、烟草、交通、物流等行业，用机器视觉技术取代人工，可以提高生产效率和产品质量。例如在物流行业，可以使用机器视觉技术进行快递的分拣分类（见图9-14），减少快递公司人工分拣，减少物品的损坏率，可以提高分拣效率，减少人力成本。

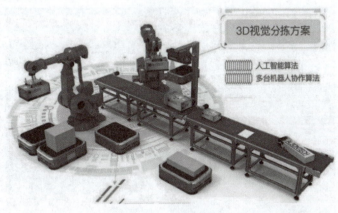

图9-14 物流分拣

随着经济水平的提高，3D机器视觉也开始进入人们的视野。3D机器视觉可用于水果、蔬菜、木材、化妆品、烘焙食品、电子组件和医药产品的评级。它可以提高合格产品的生产能力，在生产过程的早期就报废劣质产品，减少了浪费从而节约成本。这种功能非常适合用于高度、形状、数量甚至色彩等产品属性的成像。

9.4.1 半导体及电子行业

在国外，机器视觉的应用普及主要体现在半导体及电子行业，大约有40%～50%都集中在半导体行业（见图9-15）。具体如PCB印刷电路：各类生产印刷电路板组装技术、设备；单面、双面多层线路板、覆铜板及所需的材料及辅料；辅助设施以及耗材、油墨、药水药剂、配件；电子封装技术与设备；丝网印刷设备及丝网周边材料等。SMT表面贴装：SMT工艺与设备、焊接设备、测试仪器、返修设备及各种辅助工具及配件；SMT材料、贴片剂、胶粘剂、焊剂、焊料及防氧化油、焊膏、清洗剂等；再流焊机、波峰焊机及自动化生产线设备。电子生产加工设备：电子元件制造设备、半导体及集成电路制造设备、元器件成型设备、电子工模具。

图9-15　半导体行业的机器视觉应用

9.4.2　汽车车身检测系统

英国ROVER汽车公司800系列汽车车身轮廓尺寸精度的100%在线检测（见图9-16），是机器视觉系统用于工业检测中的一个较为典型的例子，该系统由62个测量单元组成，每个测量单元包括一台激光器和一个CCD摄像机，用以检测车身外壳上288个测量点。汽车车身置于测量框架下，通过软件校准车身的精确位置。

图9-16　汽车在线检测

测量单元的校准会影响检测精度，因而受到特别重视，每个激光器/摄像机单元均在离线状态下经过校准。同时还有一个在离线状态下用三坐标测量机校准过的装置，可对摄像顶进行在线校准。检测系统以每40 s检测一个车身的速度检测三种类型的车身。系统将检测结果与人从CAD模型中提取出来的合格尺寸相比较，测量精度为±0.1 mm。ROVER的质量检测人员用该系统来判别关键部分的尺寸一致性，如车身整体外型、门、玻璃窗口等。

9.4.3 质量检测系统

机器视觉系统在质量检测的各个方面已经得到广泛应用,并且其产品在应用中占据着举足轻重的地位。

视觉技术实时监控轴承的负载和温度变化,消除过载和过热的危险。将传统上通过测量滚珠表面保证加工质量和安全操作的被动式测量变为主动式监控。

利用图像处理技术,纸币印刷质量检测系统通过对纸币生产流水线上的纸币 20 多项特征(号码、盲文、颜色、图案等)进行比较分析,检测纸币的质量,替代传统的人眼辨别的方法。

瓶装啤酒生产流水线检测系统可以检测啤酒是否达到标准的容量、啤酒标签是否完整(见图 9-17)。

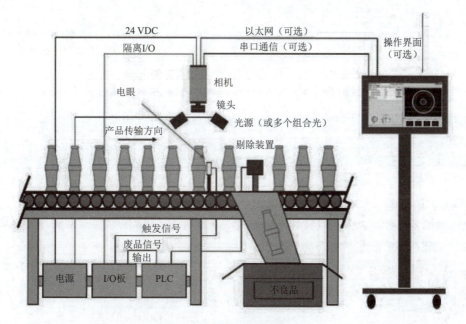

图 9-17 啤酒生产流线检测

金相图像分析系统能对金属或其他材料的基体组织、杂质含量、组织成分等进行精确、客观地分析,为产品质量提供可靠的依据。例如用微波作为信号源,根据微波发生器发出不同波涛率的方波,测量金属表面的裂纹,微波的波的频率越高,可测的裂纹越狭小。

医疗图像分析,包括血液细胞自动分类计数、染色体分析、癌症细胞识别等。

1. 一般认为,(   )"是通过光学装置和非接触传感器自动地接受和处理一个真实场景的图像,通过分析图像获得所需信息或用于控制机器运动的装置"。

　　A. 计算机视觉　　B. 智能识别　　C. 图像处理　　D. 机器视觉

2. 具有智能(   )功能的机器视觉,相当于在赋予机器智能的同时为机器按上了眼睛,使机器视觉系统实现高分辨率和高速度的控制。

　　A. 计算机视觉　　B. 智能识别　　C. 图像处理　　D. 机器视觉

3. 机器视觉系统中的机器视觉产品 CMOS 和 CCD 是两种(   )器件。

  A. 半导体   B. 晶体管   C. 电子管   D. 纳米

4. 在（ ）工业生产过程中，用机器视觉检测方法可以大大提高生产的效率和自动化程度。

  A. 个性化复杂性   B. 大批量独特性
  C. 小批量多批次   D. 大批量重复性

5. 一个工业机器视觉系统通常包括:( )、镜头、相机、图像处理单元、图像处理软件、监视器、通讯/输入输出单元等。

  A. 射灯   B. 光源   C. LED   D. 信号灯

6. （ ）是影响机器视觉系统输入的重要因素，它直接影响输入数据的质量和应用效果。

  A. 照明   B. 点阵   C. 光圈   D. 流明

7. 光源可分为（ ）。如何使光能在一定的程度上保持稳定，是实用化过程中急需要解决的问题。

  A. 冷光源和热光源   B. 聚集光和分散光
  C. 可见光和不可见光   D. 直射光和散射光

8. 镜头的作用是充当眼球（ ）这一环节，简而言之，就是聚光。

  A. 眼白   B. 晶状体   C. 眼黑   D. 眼影

9. 在特定应用场合选择合适的工业镜头时，必须考虑的因素包括（ ）。

  ① 视野   ② 变焦   ③ 工作距离   ④ CCD
  A. ①②④   B. ②③④   C. ①②③   D. ①③④

10. 按照不同标准，高速照相机可分为标准分辨率数字相机和模拟照相机等。要根据不同的（ ）选择不同的相机和高分辨率照相机。

  A. 应用场合   B. 质量需求   C. 照明亮度   D. 范围大小

11. （ ）是机器视觉系统的一个部件，但是它直接决定了摄像头的接口：黑白、彩色、模拟、数字等等。

  A. 数模转换卡 B. 音频收集卡 C. 图像采集卡 D. 信号摄取器

12. 一个机器视觉项目的失败，大部分情况是由于图像质量不好，（ ）引起的。

  A. 角度不够   B. 特征不明显   C. 分辨率不高   D. 信号模糊

13. 要保证采集到好的图像，必须要选择一个合适的光源。光源选型的基本要素是( )。

  ① 对比度   ② 亮度   ③ 聚光性   ④ 鲁棒性
  A. ①②④   B. ②③④   C. ①②③   D. ①③④

14. 机器视觉应用照明的最重要任务就是使需要被观察的特征与需要被忽略的图像特征之间产生最大的（ ），从而易于特征的区分。

  A. 透明度   B. 明亮度   C. 黑白度   D. 对比度

15. 机器人视觉用于指引机器人在大范围内的操作和行动。至于小范围内的操作和行动，还需要借助于（ ）技术。

  A. 信息降噪   B. 信号对比   C. 触觉传感   D. 信号放大

16. （ ）机器视觉可用于水果和蔬菜、木材、化妆品、烘焙食品、电子组件和医药产品的评级。

A. 2D　　　　　　B. 3D　　　　　　C. 线性　　　　　D. 离散

17. ROVER汽车公司的汽车车身轮廓尺寸精度的100%（　　），是机器视觉系统用于工业检测中的一个较为典型的例子。

　　A. 实时监控　　　B. 在线检测　　　C. 金相图像　　　D. 医疗图像

18. 视觉技术（　　）轴承的负载和温度变化，消除过载和过热的危险。将传统上通过测量滚珠表面保证加工质量和安全操作的被动式测量变为主动式监控。

　　A. 实时监控　　　B. 在线检测　　　C. 金相图像　　　D. 医疗图像

19. （　　）分析系统能对金属或其他材料的基体组织、杂质含量、组织成分等进行精确、客观地分析，为产品质量提供可靠的依据。

　　A. 实时监控　　　B. 在线检测　　　C. 金相图像　　　D. 医疗图像

20. 机器视觉用于（　　）分析，包括血液细胞自动分类计数、染色体分析、癌症细胞识别等。

　　A. 实时监控　　　B. 在线检测　　　C. 金相图像　　　D. 医疗图像

研究性学习　熟悉不同的机器视觉应用场景

小组活动：阅读本课文中"机器视觉的行业应用"，讨论并熟悉其中的机器视觉应用场景。你还能举例说明其他不同的机器视觉应用案例吗？或者你希望能在什么场景中实现机器视觉应用？请简单说明之。

记录：请记录小组讨论的主要观点，推选代表在课堂上简单阐述你们的观点。

_____
_____
_____

评分规则：若小组汇报得5分，则小组汇报代表得5分，其余同学得4分，余类推。

实训评价（教师）：_____

第10课 智能图像处理

学习目标

知识目标

（1）熟悉模式识别、图像识别的基本概念，熟悉两者之间的关系。
（2）了解图像处理技术，掌握再认、处理、采集、预处理、分割等图像处理方法，了解图像目标的识别和分类、定位和测量、检测和跟踪。
（3）了解计算机视觉技术，了解神经网络图像识别技术。
（4）熟悉图像识别技术的应用场景。

能力目标

（1）掌握专业知识的学习方法，培养阅读、思考与研究的能力。
（2）提高"研究性学习小组"的参与、组织和活动能力，具备团队精神。

素质目标

（1）热爱学习，勤于思考，掌握学习方法，提高学习能力。
（2）培养热爱计算素养，热爱智能产业，关心社会进步的优良品质。
（3）体验、积累和提高"工匠"的专业素质。

重点难点

（1）理解模式识别与图像识别的内涵和关系。
（2）掌握计算机视觉技术，了解神经网络图像识别技术。
（3）体验、积累和提高"大国工匠"的专业素质。

导读案例 谷歌大脑的诞生

注：谷歌大脑是"Google X 实验室"一个主要研究项目。是谷歌在人工智能领域开发出的一款模拟人脑的软件，这个软件具备自我学习功能。Google X 部门的科学家们（见图10-1）通过将1.6万台计算机的处理器相连接建造出了全球为数不多的最大中枢网络系统，它能自主学习，可以称之谓"谷歌大脑"。

第 10 课 ｜ 智能图像处理

图 10-1　谷歌工程师的工作室

虽然杰夫·迪恩顶着高级研究员的头衔，但其实他才是谷歌大脑部门的真正大脑。迪恩长着像卷福一样的长脸，眼窝深陷、身材健壮且精力充沛，总是在谈话中透出一股热情。

迪恩的父亲是一位医学人类学家兼公共卫生流行病学家，经常辗转于世界各地。因此，迪恩的童年也是在周游世界中度过的，明尼苏达州、夏威夷、波士顿、阿肯色、亚特兰大和日内瓦、乌干达、索马里等地都留有他的身影。

同时，迪恩从小就擅长制作软件，他在高中和大学时编写的软件就被世界卫生组织买走使用。1999 年，迪恩正式加入谷歌，当时他才 25 岁。从那时起，他几乎参与了谷歌所有重大项目的核心软件系统开发。作为一位功勋卓著的谷歌人，迪恩在谷歌内部甚至成了一种文化，每个人都会拿他当俏皮梗的素材。

2011 年年初，迪恩在谷歌的休息室遇见了吴恩达，后者是斯坦福大学的计算机科学家，同时也是谷歌的顾问。吴恩达表示自己正在帮助谷歌推进一个名为"马文"的项目（以著名的 AI 先驱马文·明斯基命名），模仿人类大脑结构的数字网格，用于研究"神经网络"。

1990 年在明尼苏达大学读大学时，迪恩也曾接触过此类技术，当时神经网络的概念就已经开始流行了。而在最近五年里，专注于神经科学研究的学者数量再次开始快速增长。吴恩达表示，在谷歌 X 实验室中秘密推进的"马文"项目已经取得了一些进展。

迪恩对这个项目很感兴趣，于是决定分出自己 20% 的时间投入其中（每位谷歌员工都要拿出自己 20% 的时间从事核心职务外的"私活"）。随后，迪恩又拉来了一位得力助手，格雷格·科拉多拥有神经科学背景。同年春季末，该团队又迎来了第一位实习生——吴恩达最出色的学生国乐（Quoc Le）。在那之后，"马文"项目在谷歌工程师口中变成了"谷歌大脑"。

"人工智能"一词诞生于 1956 年，当时大多数研究人员认为创造 AI 的最佳方法是写一个非常高大全的程序，将逻辑推理的规则和有关世界的知识囊括其中。举例来说，如果你想将英语翻译成日语，需要将英日双语的语法和词汇全部囊括其中。这种观点通常被称为"符号化 AI"，因为它对认知的定义是基于符号逻辑的，这种解决方案已经严重过时。

说这种方案过时主要有两方面原因：一是非常耗费人力和时间，二是只有在规则和定义非常清楚的领域才有用：如数学计算和国际象棋。但如果拿这种方案来解决翻译问题，就会捉襟见肘，因为语言无法与词典上的定义一一对应，而且语言的使用中会出现各种变形和例外。不过，在数学和国际象棋上符号化 AI 确实非常强悍，绝对无愧于"通用智能"

的名头。

1961年的一个纪录片点出了人工智能研究中的一个共识：如果可以让计算机模拟高阶认知任务（比如数学或象棋），就能沿着这种方法最终开发出类似于意识的东西。

不过，此类系统的能力确实有限。上世纪80年代，卡耐基梅隆大学的研究人员指出，让计算机做成人能做的事情很简单，但让计算机做一岁儿童做的事情却几乎不可能，比如拿起一个球或识别一只猫。十几年后，虽然深蓝计算机在国际象棋上战胜世界冠军，但它离理想中的"通用智能"差的还很远。

关于人工智能，研究人员还有另一种看法，这种观点认为计算机的学习是自下而上的，即它们会从底层数据开始学习，而非顶层规则。这一观点20世纪40年代就诞生了，当时研究人员发现自动智能的最佳模型就是人类大脑本身。

其实，从科学角度来看，大脑只不过是一堆神经元的集合体，神经元之间会产生电荷（也有可能不会），因此，单个神经元并不重要，重要的是它们之间的连接方式。这种特殊的连接方式让大脑优势尽显，它不但适应能力强，还可以在信息量较少或缺失的情况下工作。同时，这套系统即使承受重大的损害，也不会完全失去控制，而且还可以用非常有效的方式存储大量的知识，可以清楚区分不同的模式，同时又保留足够的混乱以处理歧义。

其实我们已经可以用电子元件的形式模拟这种结构，1943年研究人员就发现，简单的人工神经元如果排布准确，就可以执行基本的逻辑运算。从理论上来讲，它们甚至可以模拟人类的行为。

在生活中，人类大脑中的神经元会因为不同的体验而调节连接的强弱，人工神经网络也能完成类似任务，通过不断试错来改变人工神经元之间的数字关系。人工神经网络的运行不需要预定的规则，相反，它可以改变自身以反映所吸纳数据中的模式。

这种观点认为人工智能是进化出来而非创造出来的，如果想获得一个灵活且能适应环境的机制，那么绝对不能刚开始就教它学国际象棋。相反，必须从一些基本的能力，如感官知觉和运动控制开始，长此以往更高的技能便会有机出现。既然我们学语言都不是靠背诵词典和语法书这种方式，为什么计算机要走这一道路呢？

谷歌大脑是世界上首个对这种观点进行商业投资的机构，迪恩、科拉多和吴恩达开始合作不久就取得了进展，他们从最近的理论大纲以及自20世纪八九十年代的想法中吸取灵感，并充分利用了谷歌巨大的数据储备和庞大的计算基础设施。他们将大量标记过的数据输入网络，计算机的反馈随之不断改进，越来越接近现实。

一天，迪恩突然说："动物进化出眼睛是自然界的巨变。"当时大家正在会议室里，迪恩在白板上画出了复杂的时间线，展示了谷歌大脑与神经网络发展历史的关系。"现在，计算机也有了'眼睛'，我们也可以借助'眼睛'让计算机识别图片，机器人的能力将得到巨大的提升。未来，它们能够在一个未知的环境中，处理许多不同的问题。"这些正在开发中的能力看起来虽然比较原始，但绝对意义深远。

资料来源：作者：奕欣，2016-12-16，雷锋网

阅读上文，请思考、分析并简单记录：

(1) 阅读这篇文章，你认为所谓"谷歌大脑"是一个生物学的成果还是计算机系统？

答：_____

(2)请通过网络搜索,了解更多关于谷歌大脑的信息资料,请简单描述你对谷歌大脑项目的认识。

答:_____

_____

_____

(3)文中介绍说:"谷歌大脑是世界上首个对这种观点进行商业投资的机构"。请问,"这种观点"指的是什么?请简单阐述。

答:_____

_____

_____

(4)请简单记述你所知道的上一周发生的国际、国内或者身边的大事:

答:_____

_____

_____

10.1　模式识别

　　模式识别原本是人类的一项基本智能,是指对表征事物或现象的不同形式(数值、文字和逻辑关系)的信息做分析和处理,从而得到一个对事物或现象做出描述、辨认和分类等的过程。随着计算机技术发展和人工智能的兴起,人类自身的模式识别能力已经满足不了社会发展的需要,于是就希望用计算机来代替或扩展人类的部分脑力劳动。这样,模拟人类图像识别过程(见图10-2)的计算机图像识别技术就产生了。

图 10-2　计算机模拟人类的图像识别过程

模式识别又称为模式分类，是信息科学和人工智能的重要组成部分。从处理问题的性质和解决问题的方法等角度看，模式识别分为有监督分类和无监督分类两种。模式还可分成抽象和具体两种形式。前者如意识、思想、议论等，属于概念识别研究的范畴，是人工智能的另一研究分支。这里所指的模式识别主要是对语音波形、地震波、心电图、脑电图、图片、照片、文字、符号、生物传感器等对象的具体模式进行辨识和分类。在图像识别过程中进行模式识别是必不可少的，要实现计算机视觉必须有图像处理的帮助，而图像处理依赖于模式识别的有效运用。

　　模式识别研究主要集中在两方面，一是研究生物体（包括人）是如何感知对象的，属于认识科学的范畴；二是在给定的任务下，如何用计算机实现模式识别的理论和方法。应用计算机对一组事件或过程进行辨识和分类，所识别的事件或过程可以是文字、声音、图像等具体对象，也可以是状态、程度等抽象对象。这些对象与数字形式的信息相区别，称为模式信息。模式识别是一门与数学紧密结合的科学，其中所用的思想方法大部分是概率与统计。模式识别与统计学、心理学、语言学、计算机科学、生物学、控制论等都有关系。

10.2　图像识别

　　20世纪60年代美国学者L. R. 罗伯兹对多面体积木世界（见图10-3）的图像处理研究，被认为是人们对图像识别处理研究的开始，当时运用的预处理、边缘检测、轮廓线构成、对象建模、匹配等技术，后来一直在应用中。

图 10-3　多面体积木

　　罗伯兹在图像分析过程中，采用自底向上的方法，用边缘检测技术来确定轮廓线，用区域分析技术将图像划分为由灰度相近的像素组成的区域，这些技术统称为图像分割。其目的在于用轮廓线和区域对所分析的图像进行描述，以便同机内存储的模型进行比较匹配。而实践表明，只用自底向上的分析太困难，必须同时采用自顶向下，即把目标分为若干子目标的分析方法，运用启发式知识对对象进行预测。

10.2.1　图像识别的基础

　　图像识别是指利用计算机对图像进行处理、分析和理解，以识别各种不同模式的目标和对象的技术，是应用深度学习算法的一种实践应用。图像识别技术一般分为人脸识别与商品识别，人脸识别主要运用在安全检查、身份核验与移动支付中；商品识别主要用在商品流通过程中，特别是无人货架、智能零售柜等无人零售领域。另外，在地理学中，图像识别也指将遥感图像进行分类的技术。

在计算机视觉识别系统中，图像内容通常用图像特征进行描述（见图10-4）。每个图像都有它的特征，如字母A有个尖，P有个圈、而Y的中心有个锐角等。对图像识别时眼动的研究表明，视线总是集中在图像的主要特征上，也就是集中在图像轮廓曲度最大或轮廓方向突然改变的地方，这些地方的信息量最大。而且，眼睛的扫描路线也总是依次从一个特征转到另一个特征上。由此可见，在图像识别过程中，知觉机制必须排除输入的多余信息，抽出关键的信息。同时，在大脑里必定有一个负责整合信息的机制，它能把分阶段获得的信息整理成一个完整的知觉映像。事实上，基于计算机视觉的图像检索也可以分为类似文本搜索引擎的三个步骤：提取特征、建立索引以及查询。

图10-4　用图像特征进行描述

10.2.2　图形识别的模型

人类对复杂图像的识别往往要通过不同层次的信息加工才能实现。对于熟悉的图形，由于掌握了它的主要特征，就会把它当作一个单元来识别，而不再注意它的细节。这种由孤立单元材料组成的整体单位叫做组块，每一个组块是同时被感知的。在文字材料的识别中，人们不仅可以把一个汉字的笔划或偏旁等单元组成一个组块，而且能把经常在一起出现的字或词组成组块单位来加以识别。

为了编制模拟人类图像识别活动的计算机程序，人们提出了不同的图像识别模型。

例如，模板匹配模型认为，识别某个图像，必须在过去的经验中有这个图像的记忆模式，又叫模板。当前的刺激如果能与大脑中的模板相匹配，这个图像也就被识别了。例如有一个字母A，如果在脑中有个A模板，字母A的大小、方位、形状都与这个A模板完全一致，字母A就被识别了。这个模型简单明了，也容易得到实际应用。但这种模型强调图像必须与脑中的模板完全符合才能加以识别，而事实上人不仅能识别与脑中的模板完全一致的图像，也能识别与模板不完全一致的图像。例如，人们不仅能识别某一个具体的字母A，也能识别印刷体的、手写体的、方向不正、大小不同的各种字母A。同时，人能识别的图像是大量的，如果所识别的每一个图像在脑中都有一个相应的模板，也是不可能的。

为了解决模板匹配模型存在的问题，格式塔心理学家又提出了一个原型匹配模型。这种模型认为，在长时记忆中存储的并不是所要识别的无数个模板，而是图像的某些"相似性"。从图像中抽象出来的"相似性"就可作为原型,拿它来检验所要识别的图像。如果能找到一个相似的原型,这个图像也就被识别了。这种模型从神经上和记忆探寻的过程上来看,都比模板匹配模型更适宜,而且还能说明对一些不规则的,但某些方面与原型相似的图像的识别。但是,这种模型没有说明人是怎样对相似的刺激进行辨别和加工的,它也难以在计算机程序中得到实现。因此又有人提出了一个更复杂的模型,即"泛魔"识别模型。一般工业使用中,采用工业相机拍摄图片,然后利用软件根据图片灰阶差做处理后识别出有用信息。

10.2.3 图像识别的发展

图像识别的发展经历了三个阶段:文字识别、数字图像处理与识别、物体识别。

文字识别:研究开始于 1950 年。一般是识别字母、数字和符号,从印刷文字识别到手写文字识别,应用非常广泛。

数字图像处理和识别:研究开始于 1965 年。数字图像与模拟图像相比具有存储、传输方便可压缩、传输过程中不易失真、处理方便等巨大优势,这些都为图像识别技术的发展提供了强大的动力。

物体识别:主要是指对三维世界的客体及环境的感知和认识,属于高级的计算机视觉范畴。它是以数字图像处理与识别为基础的结合人工智能、系统学等学科为研究方向,其研究成果被广泛应用在各种工业及探测机器人上。

图像识别的方法主要有三种:统计模式识别、结构模式识别、模糊模式识别。

随着时代的进步,人工智能已经初步具备了一定的意识。如图 10-5 所示,人类会觉得这是个简单的黄黑相间条纹。不过,如果你问问人工智能,它给出的答案也许是"99% 的概率是校车"。对于图 10-6,人工智能系统虽不能看出这是一条戴着墨西哥帽的吉娃娃狗(有的人也未必能认出),但是起码能识别出这是一条戴着宽边帽的狗。

图 10-5 黄黑间条

图 10-6 识别戴着墨西哥帽的吉娃娃狗

怀俄明大学进化人工智能实验室的一项研究表明,人工智能未必总是那么灵光,也会把这些随机生成的简单图像当成鹦鹉、乒乓球拍或者蝴蝶。当研究人员把这个研究结果提交给神经信息处理系统大会进行讨论时,专家形成了泾渭分明的两派意见。一组人领域经验丰富,他们认为这个结果是完全可以理解的,另一组人则对研究结果的态度是困惑,至少在一开始对强大的人工智能算法却把结果完全弄错感到惊讶。

10.2.4 模式识别与图像识别

寻找数据中的模式是一个基本问题,模式识别领域关注的是利用计算机算法自动发现数据中的规律以及使用这些规律采取将数据分类等行动。广义上讲,模式识别主要研究生物体感知的抽象对象(计算神经科学)以及给定的具体计算机模式识别任务(信息、计算机科学)。模式识别问题主要是对语音、图像等主要人类感知的信息抽象之后进行分类和回归,它主要交叉统计学、计算机科学、生物学等学科来解决特定的问题,例如,利用模式识别技术解决系统辨识、自然语言理解、语音识别、图像识别等。

计算机视觉中的图像识别是使用计算机模拟人的大脑视觉机理获取和处理信息的能力,例如进行图像目标的检测、识别、跟踪等任务。计算机视觉也是交叉了统计学、计算机科学、神经生物学等学科,最终的目标就是实现计算机对三维现实世界的理解,实现人类视觉系统的功能。更抽象的,计算机视觉可以是看作在图像等高维数据中的感知问题,包含了图像处理和图像理解等。

因此,计算机视觉中图像识别的任务依赖于模式识别技术在图像信息对象中的有效运用。

10.3 图像处理技术

图像处理,又称影像处理,是利用计算机技术与数学方法,对图像、视频信息的表示、编解码、图像分割、图像质量评价、目标检测与识别以及立体视觉等方面进行分析,开展科学研究。主要研究内容包括:图像、视频的模式识别和安全监控、医学和材料图像处理、演化算法、人工智能、粗糙集和数据挖掘等。在人脸识别、指纹识别、文字检测和识别、语音识别以及多个领域的信息管理系统等方面均有广泛应用。

图像处理一般指数字图像处理,数字图像是指用数字摄像机、扫描仪等设备经过采样和数字化得到的一个大的二维数组,该数组的元素称为像素,其值为整数,称为灰度值。图像处理技术的主要内容包括图像压缩,增强和复原,匹配、描述和识别3个部分。常见的处理有图像数字化、图像编码、图像增强、图像复原、图像分割和图像分析等。

10.3.1 图像再认

人类拥有记忆和"高明"的识别系统,告诉你面前的动物是"猫",以后再看到猫,一样可以认出来。人类是通过眼睛接收到光源反射,"看"到了自己眼前的事物,图形刺激作用于感觉器官,人们辨认出它是以前见过的某一图形的过程,这叫图像再认。在图像识别中,既要有当时进入感官的信息,也要有记忆中存储的信息。只有通过存储的信息与当前的信息进行比较的加工过程,才能实现对图像的再认。

图像距离的改变或图像在感觉器官上作用位置的改变,都会造成图像在视网膜上的大小和形状的改变。即使在这种情况下,人们仍然可以认出他们过去知觉过的图像。甚至图像识别可以不受感觉通道的限制。例如,人可以用眼看字,当别人在背上写字时,也可认出这个字来。

但是,有很多内容元素人们可能并不在乎,就像曾经与你擦肩而过的一个人,如果你再次看到不一定会记得他。

10.3.2 图像采集

图像采集就是从工作现场获取场景图像的过程，是机器视觉的第一步，采集工具大多为 CCD 或 CMOS 照相机或摄像机。照相机采集的是单幅的图像，摄像机可以采集连续的现场图像。就一幅图像而言，它实际上是三维场景在二维图像平面上的投影，图像中某一点的彩色（亮度和色度）是场景中对应点彩色的反映。这就是我们可以用采集图像来替代真实场景的根本依据所在。

如果照相机是模拟信号输出，需要将模拟图像信号数字化后送给计算机（包括嵌入式系统）处理。现在大部分照相机都可直接输出数字图像信号，可以免除模数转换这一步骤。不仅如此，现在照相机的数字输出接口也是标准化的，如 USB、VGA、1394、HDMI、WiFi、Blue Tooth 接口等，可以直接送入计算机进行处理，从而免除在图像输出和计算机之间加接一块图像采集卡的麻烦。后续的图像处理工作往往是由计算机或嵌入式系统以软件的方式进行。

10.3.3 图像预处理

对于采集到的数字化的现场图像，由于受到设备和环境因素的影响，往往会受到不同程度的干扰，如噪声、几何形变、彩色失调等，都会妨碍接下来的处理环节。为此，必须对采集图像进行预处理。常见的预处理包括噪声消除、几何校正、直方图均衡等处理。

通常使用时域或频域滤波的方法来去除图像中的噪声；采用几何变换的办法来校正图像的几何失真；采用直方图均衡、同态滤波等方法来减轻图像的彩色偏离。总之，通过这一系列的图像预处理技术，对采集图像进行"加工"，为机器视觉应用提供"更好""更有用"的图像。

10.3.4 图像分割

图像分割是图像处理中的一项关键技术，自 20 世纪 70 年代以来，其研究一直都受到人们的高度重视。它是按照应用要求，把图像分成各具特征的区域，从中提取出感兴趣的目标。在图像中常见的特征有灰度、彩色、纹理、边缘、角点等。例如，对汽车装配流水线图像进行分割，分成背景区域和工件区域，提供给后续处理单元对工件安装部分的处理（见图 10-7）。

图 10-7 图像分割

图像分割的方法有许多种，如阈值、边缘检测、区域提取、结合特定理论工具等。从图像的类型来分，有灰度图像、彩色图像和纹理图像等分割。早在 1965 年就有人提出了检测边缘算子，使得边缘检测产生了不少经典算法。随着基于直方图和小波变换的图像分割方法的研究计算技术、VLSI 技术的迅速发展，有关图像处理方面的研究已经取得了很大的进展。

图像分割一直是图像处理中的难题，结合了一些特定理论、方法和工具，提出了数以千计的分割算法，如基于数学形态学的图像分割、基于小波变换的分割、基于遗传算法的分割等，但效果往往并不理想。其中一个明显不足就是自适应性能差，一旦目标图像被较强的噪声污染或是目标图像有较大残缺往往就得不到理想的结果。近年来，人们利用基于神经网络的深度学习方法进行图像分割，其性能胜过传统算法。

10.3.5　目标识别和分类

在制造或安防等行业，机器视觉都离不开对输入图像的目标（又称特征）进行识别（见图 10-8）和分类处理，以便在此基础上完成后续的判断和操作。识别和分类技术有很多相同的地方，常常在目标识别完成后，目标的类别也就明确了。近年来的图像识别技术正在跨越传统方法，形成以神经网络为主流的智能化图像识别方法，如卷积神经网络（CNN）、回归神经网络（RNN）等一类性能优越的方法。

图 10-8　目标（特征）识别

10.3.6　目标定位和测量

在智能制造中，最常见的工作就是对目标工件进行安装，但是在安装前往往需要先对目标进行定位，安装后还需对目标进行测量。安装和测量都需要保持较高的精度和速度，如毫米级精度（甚至更小）和毫秒级速度。这种高精度、高速度的定位和测量，倚靠通常的机械或人工的方法是难以办到的。在机器视觉中，采用图像处理的办法，对安装现场图像进行处理，按照目标和图像之间的复杂映射关系进行处理，从而快速精准地完成定位和测量任务。

10.3.7　目标检测和跟踪

图像处理中的运动目标检测和跟踪，就是实时检测摄像机捕获的场景图像中是否有运动目标，并预测它下一步的运动方向和趋势，即跟踪。并及时将这些运动数据提交给后续的分析和控制处理，形成相应的控制动作。图像采集一般使用单个摄像机，如果需要也可以使用两个摄像机，模仿人的双目视觉而获得场景的立体信息，这样更有利于目标检测和跟踪处理。

10.4　计算机视觉

计算机视觉是指一类基于计算机的自适应于各种应用场合的图像处理和分析技术，本身是一个独立的理论和技术领域，但同时又是机器视觉中的一项十分重要的技术支撑（见图10-9）。

图10-9　计算机视觉发展历程

10.4.1　计算机视觉的定义

从图像处理和模式识别发展起来的计算机视觉"是用计算机来模拟人的视觉机理获取和处理信息的能力，就是指用摄影机和计算机代替人眼对目标进行识别、跟踪和测量等机器视觉，并进一步做图形处理，用计算机处理成为更适合人眼观察或传送给仪器检测的图像。"计算机视觉研究相关的理论和技术，试图建立能够从图像或者多维数据中获取"信息"的人工智能系统。计算机视觉的挑战是要为计算机和机器人开发具有与人类水平相当的视觉能力。

一般认为，计算机视觉与机器视觉有如下区别：

（1）定义不同。计算机视觉是一门研究如何使机器"看"的科学，更进一步的说，是指用摄影机和计算机代替人眼对目标进行识别、跟踪和测量等机器视觉，并进一步做图形处理，使电脑处理成为更适合人眼观察或传送给仪器检测的图像。

机器视觉是用机器代替人眼来做测量和判断。机器视觉系统是通过机器视觉产品（即图像摄取装置，分CMOS和CCD两种）将被摄取目标转换成图像信号，传送给专用的图像处理系统，得到被摄目标的形态信息，根据像素分布和亮度、颜色等信息，转变成数字化信号；图像系统对这些信号进行各种运算来抽取目标的特征，进而根据判别的结果来控制现场的设备动作。

（2）原理不同。计算机视觉是用各种成像系统代替视觉器官作为输入敏感手段，由计算机来代替大脑完成处理和解释。计算机视觉的最终研究目标就是使计算机能像人那样通过视觉观察和理解世界，具有自主适应环境的能力。要经过长期的努力才能达到的目标。

因此，在实现最终目标以前，人们努力的中期目标是建立一种视觉系统，这个系统能依据视觉敏感和反馈的某种程度的智能完成一定的任务。例如，计算机视觉的一个重要应用领域就是自主车辆的视觉导航，还没有条件实现像人那样能识别和理解任何环境，完成自主导航的系统。

人们努力的研究目标是实现在高速公路上具有道路跟踪能力，可避免与前方车辆碰撞的视觉辅助驾驶系统。这里要指出的一点是在计算机视觉系统中计算机代替人脑的作用，但并不意味着计算机必须按人类视觉的方法完成视觉信息的处理。

计算机视觉可以而且应该根据计算机系统的特点来进行视觉信息的处理。但是，人类视觉系统是迄今为止，人们所知道的功能最强大和完善的视觉系统。像在以下的章节中会看到的那样，对人类视觉处理机制的研究将给计算机视觉的研究提供启发和指导。

因此，用计算机信息处理的方法研究人类视觉的机理，建立人类视觉的计算理论，也是一个非常重要的研究领域，被称为计算机视觉。

10.4.2　计算机视觉的研究

计算机视觉研究对象之一是如何利用二维投影图像恢复三维景物世界。计算机视觉使用的理论方法主要是基于几何、概率和运动学计算与三维重构的视觉计算理论，它的基础包括射影几何学、刚体运动力学、概率论与随机过程、图像处理、人工智能等理论。

计算机视觉要达到的基本目的包括：

① 根据一幅或多幅二维投影图像计算出观察点到目标物体的距离；
② 根据一幅或多幅二维投影图像计算出目标物体的运动参数；
③ 根据一幅或多幅二维投影图像计算出目标物体的表面物理特性；
④ 根据多幅二维投影图像恢复出更大空间区域的投影图像。

其最终目的是实现利用计算机对于三维景物世界的理解，即实现人的视觉系统的某些功能。

在计算机视觉领域里，医学图像分析、光学文字识别对模式识别的要求需要提到一定高度。又如模式识别中的预处理和特征抽取环节应用图像处理的技术；图像处理中的图像分析也应用模式识别的技术。在计算机视觉的大多数实际应用当中，计算机被预设为解决特定的任务，然而基于机器学习的方法正日渐普及，一旦机器学习的研究进一步发展，未来"泛用型"的计算机视觉应用或许可以成真。

人工智能所研究的一个主要问题是：如何让系统具备"计划"和"决策能力"，从而使之完成特定的技术动作（例如：移动一个机器人通过某种特定环境）。这一问题便与计算机视觉问题息息相关。在这里，计算机视觉系统作为一个感知器，为决策提供信息。另外一些研究方向包括模式识别和机器学习（这也隶属于人工智能领域，但与计算机视觉有着重要联系）。由此，计算机视觉时常被看作是人工智能与计算机科学的一个分支。

为了达到计算机视觉的目的，有两种技术途径可以考虑。第一种是仿生学方法，即从分析人类视觉的过程入手，利用大自然提供给我们的最好参考系——人类视觉系统，建立起视觉过程的计算模型，然后用计算机系统实现。第二种是工程方法，即脱离人类视觉系统框架的约束，利用一切可行和实用的技术手段实现视觉功能。此方法的一般做法是，将人类视觉系统作为一个黑盒子对待，实现时只关心对于某种输入，视觉系统将给出何种输出。这两种方法理论上都是可以使用的，但面临的困难是，人类视觉系统对应某种输入的输出到底是什么，这是无法直接测得的。而且由于人的智能活动是一个多功能系统综合作用的结果，即使是得到了一个输入输出对，也很难肯定它是仅由当前的输入视觉刺激所产生的响应，而不是一个与历史状态综合作用的结果。

不难理解，计算机视觉的研究具有双重意义。其一，是为了满足人工智能应用的需要，即用计算机实现人工的视觉系统的需要。这些成果可以安装在计算机和各种机器上，使计算机和机器人能够具有"看"的能力。其二，视觉计算模型的研究结果反过来对于我们进一步认识和研究人类视觉系统本身的机理，甚至人脑的机理，也同样具有相当大的参考意义。

10.4.3　计算机视觉与图像识别

计算机视觉和图像识别是经常使用的术语，但前者不仅仅包括分析图片。这是因为，即使对人类来说,"看见"也包括许多其他方面的感知,以及许多分析。人类使用大约三分之二的大脑进行视觉处理,因此计算机需要使用的不仅仅是图像识别来获得正确的视觉效果并不奇怪。

当然,图像识别本身——计算机承担的图像的像素和模式分析——是机器视觉过程的一个组成部分,涉及从物体和字符识别到文本和情感分析的所有内容。今天的图像识别仍然主要是识别基本物体,例如"香蕉或图片中的自行车"。即使是幼儿也能做到这一点,但是计算机视觉的潜力是超人:能够在黑暗中,透过墙壁,远距离观察,并快速和大量地处理所有摄入量。

计算机视觉已被应用于日常生活和商业中,以执行各种功能,包括警告道路上的驾驶员,查找 X 射线中的医疗疾病,识别产品以及在哪里购买,服务环境编辑图像中的广告等。我们使用计算机视觉扫描社交媒体平台,以找到无法通过传统搜索发现的相关图像。这项技术很复杂,就像所有上述任务一样,它不仅需要图像识别,还需要语义分析和大数据。

10.4.4 神经网络的图像识别技术

神经网络图像识别技术是在传统的图像识别方法和基础上融合神经网络算法的一种图像识别方法。在神经网络图像识别技术中,遗传算法与 BP 网络[2] 相融合的神经网络图像识别模型是非常经典的,在很多领域都有它的应用。在图像识别系统中利用神经网络系统,一般会先提取图像的特征,再利用图像所具有的特征映射到神经网络进行图像识别分类。

以汽车拍照自动识别技术为例(图 10-10),当汽车通过的时候,汽车自身具有的检测设备会有所感应。此时检测设备就会启用图像采集装置来获取汽车正反面的图像。获取了图像后必须将图像上传到计算机进行保存以便识别。最后车牌定位模块就会提取车牌信息,对车牌上的字符进行识别并显示最终的结果。在对车牌上的字符进行识别的过程中就用到了基于模板匹配算法和基于人工神经网络算法。

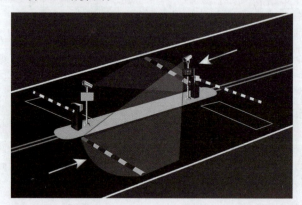

图 10-10 车牌自动识别

10.5 图像识别技术的应用

图像是人类获取和交换信息的主要来源,因此与图像相关的图像识别技术必定也是未来的研究重点。计算机的图像识别技术在公共安全、生物、工业、农业、交通、医疗等很多领域都

---

2 BP(back propagation)神经网络是 1986 年由鲁梅尔哈特和麦克莱兰为首的科学家提出的概念,是一种按照误差逆向传播算法训练的多层前馈神经网络。

有应用。例如交通方面的车牌识别系统，公共安全方面的人脸识别技术、指纹识别技术，农业方面的种子识别技术、食品品质检测技术，医学方面的心电图识别技术等。随着计算机技术的不断发展，图像识别技术也在不断地优化，其算法也在不断地改进。

10.5.1　热成像

人类无法"看到"热量或气体。在许多情况下，特别是在火灾、野外掠食者或气体泄漏的情况下，这些是人们在感觉到或闻到它们之前想要看到的危险类型。热成像（见图10-11）的进步意味着这种能力不仅已经构建到工业和消费者使用的便携式相机中，而且已经构建到智能手机中。除了自然灾害下的帮助之外，热成像还可以帮助保持公平的体育竞技，例如用于检测机械兴奋剂的红外热像仪。

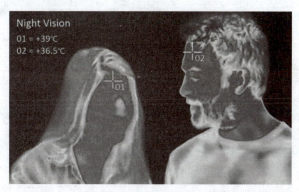

图10-11　热成像

10.5.2　传感器

检测温度、光线、空气质量、气体和运动的传感器只是计算机视觉中用于识别确切内容的少数传感器（见图10-12）。如今一些智能建筑使用内置于照明和温度系统中的传感器来检测人员的移动，从而优化光照和能量水平，随着时间的推移变得更加智能。此外，家庭监控系统不仅使用运动传感器来允许内置摄像头跟踪宠物狗的运动，还可以将它们与温度和空气质量传感器相结合，以全面了解离家时的情况。同时，店内传感器和信标与摄像机相结合，跟踪购物者的动作，在云中交叉引用它们的"大"行为数据。目标最终是帮助零售商不仅优化商店布局和定价，还实时向客户提供优惠券。

图10-12　传感器

10.5.3 医学影像

X射线、超声波、核磁共振成像和其他医学测试（见图10-13）揭示了我们身体内部正在发生的事情，然后放射科医生和医生进行检查。将图像识别应用于这些图片将允许更快且最终更准确地检测健康异常，从而允许更快的诊断并挽救生命。

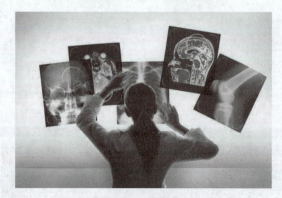

图10-13 医学影像

10.5.4 激光雷达/雷达

今天的半自动驾驶汽车使用传感器、激光雷达、雷达、摄像头和图像识别来"看到"他们面前的东西（见图10-14）。例如，沃尔沃某款车型具有"大型动物探测"功能，该功能使用雷达和具有图像识别功能的摄像头向驾驶员发出警告，甚至在鹿或驼鹿穿过马路时停车。车载安装的雷达虽然看起来可能很大，导致汽车看起来很笨重，但它最终会减少占用太多空间的3D和其他物体探测设备在未来变得更好。

图10-14 车载激光雷达

10.5.5 大数据分析

从历史流量模式和天气报告到公共在线行为，计算机视觉可以通过云访问信息有助于识别照片，企业用于跟踪消费者购物模式或了解要精准投放的广告等。与人类视觉一样，计算机视觉不仅仅是简单地看待事物。它需要连接到许多其他数据收集技术，以提供准确的见解，从而产生更安全的汽车，更智能的家庭和优化的业务。人类大脑的三分之二被用来处理人们的视力，这也意味着计算机视觉甚至可能是人工智能技术中最重要的部分。

1. 模式识别原本是（　　）的一项基本智能，是指对表征事物或现象的不同形式的信息做分析和处理，从而得到一个对事物或现象做出描述、辨认和分类等的过程。
   A. 人类　　　　　B. 动物　　　　　C. 计算机　　　　D. 人工智能
2. 人工智能领域通常所指的模式识别主要是对语音波形、地震波、心电图、脑电图、图片、照片、文字、符号、生物传感器等对象的具体模式进行（　　）。
   A. 分类和计算　　B. 清洗和处理　　C. 辨识和分类　　D. 存储与利用
3. 要实现计算机视觉必须有图像处理的帮助，而图像处理依赖于（　　）的有效运用。
   A. 输入和输出　　B. 模式识别　　　C. 专家系统　　　D. 智能规划
4. 20世纪60年代美国学者L. R.（　　）对多面体积木世界的图像处理研究，被认为是人们对图像识别处理研究的开始，当时运用的技术后来一直在应用中。
   A. 图灵　　　　　B. 福特　　　　　C. 罗伯兹　　　　D. 阿奇舒勒
5. 图像识别是指利用（　　）对图像进行处理、分析和理解，以识别各种不同模式的目标和对象的技术。
   A. 专家　　　　　B. 计算机　　　　C. 放大镜　　　　D. 工程师
6. 图形刺激作用于感觉器官，人们辨认出它是经历过的某一图形的过程，称为（　　）。
   A. 图像再认　　　B. 图像识别　　　C. 图像处理　　　D. 图像保存
7. 图像识别是以图像的主要（　　）为基础的。
   A. 元素　　　　　B. 像素　　　　　C. 特征　　　　　D. 部件
8. 基于计算机视觉的图像检索可以分为类似文本搜索引擎的三个步骤，但下列（　　）不属于其中之一。
   A. 提取特征　　　B. 建立索引　　　C. 查询　　　　　D. 清洗
9. 图像识别的发展经历了三个阶段，但下列（　　）不属于其中之一。
   A. 文字识别　　　　　　　　　　　B. 像素识别
   C. 物体识别　　　　　　　　　　　D. 数字图像处理与识别
10. 现代图像识别技术的一个不足是（　　）。
    A. 自适应性能差　　　　　　　　　B. 图像像素不足
    C. 识别速度慢　　　　　　　　　　D. 识别结果不稳定
11. 模式识别是一门与概率与统计紧密结合的科学，主要方法有三种，但下列（　　）识别不属于其中之一。
    A. 统计模式　　　B. 结构模式　　　C. 像素模式　　　D. 模糊模式
12. （　　）是图像处理中的一项关键技术，一直都受到人们的高度重视。
    A. 数据离散　　　B. 图像聚合　　　C. 图像解析　　　D. 图像分割
13. 具有智能图像处理功能的（　　），相当于人们在赋予机器智能的同时为机器按上了眼睛。
    A. 机器视觉　　　B. 图像识别　　　C. 图像处理　　　D. 信息视频
14. 图像处理技术的主要内容包括3个部分，但下列（　　）不属于其中之一。

A. 图像压缩 B. 数据排序
C. 增强和复原 D. 匹配、描述和识别

15. 图像处理一般是指数字图像处理。常见的处理有图像数字化、图像编码、图像增强、（   ）等。
① 图像复原　　② 图像分割　　③ 图像分析　　④ 图像还愿
A. ①②④　　B. ②③④　　C. ①③④　　D. ①②③

16. 机器视觉需要（   ），以及物体建模。一个有能力的视觉系统应该把所有这些处理都紧密地集成在一起。
① 图像复原　　　　　　　　② 图像信号
③ 纹理和颜色建模　　　　　④ 几何处理和推理
A. ②③④　　B. ①②④　　C. ①③④　　D. ①②③

17. 计算机视觉要达到的基本目的是（   ），以及根据多幅二维投影图像恢复出更大空间区域的投影图像。
① 根据一幅或多幅二维投影图像计算出观察点到目标物体的距离
② 根据一幅或多幅二维投影图像计算出目标物体的运动参数
③ 根据一幅或多幅二维投影图像计算出目标物体的表面物理特性
④ 无须投影图像即可计算目标物体的多项特性
A. ②③④　　B. ①②④　　C. ①③④　　D. ①②③

18. 神经网络图像识别技术是在（   ）的图像识别方法和基础上融合神经网络算法的一种图像识别方法。
A. 现代　　B. 传统　　C. 智能　　D. 先进

19. 图像采集就是从（   ）获取场景图像的过程，是机器视觉的第一步。
A. 终端设备　　B. 数据存储　　C. 工作现场　　D. 离线终端

20. 图像分割就是按照应用要求，把图像分成不同（   ）的区域，从中提取出感兴趣的目标。
A. 特征　　B. 大小　　C. 色彩　　D. 像素

研究性学习　熟悉模式识别与计算机视觉处理

小组活动：阅读本课的【导读案例】，分析其中提到了哪些智能图像处理技术的运用。学习课文内容，并通过网络搜索，了解更多图像识别与计算机视觉处理的知识并例举。

记录：请记录小组讨论的主要观点，推选代表在课堂上简单阐述你们的观点。

实训评价（教师）：

评分规则：若小组汇报得 5 分，则小组汇报代表得 5 分，其余同学得 4 分，余类推。

第11课

包容体系结构与智能机器人

学习目标

知识目标

（1）熟悉什么是包容体系结构，了解在发展智能机器人的背景下，包容体系结构有什么内在涵义。
（2）熟悉划时代的阿波罗计划，了解那些阿波罗计划实现的项目对社会的推动意义。
（3）熟悉机器人技术的发展，熟悉机器人"三定律"，了解机器人的技术问题。

能力目标

（1）掌握专业知识的学习方法，培养阅读、思考与研究的能力。
（2）提高"研究性学习小组"的参与、组织和活动能力，具备团队精神。

素质目标

（1）热爱学习，勤于思考，掌握学习方法，提高学习能力。
（2）培养热爱智能产业，关心社会进步的优良品质。
（3）体验、积累和提高"工匠"的专业素质。

重点难点

（1）理解什么是包容体系结构及其作用。
（2）掌握机器人"三定律"的指导意义。
（3）熟悉机器人技术问题。

导读案例 马斯克造"人"

在2021年的特斯拉人工智能日活动会上，马斯克宣布，会在2022年推出特斯拉机器人Tesla Bot的原型，代替人类去做危险的、重复的、无聊的任务。按照发布会上的描述，机器人身高173 cm，体重56.5 kg，可以抱起20 kg的重量，或者硬拉起68 kg的重量（见图11-1）。

为了让这个机器人动起来真的像人类，特斯拉用了40个机电执行器进行控制，机器人双脚可以像人类一样平稳行走，手部也像普通人类一样，拥有10个手指，可以灵活操作。

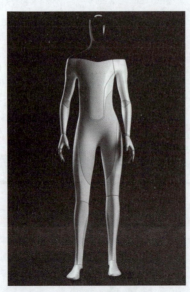

图 11-1　体型标准的特斯拉机器人

按照发布会上说的和结束后马斯克发的推特，特斯拉已经造过有四个轮子的机器人了，所以准备造人形机器人，并且特斯拉还计划将包括 FSD Computer（特斯拉车载计算机）在内的硬件系统植入机器人体内作为机器人的"器官"，并以训练自动驾驶系统 AI 的方式训练机器人的 AI，让这款机器人能够成为多面手。马斯克说，人们可能会发掘出连他都预料不到的用途。

事实上，造人形机器人这事儿很早就存在，就是 Android，这个术语早在 1863 年就出现在美国专利文献中，指代小型的人形玩具自动机。Android 这个术语更具现代意义的用法出现在法国作家维利耶·德·利尔-阿达姆的小说《未来夏娃》（1886 年），小说描述了一种人造的女性机器人。

自杰克·威廉森的《彗星》（1936 年）开始，Android 这个术语很大程度上影响了英文科幻杂志《pulp 杂志》。而机械感的机器人（robot）和肉感的人型机器人（Android）之间的差异则由埃德蒙·汉密尔顿的《未来舰长》（1940–1944 年）普及开来。

做人形机器人，其实源于一种叫作路径依赖的思维惯性[3]。简单来说，如果需要为新到来的工具去改变旧有的且人类已经适用的工具，这不仅仅是经济上的沉没成本，还有人类重新培养习惯的成本和学习新工具的成本。所以我们心目中最好的工具，就是工具人。且这个工具人越像真人越好，不然就会引发另外一个非常严重的问题。

1970 年，日本机器人专家森昌弘提出了恐怖谷概念，即：由于机器人与人类在外表、动作上相似，所以人类亦会对机器人产生正面的情感；而当机器人与人类的相似程度达到一个特定程度的时候，人类对他们的反应便会突然变得极其负面和反感，哪怕机器人与人类只有一点点的差别，都会变得非常显眼刺目，从而整个机器人让人有非常僵硬恐怖的感觉，犹如面对行尸走肉；当机器人和人类的相似度继续上升，相当于普通人之间的相似度

3　路径依赖：是指人类社会中的技术演进或制度变迁均有类似于物理学中的惯性，即一旦进入某一路径（无论是"好"还是"坏"）就可能对这种路径产生依赖。人们一旦做了某种选择，就好比走上了一条不归之路，惯性的力量会使这一选择不断自我强化，并让你轻易走不出去。第一个使"路径依赖"理论声名远播的是道格拉斯·诺斯，由于用"路径依赖"理论成功地阐释了经济制度的演进，他于 1993 年获得诺贝尔经济学奖。

的时候，人类对他们的情感反应会再度回到正面，产生人类与人类之间的移情作用。

这也就是为什么尝试做人形机器人很多，但仍然没有任何一个人形机器人被大规模量产，融入人们生活被使用的原因。想把一个机器人做到完全像人，太难了。而且正是因为人形机器人像人，所以太容易通过人类演员的模拟出现在科幻电影中，导致公众对人形机器人的期待拉得太高了（见图11-2）。

图 11-2　人形机器人行走

即便是目前人形机器人领域技术巅峰的波士顿动力，所能展示的视频也仅仅是大量展示了人形机器人的运动能力，而没有看到精准的手部抓取操作。别说民用，就算距离商用也还有很大距离。

阅读上文，请思考、分析并简单记录：

（1）事实上，大多数的机器人并没有必要像人，例如自动流水线上的多轴机械臂机器人。请列举一些非人形机器人的例子。

答：_____

_____

_____

（2）本文说的是马斯克造"人"。请简述你所知道的马斯克的其他创新之举。

答：_____

_____

_____

（3）从马斯克从事的这么多创造性活动中，你能找到什么规律吗？先列数，再分析，看看会有什么收获。

答：_____

_____

_____

（4）请简单记述你所知道的上一周发生的国际、国内或者身边的大事：

答：_____

包容体系结构是实实在在的物理机器人，它利用不同的设备（传感器）来感知世界，并通过其他设备（传动器）来操控行动。而机器人是"自动执行工作的机器装置"，是高级整合控制论、机械电子、计算机、材料和仿生学的产物。机器人既可以接受人类指挥，又可以运行预先编排的程序，也可以根据以人工智能技术制定的原则纲领行动。

11.1　包容体系结构的建立

在传统的计算机编程中，程序员必须尽力考虑所有可能遇到的情况并一一规定应对策略。无论创建何种规模的程序，一半以上的工作（软件测试）都在查找出错的代码并纠正它们。

几十年来，人们发明了许多工具来使编程更加有效并降低错误发生的概率。与1946年计算机刚问世时相比，编程无疑更加高效，但仍然避免不了大量错误的存在。这些错误不仅出现在程序本身及所使用的数据中，还存在于任务的具体规定中。倘若利用逻辑、规则和框架编写通用的人工智能程序，那么程序必定十分庞大并且漏洞百出。

11.1.1　所谓"中文房间"

1980年，美国哲学家约翰·希尔勒进行了一项名为"中文房间"的思维实验，来证明能够操控符号的计算机，即使模拟得再真实，也根本无法理解它所处的这个现实世界，以反驳强人工智能（机能主义）提出的过强主张，即所谓"只要计算机拥有了适当的程序，理论上就可以说计算机拥有它的认知状态以及可以像人一样地进行理解活动"。

假设某个只会说英语的人身处一个封闭的房间内，房间只在门上有一个小窗口，此人只带着铅笔、纸张和一大本指导手册（象形文字对照手册）。时不时会有画着不明符号的纸张被递进来，该男子只能通过阅读指导手册找寻对应指令来分析这些符号，并在此过程中写下大量笔记。最终，他将向屋外的人交出一份同样写满符号的答卷。被测试者全程都不知道，其实这些纸上用来记录问题和答案的符号就是中文，他完全不懂中文，无法识别汉字，但他的回答却是完全正确的（见图11-3）。

图11-3　中文房间

被测试者代表计算机,他所经历的也正是计算机的工作内容,即遵循规则,操控符号。中文房间实验验证的假设,就是看起来完全智能的计算机程序其实根本不理解自身处理的各种信息。由于所有这些操作都是简单地执行程序的算法,这个程序的最终结果简单地给出了以中文提出的问题的正确答案。虽然被测试者根本不识中文,对所提问题讲的是什么也没有任何哪怕是最浅的概念,但只要正确地执行了那些构成算法的一系列运算——他用英文写的这一算法的指令,就能和一位真正理解这一问题的中国人做得一样好。可见,仅仅成功地执行算法本身并不意味着对发生的事情有丝毫理解。

因此,仅仅执行程序的计算机本身并不具有智慧,虽然人们的共识是用通过图灵测试来定义智慧。尽管要制造出满意地通过这种检验的机器还比较遥远,但是即使它真的通过了测试,也还是不能断定其真有理解能力,即:用图灵检验来定义智慧还是远远不够充分的。

11.1.2 建立包容体系结构

希尔勒认为,该实验证明了能够操控符号的程序不具备自主意识。自该论断发布以来,众说纷纭,各方抨击和辩护的声音不断。不过,它确实减缓了纯粹基于逻辑的人工智能研究,转而倾向于支持建立摆脱符号操控的系统。其中一个尝试就是包容体系结构,强调完全避免符号的使用,不是用庞大的框架数据库来模拟世界,而是直接感受世界。

包容体系结构不是一个只关注隐藏在数据中心中的文本的程序,而是实实在在的物理机器人,它利用不同的设备(传感器)来感知世界,并通过其他设备(传动器)来操控行动(见图11-4)。罗德尼·布鲁克斯曾说道:"这个世界就是描述它自己最好的模型,它总是最新的,总是包括了需要研究的所有细节。诀窍在于正确地、足够频繁地感知它。"这就是情境或具身人工智能,也是被许多人看作至关重要的一项创造,因为它能够建立抛弃庞大数据库的智能系统,而事实已经证明要建立庞大数据库是非常困难的。

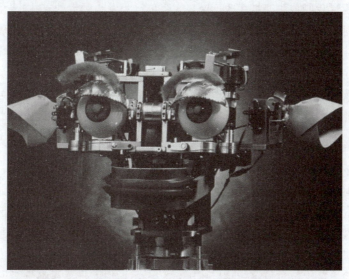

图11-4 最早实现与人类情感互动的机器人 Kismet

包容体系结构建立在多层独立行为模块的基础上。每个行为模块都是一个简单程序,从传感器那里接收信息,再将指令传递给传动器。层级更高的行为可以阻止低层级行为的运作。

11.2 包容体系结构的实现

包容体系结构令人信服地解释了低等动物的行为,例如,蟑螂等昆虫和蜗牛等无脊椎动物。利用该结构创建的机器人编程是固定的。如果想要完成其他任务则需要再建立一个新的机器人。这与人脑运作的方式不同,随着年龄的增长和阅历的增加,我们的大脑同样也在成长和改变,但并不是所有的动物都有像人脑一样复杂的大脑。有专家预测,人类进入 21 世纪中叶,与蝴蝶、蜻蜓、苍蝇、蝗虫等一模一样的机器人将会大批面世(见图 11-5)。

图 11-5　昆虫机器人概念图

对许多机器人来说,这种程度的智能刚好合适。比如,智能真空吸尘器只需要以最有效的方式覆盖整个地板面积,而不会在运行过程中被可能出现的障碍物干扰。在更加智能的机器人的最底层系统中,包容体系结构同样适用,即用来执行反射。有物体接近眼睛时我们会眨眼,触碰到扎手的东西时我们会快速把手收回来,这两种行为发生得太快,根本无法涉及意识思考。事实上,条件反射不一定关乎大脑。医生轻敲膝盖,观察小腿前踢反应,这时信号仅从膝盖上传至脊柱再重新传回肌肉,尤其对于机器人而言,如果运行太多软件,思考时间就会相对较长。编写条件反射程序可以帮助我们创建兼顾环境和智能的机器人。

这为今后继续发展提供了一种新的途径,因为包容体系结构已经成功再现了昆虫、条件反射等行为,但它还未曾展示出更高水平的逻辑推理能力,无法处理语言或高水平学习等问题。

11.2.1　艾伦机器人

利用包容体系结构技术创建的第一个机器人名叫艾伦(Allen),它具备三层行为模块。最底层模块通过声呐探测物体位置并远离物体来避开障碍物。当孤身一人时,它将保持静止,一旦有物体靠近就立刻跑开。物体靠得越近,闪避的推动力越大。中间一层对行为做出修改,机器人每十秒就会朝一个随机方向移动。最高层利用声呐找寻远离机器人所处位置的点,并调整路径朝该点前进。

作为一个实验,艾伦是对包容结构技术的成功展示,但就机器人本身来说,从一个地方到另一个地方漫无目的的移动确实没有什么成就可言。

11.2.2　赫伯特机器人

另一个应用范围更广的例子是赫伯特(Herbert),这是利用包容体系结构创建的第三个机器人，它拥有 24 个八位微处理器，能够运行 40 个独立行为。赫伯特在麻省理工学院人工智能实验室中漫步，寻找空饮料罐，再将它们统一带回供回收利用。实验室的学生会将空罐子丢在地上，罐子的大小形状全部统一，并且都是竖直放置，这些条件都让目的易拉罐变得更容易被识别和收集（见图 11-6）。

图 11-6　五指灵巧手机器人

赫伯特没有存储器，无法设计在实验室中行走的路径。除此之外，它的所有行为都不曾与任何人沟通，全靠从传感器接收输入信息再控制传动器作为输出。例如，当它的手臂伸展出去时，手指会置于易拉罐的两侧，随即握紧。但这并不是软件控制的结果，而是因为手指之间的红外光束被切断了。与之类似，由于已经抓住了罐子，手臂就将收回。

与严格执行规则和计划的机器人相比，赫伯特能够更加灵活地采取应对措施。例如，它正在过道上向下滚动，有人递给它一个空罐子，它也会立刻抓住罐子送往回收基地，但这一举动并不会打扰它的搜寻过程，它合上手掌是因为已经抓住了罐子，它的下一步行动就是直接回到基地而不是继续盲目搜索。

11.2.3　托托机器人

虽然不具备存储器的机器人似乎无法进行多项有用的任务，但研究人员正致力于开发解决这类局限的方法。托托（Toto）机器人能够在真实环境中漫步并制作地图，其绘制的地图不是数据结构模式而是一组地标。

地标在被发现后就会产生相应行为，托托可以通过激活与某地相关的行为回到该地。这一行为不断重复，持续发送信息激活最接近的其他行为。随着激活的持续进行，与机器人当前位置相关的行为迟早会被激活。最早开启激活的信息将经过次数最少的地标行为到达目的地，由此选择最优路径。机器人将朝着激活信号来源的地标方向移动。在到达目的地后又将接收到新的激活信号，再继续朝着新信号指示方向前进。最终，它将经由地标间的最短路径到达指定位置。

机器人判定地标的方式与人类不同，人类可能会将某些办公室房门、盆栽植物或是大型打印机认做地标，而计算机则是根据自身行为进行判断，是否紧邻走廊、是否靠墙这些都会成为计算机的考虑因素。托托机器人只能探索一小块区域并且根据指令回到特定位置，而更加复杂的机器人则能够将地标与活动及事件联系起来，并在某些情况下主动回到特定位置。太阳能机器人可以确定光线充足的区域，并在电量低时回到该区域。收集易拉罐的机器人则可以记住学生们最容易丢罐子的地方。

11.3 划时代的阿波罗计划

从莱特兄弟的第一架飞机到阿波罗计划将人送上月球并安全返回地球,人类花了50年时间。同样,从数字计算机的发明到深蓝击败人类国际象棋世界冠军也花了50年。人们意识到,建立人形机器人足球队(见图11-7)需要大致相当的时间及很大范围内研究人员的极大努力,这个目标是不能在短期内完成的。

图11-7 人形机器人足球队

RoboCup机器人世界杯赛提出的最终目标是:到21世纪中叶,一支完全自治的人形机器人足球队应该能在遵循国际足联正式规则的比赛中,战胜当时的人类世界杯冠军队。提出的这个目标是人工智能与机器人学的一个重大挑战。从现在的技术水平来看,这个目标可能是过于雄心勃勃了,但重要的是提出这样的长期目标并为之而奋斗(见表11-1)的精神很可贵。

表11-1 人类提出的长期目标

	阿波罗计划	计算机国际象棋	RoboCup
目标	送一个宇航员登陆月球并安全返回地球	开发出能战胜人类国际象棋世界冠军的计算机	开发出能像人类那样踢球的足球机器人
技术	系统工程、航空学、各种电子学等	搜索技术、并行算法和并行计算机等	实时系统、分布式协作、智能体等
应用	遍布各处	各种软件系统、大规模并行计算机	下一代人工智能,现实世界中的机器人和人工智能系统

一个成功的划时代计划必须完成一个能引起广泛关注的目标。1969年7月16日阿波罗登月,在阿波罗计划中,美国制定了"送一个宇航员登陆月球并安全返回地球"的目标,目标的完成本身就是一个人类的历史性事件。虽然送什么人登上月球带来的直接经济收益很小(公正的讲,阿波罗计划是希望获得"国家声望",并展示对前苏联的技术优势。即便如此,几个宇航员在月球登陆也没有带来直接的军事优势)。为达到这个目标而发展的技术是如此重要,以至于成了美国工业强大的技术和人员基础。

划时代计划的重要问题是设定一个足够高的目标，才能取得一系列为完成这个任务而必需的技术突破，同时这个目标也要有广泛的吸引力和兴奋点，完成目标所需的技术成为下一代工业的基础。

阿波罗计划"是一个人的一小步，人类的一大步。"举国上下的努力使宇航员 Neil Armstrong 在登上月球表面，实现这个与人类历史一样久远的梦想时能说出这句话（见图 11-8）。但是阿波罗计划的目标已经超过了让美国人登陆月球并安全返回地球的目标：创立了在太空中超越其他国家利益的技术；为美国在太空留下英名；开始对月球的科学探索；提高人类在月球环境中的能力。

1997 年 5 月，IBM 的深蓝计算机击败了国际象棋世界冠军，人工智能历时 40 年的挑战终于取得了成功。在人工智能与机器人学的历史上，这一年作为一个转折点被记住了。在 1997 年 7 月 4 日，NASA 的"探路者"在火星登陆，在火星的表面释放了第一个自治机器人系统 Sojourner（见图 11-9）。与此同时，RoboCup 也朝开发能够战胜人类世界杯冠军队的机器人足球队走出了第一步。

图 11-8　1969 年 7 月 16 日阿波罗登月

图 11-9　第一个自治机器人系统 Sojourner

由于 RoboCup 中涉及到的许多研究领域都是目前研究与应用中遇到的关键问题，因此可以很容易的将 RoboCup 的一些研究成果转化到实际应用中。例如：

（1）搜索与救援。如在执行任务时，一般是分成几个小分队，而每个小分队往往只能得到部分信息，有时还是错误的信息；环境是动态改变的，往往很难做出准确的判断；有时任务是在敌对环境中执行，随时都有可能会有敌人；几个小分队之间需要有很好的协作；在不同的情况下，有时需要改变任务的优先级，随时调整策略；需要满足一些约束条件，如将被救者拉出来，同时又不能伤害他们。这些特点与 RoboCup 有一定的相似，因此，在 RoboCup 中的研究成果就可以用于这个领域。事实上，有一个专门的 RoboCup-Rescue 专门负责这方面的问题。

（2）太空探险。太空探险一般都需要有自治系统，能够根据环境的变化做出自己的判断，而不需要研究人员直接控制。在探险过程中，可能会有一些运动的障碍物，必须要能够主动躲避。另外，在遇到某些特定情形时，也会要求改变任务的优先级，调整策略以获得最佳效果。

（3）办公室机器人系统。用于完成一些日常事务的机器人或机器人小组，这些日常事务一般包括收集废弃物，清理办公室，传递某些文件或小件物品等。由于办公室的环境具有一定的复杂性，而且由于经常有人员走动，或者是办公室重新布置了，使这个环境也具有动态性。另外，由于每个机器人都只能有办公室的部分信息，为了更好的完成任务，他们必须进行有效的协作。

从这些可以看出，这又是一个类似 RoboCup 的技术领域。

（4）其他多智能体系统。这是一个比较大的类别，RoboCup 中的一个球队可以认为就是一个多智能体系统，而且是一个比较典型的多智能体系统。它具备了多智能体系统的许多特点，因此，RoboCup 的研究成果可以应用到许多多智能体系统中，如空战模拟、信息代理、虚拟现实、虚拟企业等。从中我们可以看出 RoboCup 技术的普遍性。

11.4 机器感知

机器感知（见图 11-10）是指能够使用传感器所输入的资料（如照相机、扬声器、声纳以及其他的特殊传感器）然后推断世界的状态。机器感知是一连串复杂程序所组成的大规模信息处理系统，信息通常由很多常规传感器采集，经过这些程序的处理后，会得到一些非基本感官能得到的结果。计算机视觉能够分析影像输入，进行语音识别、人脸辨识和物体辨识。

图 11-10 机器感知

机器感知或机器认知研究如何用机器或计算机模拟、延伸和扩展人的感知或认知能力，包括：机器视觉、机器听觉、机器触觉等，例如计算机视觉、模式（文字、图像、声音等）、识别、自然语言理解，都是人工智能领域的重要研究内容，也是在机器感知或机器认知方面高智能水平的计算机应用。

如果机器感知技术能够得到正确运用，智能交通详细数据采集系统的研发，科学系统的分析，改造现有的交通管理体系，对缓解城市交通难题有极大帮助。利用逼真的三维数字模型展示人口密集的商业区、重要文物古迹旅游点等，以不同的观测视角，为安全设施的位置部署，提早预防和对突发事件的及时处理等情况，为维系社会公共安全提供保障。

11.4.1 机器智能与智能机器

机器智能研究如何提高机器应用的智能水平，把机器用得更聪明。这里，"机器"主要指计算机、自动化装置、通信设备等。人工智能专家系统是用计算机去模拟、延伸和扩展专家的智能，基于专家的知识和经验，可以求解专业性问题的、具有人工智能的计算机应用系统。如：医疗诊断专家系统，故障诊断专家系统等。

智能机器是研究如何设计和制造具有更高智能水平的机器，特别是设计和制造更聪明的计算机。

11.4.2 机器思维与思维机器

机器思维，具体地说是计算机思维，如专家系统、机器学习、计算机下棋、计算机作曲、计算机绘画、计算机辅助设计、计算机证明定理、计算机自动编程等。

思维机器，或者说是会思维的机器。现在的计算机是一种不会思维的机器。但是，现有的计算机可以在人脑的指挥和控制下，辅助人脑进行思维活动和脑力劳动，如：医疗诊断、化学分析、知识推理、定理证明、产品设计……实现某些脑力劳动自动化或半自动化。从这种观点也可以说，目前的计算机具有某些思维能力，只不过现有计算机的智能水平还不高。所以，需要研究更聪明的、思维能力更强的智能计算机或脑模型。

感知机器或认知机器，研制具有人工感知或人工认知能力的机器。包括：视觉机器、听觉机器、触觉机器……如：文字识别机、感知机、认知机、工程感觉装置、智能仪表等。

11.4.3 机器行为与行为机器

机器行为或计算机行为研究如何用机器去模拟、延伸、扩展人的智能行为，如：自然语言生成用计算机等模拟人说话的行为；机器人行动规划模拟人的动作行为；倒立摆智能控制模拟杂技演员的平衡控制行为；机器人的协调控制模拟人的运动协调控制行为；工业窑炉的智能模糊控制模拟窑炉工人的生产控制操作行为；轧钢机的神经网络控制模拟操作工人对轧钢机的控制行为……

行为机器是指具有人工智能行为的机器，或者说，能模拟、延伸与扩展人的智能行为的机器。例如：智能机械手、机器人、操作机；自然语言生成器；智能控制器，如专家控制器、神经控制器、模糊控制器……这些智能机器或智能控制器，具有类似于人的智能行为的某些特性，如自适应、自学习、自组织、自协调、自寻优……因而，能够适应工作环境的条件的变化，通过学习改进性能，根据需求改变结构，相互配合，协同工作，自行寻找最优工作状态。

11.5 机器人的概念

机器人是"自动执行工作的机器装置"，是高级整合控制论、机械电子、计算机、材料和仿生学的产物。在工业、医学、农业、建筑业甚至军事等领域中均有重要用途。它既可以接受人类指挥，又可以运行预先编排的程序，也可以根据以人工智能技术制定的原则纲领行动。它的任务是协助或取代人类的工作，例如生产业、建筑业或是危险的工作。

随着工业自动化和计算机技术的发展，机器人开始进入大量生产和实际应用阶段。尔后由于自动装备海洋开发空间探索等实际问题的需要，对机器人的智能水平提出了更高的要求。特别是危险环境，人们难以胜任的场合更迫切需要机器人，从而推动了智能机器人的研究。

11.5.1 机器人的发展

机器人的发展历史要比人们想象的更丰富、更悠久。也许第一个被人们接受的机械代表作是 1574 年制造的斯特拉斯堡铸铁公鸡。每天中午，它会张开喙，伸出舌头，拍打翅膀，展开羽毛，抬起头并啼鸣 3 次。这只公鸡一直服务到 1789 年。

在 20 世纪，人们建造了许多成功的机器人系统。20 世纪 80 年代，在工厂和工业环境中，机器人开始变得司空见惯。

控制论领域被视为人工智能的早期先驱，是在生物和人造系统中对通信和控制过程进行研究和比较。麻省理工学院的诺伯特·维纳为定义这个领域做出了贡献，并进行了开创性的研究。这个领域将来自神经科学和生物学与来自工程学的理论和原理结合起来，目的是在动物和机器中找到共同的属性和原理。马特里指出："控制论的一个关键概念侧重于机械或有机体与环境之间的耦合、结合和相互作用。"这种相互作用相当复杂。她将机器人定义为："存在于物质世界中的自治系统，可以感知其环境，并可以采取行动，实现一些目标"。

1949 年，为了模仿自然生命，英国科学家格雷·沃尔特设计制作了一对名叫埃尔默和埃莉斯的机器人，因为他们的外形和移动速度都类似于自然界的爬行龟，也称为机器龟（见图 11-11）。这是公认最早的真正意义上的移动式机器人。

图 11-11　机器龟

沃尔特机器人与之前的机器人不同，它们以不可预知的方式行事，能够做出反应，在其环境中能够避免重复的行为。"乌龟"由 3 个轮子和一个硬塑料外壳组成。两个轮子用于前进和后退，而第三个轮子用于转向。它的"感官"非常简单，仅由一个可以感受到光的光电池和作为触摸传感器的表面电触点组成。光电池提供了电源，外壳提供了一定程度的保护，可防止物理损坏。

有了这些简单的组件和其他几个组件，沃尔特的"能够思维的机器"能够表现出如下的行为：找光，朝着光前进，远离明亮的光，转动和前进以避免障碍，给电池充电。

自机器人诞生之日起，人们就不断地尝试着说明到底什么是机器人。随着机器人技术的飞速发展，机器人所涵盖的内容越来越丰富。从应用环境出发，机器人专家将机器人分为两大类，即制造环境下的工业机器人和非制造环境下的服务与仿人型机器人（特种机器人）。所谓工业机器人就是面向工业领域的多关节机械手或多自由度机器人，而特种机器人则是除工业机器人之外的、用于非制造业并服务于人类的各种先进机器人。

11.5.2　机器人"三定律"

国际上对机器人的概念已经逐渐趋近一致。一般来说，人们都可以接受这种说法，即机器人是靠自身动力和控制能力来实现各种功能的一种机器。联合国标准化组织采纳了美国机器人协会给机器人下的定义："一种可编程和多功能的操作机，或是为了执行不同的任务而具有可用计算机改变和可编程动作的专门系统。"

中国科学家对机器人的定义是："机器人是一种自动化的机器，所不同的是这种机器具备一些与人或生物相似的智能能力，如感知能力、规划能力、动作能力和协同能力，是一种具有高度灵活性的自动化机器。"

在研究和开发未知及不确定环境下作业的机器人的过程中，人们逐步认识到机器人技术的本质是感知、决策、行动和交互技术的结合。

机器人学的研究推动了许多人工智能思想的发展，有一些技术可在人工智能研究中用来建立世界状态的模型和描述世界状态变化的过程。关于机器人动作规划生成和规划监督执行等问题的研究，推动了规划方法的发展。此外，由于机器人是一个综合性的课题，除机械手和步行机构外，还要研究机器视觉、触觉、听觉等信感技术以及机器人语言和智能控制软件等。可以看出这是一个设计精密机械信息传感技术，人工智能方法智能控制以及生物工程等学科的综合技术，这一研究有利于促进各学科的相互结合，并大大推动人工智能技术的发展。

为了防止机器人伤害人类，1942年，科幻小说家艾萨克·阿西莫夫（Isaac.Asimov）在小说《The Caves of Steel（钢洞）》中提出了"机器人三定律"：

① 机器人不得伤害人类，不得看到人类受到伤害而袖手旁观。
② 机器人必须服从人类给予的命令，除非这种命令与第一定律相冲突。
③ 只要与第一或第二原则没有冲突，机器人就必须保护自己的生存。

这是给机器人赋予的伦理性纲领。几十年过去了，机器人学术界一直将这三条原则作为机器人开发的准则。

11.6　机器人的技术问题

开发机器人涉及的技术问题极其纷杂，在某种程度上，这取决于人们实现精致复杂的机器人功能的雄心。从本质上讲，机器人方面的工作是问题求解的综合形式。

机器人的早期历史着重于运动和视觉（称为机器视觉）。计算几何和规划问题是与其紧密结合的学科。在过去几十年中，随着如语言学、神经网络和模糊逻辑等领域成为机器人技术的研究与进步的一个不可分割的部分，机器人学习的可能性变得更加现实。

11.6.1　机器人的组成

在1967年日本召开的第一届机器人学术会议上，就提出了两个有代表性的定义。一是森政弘与合田周平提出的："机器人是一种具有移动性、个体性、智能性、通用性、半机械半人性、自动性、奴隶性等7个特征的柔性机器"。从这一定义出发，森政弘又提出了用自动性、智能性、个体性、半机械半人性、作业性、通用性、信息性、柔性、有限性、移动性等10个特性来表示机器人的形象。另一个是加藤一郎提出的具有如下3个条件的机器称为机器人：

① 具有脑、手、脚等三要素的个体。
② 具有非接触传感器（用眼、耳接受远方信息）和接触传感器。
③ 具有平衡觉和固有觉的传感器。

可以说机器人就是具有生物功能的实际空间运行工具，可以代替人类完成一些危险或难以进行的劳作、任务等。机器人能力的评价标准包括：智能，指感觉和感知，包括记忆、运算、比较、鉴别、判断、决策、学习和逻辑推理等；机能，指变通性、通用性或空间占有性等；物理能，指力、速度、可靠性、联用性和寿命等。

机器人一般由执行机构、驱动装置、检测装置和控制系统和复杂机械等组成（见图11-12）。

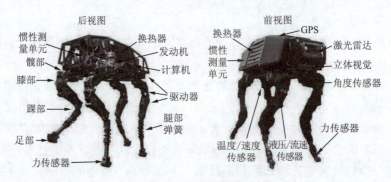

图 11-12 机器人的结构

（1）执行机构。即机器人本体，其臂部一般采用空间开链连杆机构，其中的运动副（转动副或移动副）常称为关节，关节个数通常即为机器人的自由度数。根据关节配置型式和运动坐标形式的不同，机器人执行机构可分为直角坐标式、圆柱坐标式、极坐标式和关节坐标式等类型。出于拟人化的考虑，常将机器人本体的有关部位分别称为基座、腰部、臂部、腕部、手部（夹持器或末端执行器）和行走部（对于移动机器人）等。

（2）驱动装置。是驱使执行机构运动的机构，按照控制系统发出的指令信号，借助于动力元件使机器人进行动作。它输入的是电信号，输出的是线、角位移量。机器人使用的驱动装置主要是电力驱动装置，如步进电机、伺服电机等，此外也有采用液压、气动等驱动装置。

（3）检测装置。是实时检测机器人的运动及工作情况，根据需要反馈给控制系统，与设定信息进行比较后，对执行机构进行调整，以保证机器人的动作符合预定的要求。作为检测装置的传感器大致可以分为两类：一类是内部信息传感器，用于检测机器人各部分的内部状况，如各关节的位置、速度、加速度等，并将所测得的信息作为反馈信号送至控制器，形成闭环控制。一类是外部信息传感器，用于获取有关机器人的作业对象及外界环境等方面的信息，以使机器人的动作能适应外界情况的变化，使之达到更高层次的自动化，甚至使机器人具有某种"感觉"，向智能化发展，例如视觉、声觉等外部传感器给出工作对象、工作环境的有关信息，利用这些信息构成一个大的反馈回路，从而将大大提高机器人的工作精度。

（4）控制系统。一种是集中式控制，即机器人的全部控制由一台微型计算机完成。另一种是分散（级）式控制，即采用多台微机来分担机器人的控制，如当采用上、下两级微机共同完成机器人的控制时，主机常用于负责系统的管理、通信、运动学和动力学计算，并向下级微机发送指令信息；作为下级从机，各关节分别对应一个CPU，进行插补运算和伺服控制处理，实现给定的运动，并向主机反馈信息。根据作业任务要求的不同，机器人的控制方式又可分为点位控制、连续轨迹控制和力（力矩）控制。

值得注意的是，机器人电力供应与人类之间存在一些重要的类比。人类需要食物和水来为身体运动和大脑功能提供能量。目前，机器人的大脑并不发达，因此需要动力（通常由电池提供）进行运动和操作。现在思考，当"电源"快没电了（即当我们饿了或需要休息时）会发生什么。我们不能做出好的决定，犯错误，表现得很差或很奇怪。机器人也会发生同样的事情。因此，它们的供电必须是独立的，受保护和有效的，并且应该可以平稳降级。也就是说，机器人应该能够自主地补充自己的电源，而不会完全崩溃。

末端执行器使机器人身上的任何设备可以对环境做出反应。在机器人世界中，它们可能是手臂、腿或轮子,即可以对环境产生影响的任何机器人组件。驱动器是一种机械装置,允许末端执行器执行其任务。驱动器可以包括电动机、液压或气动缸以及温度敏感或化学敏感的材料。这样的执行器可以用于激活轮子、手臂、夹子、腿和其他效应器。驱动器可以是无源的,也可以是有源的。虽然所有执行器都需要能量,但是有些可能是无源的需要直接的动力来操作,而其他可能是无源的使用物理运动规律来保存能量。最常见的执行器是电动机,但也可以是使用流体压力的液压、使用空气压力的气动、光反应性材料(对光做出响应)、化学反应性材料、热反应性材料或压电材料(通常为晶体,按下或弹起时产生电荷的材料)。

11.6.2 机器人的运动

运动学是关于机械系统运行的最基础研究。在移动机器人领域,这是一种自下而上的技术,涉及物理、力学、软件和控制领域。像这样的情况,这种机器人技术每时每刻都需要软件来控制硬件,因此这种系统很快就变得相当复杂。无论你是想让机器人踢足球,还是登上月球,或是在海面下工作,最根本的问题就是运动。机器人如何移动?它的功能是什么?典型的执行器是:

① 轮子用于滚动。
② 腿可以走路、爬行、跑步、爬坡和跳跃。
③ 手臂用于抓握、摇摆和攀爬。
④ 翅膀用于飞行。
⑤ 脚蹼用于游泳。

在机器人领域中,一个常见的概念是物体运动度,这是表达机器人可用的各种运动类型的方法。例如,考虑直升机的运动自由度(称为平移自由度)。一般来说,有 6 个自由度(DOF)可以描述直升机可能的原地转圈、俯仰和偏航运动(见图 11-13)。

原地转圈意味着从一侧转到另一侧,俯仰意味着向上或向下倾斜,偏航意味着左转或右转。像汽车(或直升机在地面上)一样的物体只有 3 个自由度(DOF)(没有垂直运动),但是只有两个自由度可控。也就是

图 11-13 一架直升机及其自由度

说,地面上的汽车通过车轮只能前后移动,并通过其方向盘向左或向右转。如果一辆汽车可以直接向左或向右移动(比如说使其每个车轮转动 90°),那么这将增加另一个自由度。由于机器人运动更加复杂,例如手臂或腿试图在不同方向上移动(如在人类的手臂中有肌腱套),因此自由度的数量是个重要问题。

一旦开始考虑运动,就必须考虑稳定性。对于人和机器人还有重心的概念,这是我们走路地面上方的一个点,它使我们在走路的地面上方能够保持平衡。重心太低意味着我们在地面上拖行前进,重心太高则意味着不稳定。与这个概念紧密联系的是支持多边形的概念。这是支持机器人加强稳定性平台。人类也有这样的支持平台,只是我们通常没有意识到,它就在我们躯干中的某个位置。对于机器人,当它有更多条腿时,也就是有 3 条、4 条或 6 条腿时,问题通常不大。

11.6.3 机器人大狗

三大机器人系统大狗（见图11-14）、亚美尼亚和Cog，每个项目都代表了20世纪晚期以来，科学家数十年来的重大努力。每个项目都解决了在机器人技术领域出现的复杂而细致的技术问题。大狗主要关注运动和重载运输，特别用于军事领域；亚美尼亚展现了运动的各个方面，强调了人类元素，即了解人类如何移动；Cog更多的是思考，这种思考区分了人类与其他生物，被视为人类所特有的。

图11-14 机器人大狗

1992年马克·雷伯特与他人一起创办了波士顿动力学工程公司，他首先开发了全球第一个能自我平衡的跳跃机器人，之后公司获得了美国国防部的合作，国防部投资几千万元用于机器人的研究，虽然当时美国国防部还想不出这些机器人能干什么，但是认为这个技术未来是有用的。这也印证了商业模式是做出来的道理。当时，很多机器人行走缓慢，平衡很差，雷伯特模仿生物学运动原理，使机器保持动态稳定。与真的动物一样，雷伯特机器人移动迅速且平稳。

2005年，波士顿动力公司的专家创造了四腿机器人大狗。这个项目是由美国国防高级研究计划局资助的，源自国防部为军队开发新技术的任务。

2012年，大狗机器人升级，可跟随主人行进约32 km。

2015年，美军开始测试这种具有高机动能力的四足仿生机器人的试验场，开始试验这款机器人与士兵协同作战的性能。"大狗"机器人的动力来自一部带有液压系统的汽油发动机，它的四条腿完全模仿动物的四肢设计，内部安装有特制的减震装置。机器人的长度为1米，高70厘米，重量为75千克，从外形上看，它基本上相当于一条真正的大狗。

"大狗"机器人的内部安装有一台计算机，可根据环境的变化调整行进姿态。而大量的传感器则能够保障操作人员实时地跟踪"大狗"的位置并监测其系统状况。这种机器人的行进速度可达到7 km/h，能够攀越35°的斜坡。它可携带质量超过150 kg的武器和其他物资。"大狗"既可以自行沿着预先设定的简单路线行进，也可以进行远程控制。

1. 在传统的计算机编程中，程序员必须（　　）。

    A. 重点考虑关键步骤并设计精良的算法

    B. 尽力考虑所有可能遇到的情况并一一规定应对策略

    C. 良好的独立工作能力，独自完成从需求分析到程序运行的所有步骤

D. 全部工作就在于编程，需要编写出庞大的程序代码集

2. 几十年来，人们发明了许多工具来使编程更加有效，降低错误发生的概率。人们发现，倘若利用逻辑、规则和框架编写通用的人工智能程序，那么程序必定（　　）。

A. 十分庞大，并且漏洞百出　　　　　B. 短小精悍但也 bug 多多
C. 短小精悍且可靠性强　　　　　　　D. 庞大复杂但可靠性强

3. 科学家"中文房间实验"验证的假设就是看起来完全智能的计算机程序（　　）。

A. 基本上能理解和处理各种信息　　　B. 完全能理解自身处理的各种信息
C. 确实能方方面面发挥其强大的功能　D. 其实根本不理解自身处理的各种信息

4. 包容体系结构强调（　　），不是用庞大的框架数据库来模拟世界，而是直接感受世界。

A. 强化抽象符号的使用　　　　　　　B. 重视用符号代替具体数字
C. 完全避免符号的使用　　　　　　　D. 克服具体数字的困扰

5. 包容体系结构是（　　），利用不同传感器来感知世界，通过其他设备（传动器）来操控行动。

A. 一段表达计算逻辑的程序　　　　　B. 实实在在的物理机器人
C. 通用计算机的一组功能　　　　　　D. 一组用于包装作业的传统设备

6. 包容体系结构建立在多层独立行为模块的基础上。每个行为模块都是（　　），从传感器那里接收信息，再将指令传递给传动器。

A. 一个简单程序　　　　　　　　　　B. 一段复杂程序
C. 重要而繁杂的功能函数　　　　　　D. 重要而庞大的

7. 划时代计划的重要问题是设定一个（　　）的目标，才能取得一系列为完成这个任务而必需的技术突破，使完成目标所需的技术成为下一代工业的基础。

A. 足够高　　　B. 务实　　　C. 近期可行　　　D. 不着边际

8. RoboCup 机器人世界杯赛提出的最终目标是（　　）。

A. 一支非人形机器人足球队与人类足球队按正式规则比赛
B. 一支完全自治的人形机器人足球队在正式比赛中战胜人类冠军队
C. 一支完全自治的人形机器人足球队参加国际足联的正式比赛
D. RoboCup 机器人世界杯赛与国际足联比赛合并

9. 实现 RoboCup 机器人世界杯赛提出的最终目标的规划时间是（　　）年。

A. 50　　　B. 100　　　C. 20　　　D. 30

10. 机器感知是指能够使用（　　）所输入的资料推断世界的状态。

A. 键盘　　　B. 鼠标器　　　C. 光电设备　　　D. 传感器

11. 机器感知研究如何用机器或计算机模拟、延伸和扩展（　　）的感知或认知能力。

A. 机器　　　B. 人　　　C. 机器人　　　D. 计算机

12. 机器感知包括（　　）等多种形式。

A. B、C 和 D　　　B. 机器视觉　　　C. 机器听觉　　　D. 机器触觉

13. 机器智能研究如何提高机器应用的智能水平。这里的"机器"主要是指（　　）。

A. 计算机　　　B. 自动化装置　　　C. 通信设备　　　D. A、B 和 C

14. 智能机器研究如何设计和制造具有更高智能水平的机器，特别是（　　）。

　　　　A. 计算机　　　　B. 厨房设备　　　　C. 空调装置　　　　D. 军工装备

15. 机器思维，如专家系统、机器学习、计算机下棋、计算机作曲、计算机绘画、计算机辅助设计、计算机证明定理、计算机自动编程等，可以概括为（　　　）思维。

　　　　A. 互联网　　　　B. 计算机　　　　C. 机器人　　　　D. 传感器

16. 机器行为研究如何用（　　　）去模拟、延伸、扩展人的智能行为。

　　　　A. 电脑　　　　B. 计算器　　　　C. 机器　　　　D. 机械手

17. 行为机器指具有（　　　）的机器，或者说，能模拟、延伸与扩展人的智能行为的机器。

　　　　A. 人形动作　　　　B. 移动能力　　　　C. 工作行为　　　　D. 人工智能行为

18. 机器人是"（　　　）"，它是高级整合控制论、机械电子、计算机、材料和仿生学的产物。

　　　　A. 自动执行工作的机器装置　　　　B. 造机器的人

　　　　C. 机器造的人　　　　D. 主动执行工作任务的工人

19. 为防止机器人伤害人类，科幻小说家阿西莫夫于（　　　）年在小说中提出了"机器人三原则"。

　　　　A. 1942　　　　B. 2010　　　　C. 1946　　　　D. 2000

20. 为了防止机器人伤害人类而提出的"机器人三原则"中不包括（　　　）。

　　　　A. 机器人不得伤害人类，或袖手旁观坐视人类受到伤害

　　　　B. 人类应尊重并不得伤害机器人

　　　　C. 原则上机器人应遵守人类的命令

　　　　D. 只要与第一或第二原则没有冲突，机器人就必须保护自己的生存

研究性学习　　丰富智能机器人知识，憧憬智能机器人发展

　　小组活动：阅读本课的【导读案例】，通过网络搜索，查看更多的不同类型的智能机器人，讨论智能机器人的未来发展与应用。

　　请思考："在这里，重点不是通过编程和教学，而是仅仅凭借机器人对熟练工'动作的看'和'讲解的听'，就能够把操作记忆下来。"这是根据的什么技术？

　　记录：请记录小组讨论的主要观点，推选代表在课堂上简单阐述你们的观点。

_____

_____

_____

　　评分规则：若小组汇报得5分，则小组汇报代表得5分，其余同学得4分，余类推。

　　实训评价（教师）：_____

第 12 课

自动规划

学习目标

知识目标
（1）了解什么是规划，什么是自动规划；了解自动规划对于人工智能技术的意义。
（2）熟悉规划的应用示例。
（3）了解规划方法，了解规划系统的实现方法。

能力目标
（1）掌握专业知识的学习方法，培养阅读、思考与研究的能力。
（2）提高"研究性学习小组"的参与、组织和活动能力，具备团队精神。

素质目标
（1）热爱学习，勤于思考，掌握学习方法，提高学习能力。
（2）培养热爱智能产业，关心技术进步的优良品质。
（3）体验、积累和提高"工匠"的专业素质。

重点难点
（1）理解什么是规划，什么是自动规划？理解为什么规划很重要。
（2）了解自动规划的实现方法。
（3）体验、积累和提高"工匠"的专业素质。

导读案例　海外留学的职业智能规划

　　故事的主人公是在美国加州大学圣克鲁兹分校（见图12-1）留学的研究生博洛尔，博洛尔马上就要研究生毕业了。

　　五年前博洛尔从蒙古国乌兰巴托来美国求学，就读的学校是美国西海岸一流大学的研究院，专业是生物工程。博洛尔穿过校园中的红杉树林，边走边思索。这时，她的手机收到了一封邮件通知，瞥了一眼屏幕，发现发件人是大学的职业规划室。博洛尔被"职业"一词吸引了，便点开了邮件。她看到了一份关于新系统的导入指南，这是为进行职业规划设计的。博洛尔对此充满了兴趣，便点开了主页。根据主页上记载的内容，该系统将就职咨询顾问的工作窍门进行了数据化，并基于个人数据、企业招聘人才的数据以及社会趋势等数据展开分析。

图 12-1　加州大学圣克鲁兹校园

　　就读于该大学的所有学生都有账户，账户中已经输入了该学生在校期间的所有成绩。博洛尔输入自己的邮箱账号和密码，登陆进去之后，发现里面已经存有自己的成绩、论文，还有教授发来的反馈。最近收录的内容是这个暑假前，博洛尔刊载在著名的工学专业论文期刊 IEEE 上的论文，内容是有关博洛尔正在开发的新型健康管理设备。如今虽然已经在先进的可穿戴式终端上普及了健康服务，但博洛尔要开发的是能够植入人体组织内的微型芯片，也就是能够更准确获取身体信息，及早发现疾病的充气式设备。在系统中填入其他几个需要输入内容的项目，按下"诊断"按钮后，三分钟便能获得诊断结果。博洛尔在大学期间的成绩十分优秀，所以对于系统将会给自己推荐什么样的企业她期待不已。

　　看了职业规划设计系统推荐的企业名单，其中列举了很多博洛尔从没考虑过的企业，还有她从未听说过的企业。看了企业概要的介绍，点击自己感兴趣的企业，她的履历就会自动地发送给该企业。过了不到一天，博洛尔就收到了应聘企业发来的面试日程安排的邮件。

　　职业规划设计系统判定最适合博洛尔的企业是一家风投公司，其总公司位于中国浙江杭州市（见图 12-2），经营项目是用于健康管理的可穿戴式终端。博洛尔以前只考虑过在蒙古国或美国工作，对于推荐给她的这家中国企业感到十分新鲜。她做梦都没想过在杭州工作，看了公司的视频介绍后，她觉得那里的工作环境很不错。

图 12-2　杭州西湖

第 12 课 | 自动规划

　　仔细阅读了诊断结果后，博洛尔发现这家公司能够完成她所研究的项目。与该公司的经理王先生进行了邮件的沟通后，定下了视频面试的日期。在其他适合自己的企业中，还有美国的集团公司、制药企业等，她也决定和这些企业的负责人面试试试。

　　在职业规划室的主页上可以访问各家企业的数据库，博洛尔将这些企业面试中常会问到的问题打印了出来。然后一边思考这些问题，一边对着计算机说出自己的回答，由计算机整理成文章。她想，自己复习这些笔记，并将其整理成自己想要的内容，就能回答出企业的问题了吧。

　　到了面试那一天，博洛尔紧张得手心不停冒汗。由于是视频面试，摄像头只会拍到上半身，所以博洛尔换好白衬衫套上西装外套，扎好头发，打开了计算机。王先生一直面带微笑地和博洛尔进行着交谈，博洛尔也能在面试中自信地回答所有问题。博洛尔担心自己不会中文会成为将来工作的瓶颈。面对博洛尔的担忧，王先生微笑着回答道："工作几乎都用英语交流，如果需要讲中文，我们装备了自动口笔译机，所以你的担心完全不成问题。"听到王先生这么说，博洛尔安心多了。另外，王先生还告诉博洛尔，工作时间是弹性制的，就算博洛尔长期待在蒙古国，远程进行工作也完全没问题。王先生似乎对博洛尔很满意，不久便给博洛尔寄来了录用邀请函。

　　博洛尔之后也接受了其他几家企业的面试，但她最终还是觉得，杭州的那家企业能够最大限度地发挥自己至今为止通过研究而培养出的能力，她也比较喜欢杭州这个美丽的城市，因而决定去王先生的风投企业工作。已经决定了将来的工作单位，接下来就可以专心完成自己的硕士论文，埋头于自己的研究中了。如果没有职业规划设计系统，博洛尔就不可能知道这家中国杭州的新兴企业。就算知道的话，也不可能会去应聘。博洛尔从现在开始就十分期盼明年 7 月到中国去工作了。

阅读上文，请思考、分析并简单记录：

（1）正如在博洛尔小故事中所看到的，由于使用人工智能辅助系统来进行课程选修和职业规划设计，该系统充分了解每一位学生，对学生的课程计划和职业规划设计提出方案。请简单阐述，这样的职业生涯推荐系统，如果有，对你为未来会有帮助吗？为什么？

答：_____

_____

_____

（2）尽管现在大学里就有这样的必修课程，但学生真心关注自己职业生涯规划的其实并不真切。请问，你有属于自己的职业生涯规划吗？首次就业的？还是三年五年的？还是远见到未来的？如果可以，请简述之。

答：_____

_____

_____

（3）在招聘现场找工作（可以在线），一种是公司需要什么技能，我正好有这样的技能（尽管还有差距），就应聘试试；还有一种是公司需要什么技能，我虽然没有或者很不足，但我有学习能力和足够的自信,所以我应聘。请问,你会选择哪种?你觉得应该选择哪种?请简述之。

答:_____

_____

_____

(4) 请简单记述你所知道的上一周发生的国际、国内或者身边的大事:

答:_____

_____

_____

所谓规划,是融合多要素、多人士看法的某一特定领域的发展愿景。与专家系统一样,自动规划属于高级的求解系统与技术。由于自动规划系统具有广泛的应用场合和应用前景,因而引起人们的浓厚兴趣并取得了许多研究成果。

12.1 自动规划的概念

所谓规划,是指个人或组织制定的比较全面长远的发展计划,是对未来整体性、长期性、基本性问题的考量,以设计未来整套行动的方案。规划是融合多要素、多人士看法的某一特定领域的发展愿景。

与专家系统一样,自动规划也属于高级的求解系统与技术。由于自动规划系统具有广泛的应用场合和应用前景,因而引起人们的浓厚兴趣并取得了许多研究成果。

12.1.1 规划的概念分析

通常认为,规划是一种与人类密切相关的活动,它代表为了实现目标而对活动进行调整的一种能力。在日常生活中,规划意味着在行动之前决定其进程,或者说,是在执行一个问题求解程序之前,计算该程序具体执行的过程。

一个规划是一个行动过程的描述,它虽然可以是像商品清单那样的没有次序的目标表列,但一般都具有某个目标的蕴含排序。例如,一个机器人要搬动某工件,必须先移动到该工件附近,抓住该工件,然后带着工件移动。

大多数规划都具有子规划结构,其中的每个子目标可以由达到此目标的比较详细的子规划所代替。最终得到的规划是某个问题求解算符的线性或分步排序,其目标常常具有分层结构。

规划的概念具体可以归纳成以下几点:

(1) 从某个特定的问题状态出发,寻求一系列行为动作并建立一个操作序列,直到求得目标状态为止,这个求解过程就是规划;

(2) 规划是关于动作的推理,它是一种抽象的深思熟虑的过程,该过程通过预期动作的效果来选择和组织一组动作,其目的是尽可能好地实现一个预先给定的目标;

(3) 规划是针对某个待解问题给出求解过程的步骤,规划设计将问题分解为若干相应的子问题,记录和处理问题求解过程中发现的子问题间的关系;

规划有两个突出的特点,一是为了完成任务,可能需要一系列确定的步骤;二是定义问题解决方案的步骤顺序可能是有条件的。也就是说,构成规划的步骤可能会根据条件进行修改(这称为条件规划)。因此,规划的能力代表了人类的某种自我意识。

12.1.2 自动规划的定义

规划一直是人工智能研究的活跃领域,包括机器人技术、流程规划、基于Web的信息收集、自主智能体、动画和多智能体。人工智能中一些典型的规划问题如:

① 对时间、因果关系和目的的表示和推理。
② 在可接受的解决方案中,物理和其他类型的约束。
③ 规划执行中的不确定性。
④ 如何感觉和感知"现实世界"。
⑤ 可能合作或互相干涉的多个智能体。

自动规划是一种重要的问题求解技术(见图12-3)。与一般问题求解相比,自动规划更注重于问题的求解过程,而不是求解结果。此外,自动规划要解决的问题,如机器人问题,往往是真实世界问题,而不是比较抽象的数学模型问题。

图12-3 规划自动化立体库

以机器人规划与问题求解作为典型例子来讨论自动规划,是因为机器人规划能够得到形象和直观的检验,也称其为机器人规划,它是机器人学的一个重要研究领域,也是人工智能与机器人学一个令人感兴趣的结合点。机器人规划的原理、方法和技术可以推广应用到其他规划对象或系统。

虽然通常我们会将规划和调度视为相同的问题类型,但它们之间有一个明确的区别:规划关注"找出需要执行哪些操作",而调度关注"计算出何时执行动作"。规划侧重于为实现目标选择适当的行动序列,而调度侧重于资源约束(包括时间)。可以把调度问题当作规划问题的一个特例。

在人工智能领域,所有规划问题的本质就是将当前状态(可能是初始状态)转变为所需目标状态。求解规划问题所遵循的步骤顺序称为操作符模式。操作符模式表征动作或事件(可互换使用的术语)。操作符模式表征一类可能的变量,这些变量可以用值(常数)代替,构成描述特定动作的操作符实例。"操作符"这个术语可以用作"操作符模式"或"操作符实例"的同义词。

12.2 规划应用示例

在魔方的离散拼图和 15 拼图（见图 12-4）的移动方块示例中可以找到熟悉的规划应用，其中包括国际象棋、桥牌以及调度问题。由于运动部件的规律性和对称性，这些领域非常适合开发和应用规划算法。计算机和机器人视觉领域的一个典型问题是试图让机器人识别墙壁和障碍物，在迷宫中移动并成功地到达其目标（见图 12-5）。

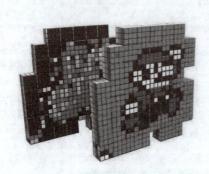 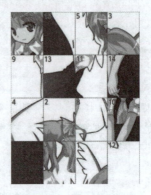

魔方拼图　　　　　　　　　　　　　15 拼图

图 12-4　魔方拼图与 15 拼图示例

在设计和制造应用中，人们应用规划来解决组装、可维护性和机械部件拆卸问题。人们使用运动规划，自动计算从组装中移除零件的无碰撞路径。

在视频游戏中，自动智能可以用来生成精彩、独特、类似人类的角色。动画师的目标是开发具有人类演员特征的角色，同时能够设计高层次的运动描述，使得这些运动可以由智能体执行。这是一个非常详细、费力的逐帧过程，动画师希望通过规划算法的发展来减少这些过程。

将自动规划应用在计算机动画中，根据任务规格计算场景中人物的动画，使动画师可以专注于场景的整体设计，而无须关注如何在逼真、无碰撞的路径中移动人物的细节。这不但与计算机动画相关，而且与人体工程学和产品的可用性评估相关。图 12-6 所示的是一个机器人手臂规划器，这个规划器执行了多臂任务，在汽车装配线上协助制造。

图 12-5　一个典型的迷宫问题（机器人不仅需要从 A 移动到 B，还需要能够识别墙壁并进行妥善处理）　　图 12-6　在汽车装配线上协助制造的机器人手臂

示例 12-1　说明制订规划过程和执行规划过程之间的区别。

请规划你离开家去工作场所的过程。你必须出席上午 9:00 的会议。早上上班的路上通常需要花费 40 min。在准备上班的过程中，你还可以做一些自己喜欢做的任务——一些任务是非常重要的，一些任务是可有可无的，这取决于你可用的时间。下面所列出的是在工作前你认为要完成的一些任务。

① 将几件衬衫送至干洗店。
② 将瓶子送去回收。
③ 把垃圾拿出去。
④ 在银行的自动提款机上取现金。
⑤ 以本地最便宜的价格购买汽油。
⑥ 为自行车轮胎充气。
⑦ 清理汽车——整理和吸尘。
⑧ 为汽车轮胎充气。

你可能立刻会问这些事情（以下按照规划的观点将它们称为任务）的限制时间。也就是说，在保证你能够准时参加会议的情况下，这些任务有多少可用的时间？

你于上午 7:00 起床，认为两个小时已经足够执行上述许多任务，并能及时参加上午 9:00 的会议。

在上述 8 项可能的任务中，你很快就会确定只有两项是非常重要的：第 4 项（获得现金）和第 8 项（为汽车轮胎充气）。第 4 项很重要，因为根据经验，如果现金不足，那么你这一天会寸步难行。你需要购买餐点、小吃和其他可能的物品。第 8 项可能比第 4 项更重要，这取决于轮胎中还有多少气。在极端情况下，轮胎瘪了可能会导致你无法驾驶或无法安全驾驶。

现在，你确定第 4 项和第 8 项很重要、不能避免。这就是分级规划的例子，也就是对必须完成的任务进行分级或赋值。换句话说，并不是所有的任务都是同等重要的，你可以相应地对它们进行排序。

你查询是否有靠近银行 ATM 的加油站，结论是最近的加油站距离银行有约三个街区。你还可以想："在银行附近的哪个加油站会有轮胎的充气泵？"这是一个机会规划的例子。也就是说，你正在尝试利用在规划形成和规划执行过程中某个状态所提供的条件和机会。

在这一点上，第 1~3 项看起来完全不重要；第 6~7 项看起来同样不重要，并且这些任务更适合周末进行，因为周末可以有更多时间完成这样的任务。

在这些情况中，第 1~3 可能非常相关。

第 1 项：将几件衬衫送至干洗店。

在繁忙的工作日上午，这看起来似乎是一项无关紧要的任务，但是，也许第二天你要接受新工作的面试，或者你想在做演讲时穿得得体一些，或者这是你期待已久的一个约会。在这些情况下，你要正确思考（规划），做正确的事情，获得最佳机会，让自己变得成功和快乐。

第 2 项：将旧瓶子进行丢弃回收。

同样，这通常是一个"周末"型的活动。会不会有这样一种情况使这件事情成为必须的行动？例如，假设你刚刚丢了钱包，而钱包里有你所有的现金、信用卡和身份证。为此，你需要将 100 个空瓶子送到回收站，以此来获得必要的现金。此外，如果你丢了钱包，你就不应该在没有驾驶证的情况下驾驶。如果真有这样的事情发生了，也许有足够的理由不参加这次会议。

第3项：把垃圾拿出去。

在一些现实条件下，这个任务在重要性方面可以得到很大程度上的重视。例如：

① 垃圾散发出可怕的异味。

② 邻居投诉你的公寓都是废弃物，你有责任清理它。

③ 这是星期一早上，如果现在不收拾，那么直到星期四才会有人来收拾垃圾。

基于某些可能发生的事件或某些紧急情况所做出的规划称为条件规划。这种规划通常作为一种有用的"防御性"措施，或者必须考虑到一些可能发生的事件。例如，如果你计划7月份在杭州举办大型活动，那么就应该考虑台风保险。

有时候，我们只能规划事件（操作符）的某些子集，这些事件的子集可能会影响到我们达成目标，而无须特别关注这些步骤执行的顺序。我们将此称为部分有序规划。在示例12-1的情况下，如果轮胎的情况不是很糟糕，那么我们可以先去加油站充气，也可以先到银行取现金。但是，如果轮胎确实瘪了，那么执行该规划的顺序是先修理轮胎，然后进行其他任务。

通过注意更多的现实情况，我们就可以结束这个例子了。即使两个小时看起来像是花了大量的时间来处理一些事情，我们依然需要40分钟的上班时间，但是人们很快就意识到，即使在这个简单的情况下，也有许多未知数。例如，去加油站、充气泵处或是银行可以有很多条路线；在高速公路上可能会发生事故，拖延了上班时间；或者可能会有警察检查、发生火警等突发情况，这些也会导致延迟。换句话说，有许多未知事件可能会干扰最佳规划。

12.3　规划方法

规划可用来监控问题求解过程，并能够在造成较大的危害之前发现差错。规划的好处可归纳为简化搜索、解决目标矛盾以及为差错补偿提供基础，以及把某些较复杂的问题分解为一些较小的子问题。

12.3.1　规划即搜索

规划本质上是一个搜索问题，就计算步骤数、存储空间、正确性和最优性而言，这些都涉及到搜索技术的效率。找到一个有效的规划，从初始状态开始，并在目标状态处结束，一般要涉及探索潜在大规模的搜索空间。如果有不同的状态或部分规划相互作用，事情会变得更加困难。因此，研究结果也证明了，即使是简单的规划问题在大小方面也可能是指数级的。

1．状态空间搜索

早期的规划工作集中在游戏和拼图的"合法移动"方面，观察是否可以发现一系列的移动将初始状态转换到目标状态，然后应用启发式来评估到达目标状态的"接近度"——这些技术已经应用到规划领域了。

2．中间结局分析

最早的人工智能系统的一般问题求解器（GPS）使用了一种称为"中间结局分析"的问题求解和规划技术，在中间结局分析背后的主要思想是减少当前状态和目标状态之间的距离。也就是说，如果要测量两个城市之间的距离，算法将选择能够在最大程度上减少到目标城市距离的"移动"，而不考虑是否存在机会从中间城市达到目标城市。这是一个贪心算法，它对所到过的位置没有任何记忆,对其任务环境没有特定的知识。

例如,你想从纽约市到加拿大的渥太华,距离是 682 km,估计需要约 9 h 的车程。飞机只需要 1 h,但由于这是一次国际航班,费用高达 600 美元。

对于这个问题,中间结局分析自然偏向飞行,但这是非常昂贵的。一个有趣的可替代方法是结合了时间和金钱的成本效率,同时允许充分的自由,即飞往纽约州锡拉丘兹(最接近渥太华的美国大城市),然后租一辆车开车到渥太华。注意到就推荐的解决方案而言,可能会有一些关键性因素。例如,你必须考虑租车的实际成本,你将在渥太华度过的天数以及你是否真的需要在渥太华开车。根据这些问题的答案,你可以选择公共汽车或火车来满足部分或全部的交通需求。

3. 规划中的各种启发式搜索方法

状态空间(非智能、穷尽)的搜索技术可能会导致巨大的探索工作量,为此,我们简要介绍为此开发的各种启发式搜索技术。

(1)最小承诺搜索。是指"规划器的任何方面,只有在受到某些约束迫使的情况下,才承诺特定的选择"。比如说,你打算搬到一所新的公寓。首先,你根据自己的收入水平选定合适的城镇和社区,不需要决定将要居住的区块、建筑和具体的公寓。这些决定可以推迟到更晚、更适合的时间做出。

(2)选择并承诺。这是一种独特的规划搜索技术,这种方法并不能激发太多的信心。它是指基于局部信息(类似于中间结局分析),遵循一条解决路径的新技术,它通过做出的决策(承诺)得到测试。使用这种方式测试的其他规划器可以集成到稍后的规划器中,然后可以搜索替代方案。当然,如果对一条路径的承诺没有产生解就会存在问题。

(3)深度优先回溯。是考虑替代方案的一种简单方法,特别是当只有少数解决方案可供选择时。这种方法涉及在有替代解决方案的位置保存解决方案路径的状态,选中第一个替代路径,备份搜索;如果没有找到解决方案,则选择下一个替代路径。通过部分实例化操作符来查看是否已经找到解决方案,测试这些分支的过程被称为"举起"。

(4)集束搜索。它与其他启发式方法一起实现,选择"最佳"解决方案,也许是由集束搜索建议子问题的"最佳"解决方案。

(5)主因最佳回溯。通过搜索空间的回溯,虽然可能得到解决方案,但是在多个层次中所需要探索的节点数量庞大,所以这可能非常昂贵。主因最佳回溯花费更多的努力,确定了在特定节点所备份的局部选择是最佳选择。

作为一个类比,让我们回到选择生活在某个城镇的问题。考虑候选地区的两个主要因素是距离和价格。根据这些因素,我们找到最理想的区域。但是现在,我们必须在可能的 5~10 个合理候选城镇中做出决定,为此必须考虑更多的因素。

① 学校设置怎么样(为了小孩)?
② 在这个地区购物是否便利?
③ 这个城镇安全吗?
④ 它距离中心区域有多远(运输)?
⑤ 这个地区有哪些景点?

当进行评估时,基于公寓的价格和每个候选城镇到工作地点的距离,再加上上述 5 个附加因素，你应该可以选择一个城镇，然后继续进行搜索，进而选择一处适当的公寓。一旦选定了城镇，就可以查看这个城镇某些公寓的可用性和适用性。如有必要，可以重新评估其他城镇的可能性，并选择另一个城镇（基于两个主要因素和 5 个次要因素）作为主要选择。这就是主因最佳回溯算法的工作原理。

（6）依赖导向式搜索。回溯到保存状态并恢复搜索可能带来极大的浪费。实践证明，存储决策之间的依赖关系所做出的假设和可以做出选择的替代方案可能更有用、更有效。通过重建解决方案中的所有依赖部分，系统避免了失败，同时不相关的部分也可以保持不变。

（7）机会式搜索。基于"可执行的最受约束的操作"。所有问题求解组件都可以将其对解决方案的要求归结为对解决方案的约束，或对表示被操作对象的变量值的限制。操作可以暂停，直到有进一步可用信息。

（8）元级规划。是从各种规划选项中进行推理和选择的过程。一些规划系统具有类似操作符表示的规划转换可供规划器使用。系统执行独立的搜索，在任何点上，确定最适合应用哪个操作符。这些动作发生在做出任何关于规划应用的决策之前。

（9）分布式规划。系统在一群专家中分配子问题，让他们求解这些问题，在通过黑板进行沟通的专家之间传递子问题并执行子问题。

这里总结回顾了在规划中使用的搜索方法。人工智能的自动规划领域已经开发了一些技术来限制所需要的搜索量。

12.3.2 部分有序规划

部分有序规划（POP）被定义为"事件（操作符）的某个子集可以实现、达到目标，而无须特别关注执行步骤的顺序。"在部分有序规划器中，可以使用操作符的部分有序网络表示规划。在制订规划过程中，只有当问题请求操作符之间存在有序链时，才引进它，在这个意义上，部分有序规划器表现为最小承诺。相比之下，完全有序规划器使用操作符序列表示其搜索空间中的规划。

部分有序规划通常有以下 3 个组成部分。

（1）动作集。例如：{开车上班，穿衣服，吃早餐，洗澡}。

（2）顺序约束集。例如：{洗澡，穿衣服，吃早餐，开车去上班}。

（3）因果关系链集。例如：穿衣服——着装→开车去上班。

这里的因果关系链是，如果你不想没穿衣服就开车，那么请在开车上班前穿好衣服！在不断完善和实现部分规划时，这种关系链有助于检测和防止不一致。

在标准搜索中，节点等于具体世界（或状态空间）中的状态。在规划世界中，节点是部分规划。因此，部分规划包括以下内容。

① 操作符应用程序集 S_i。

② 部分（时间）顺序约束 $S_i < S_j$。

③ 因果关系链 $S_i \longrightarrow S_j$。

操作符是在因果关系条件上的动作，可以用来获得开始条件。开始条件是未被因果关系链接的动作的前提条件。

这些步骤组合形成一个部分规划：

① 为获得开始条件，使用因果关系链描述动作。

② 从现有动作到开始条件过程中，做出因果关系链。
③ 在上述步骤之间做出顺序约束。

图 12-7 描绘了一个简单的部分有序规划。这个规划在家开始，在家结束。

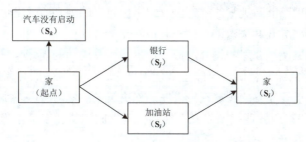

图 12-7　部分有序规划

在部分有序规划中，不同的路径（如首先选择去加油站还是银行）不是可选规划，而是可选动作。如果每个前提条件都能达成（我们到银行和加油站，然后安全回家），我们就说规划完成了。当动作顺序完全确定后，部分有序规划成了完全有序规划。例如，如果发现汽车的油箱几乎是空的，当且仅当达成每个前提条件时，规划才能算完成。当一些动作 S_k 发生时，这阻止我们实现规划中所有前提条件，阻碍了规划的执行，我们就说发生了对规划的威胁。威胁是一个潜在的干扰步骤，阻碍因果关系达成条件。

在上面的例子中，如果车子没有启动，那么这个威胁就可能会推翻"最好的规划"。

总之，当与良好的问题描述结合时，部分有序规划是一种健全、完整、有效的规划方法。如果失败，它可以回溯到选择点，但它对子目标的顺序非常敏感。

12.3.3 分级规划

并不是所有的任务都处于同一个重要级别，一些任务必须在进行其他任务之前完成，而其他任务可能会交错进行。层次结构有助于降低复杂性。

分级规划通常由动作描述库组成，而动作描述包含了执行组成规划的一些前提条件的操作符。其中一些动作描述被"分解"成多个子动作，在更详细（较低）级别上操作。因此，一些子动作被定义为"原语"，即不能进一步分为更简单任务。

在实际应用中，分级规划已经得到广泛部署，如物流、军事运行规划、危机应对（例如漏油）、生产线调度、施工规划，又如任务排序、卫星控制的空间应用和软件开发。

12.3.4 基于案例的规划

基于案例的推理是一种经典的人工智能技术，它与描述某个世界中状态的先前实例并确定在新情况与先前情况的相符程度。

在基于案例的规划中，学习的过程是通过规划重演以及通过在类似情况下工作过的先前规划进行"派生类比"。基于案例的规划侧重于应用过去的成功规划以及从过去失败的规划中恢复。

基于案例的规划器设计用于寻找以下问题的解决方案：

（1）规划内存表示是指决定存储的内容以及如何组织内存的问题，以便有效并高效地检索和重用旧规划。

(2) 规划检索处理检索一个或多个解决过类似当前问题的规划问题。
(3) 规划重用解决为满足新问题而能够重新利用（适应）已检索的规划的问题。
(4) 规划修订是指成功测试新规划，如果规划失败了，则修复规划的问题。
(5) 规划保留处理存储新规划的问题，以便用于将来的规划。通常情况下，如果新规划失败了，则此规划与一些导致其失败的原因一起被存储。

基于案例的规划器使用合理的局部选择，积累和协商成功的规划。重复使用部分匹配所学习到的经验，新问题只需要相似就可以重新使用规划，这样所学的片断就不需要为其正确性做解释，因此也就不需要完整的领域理论。在局部决策中的学习可以增加所学知识的转移（但是也增加了匹配成本），因此还需要定义在规划情况之间相似性度量。为了完成此类任务，现代规划系统通常与机器学习方法相关联。

12.4 著名的规划系统

规划研究开发历史上早期有 3 个重要系统，最早是 STRIPS，之后斯坦福大学研究所的 NOAH 系统总结了 STRIPS 的规划思想，接着是 NONLIN 继承了 NOAH 的想法并有了更大的进步。后来，又陆续开发了一些较新的现代规划系统，例如 O-PLAN 和 Graphplan 系统。

12.4.1 O-PLAN

1983 年—1999 年，爱丁堡大学的奥斯汀泰特开发了著名的 NONLN 系统的继任者 O-PLAN。O-PLAN 是用 Common Lisp 编写的，可用于网络规划服务（自 1994 年起）。O-PLAN 扩展了泰特在 NONLIN 的早期工作（分级规划系统）。这个系统能够将规划作为部分有序活动网络生成，这些网络可以检查时间、资源、搜索等方面的各种限制。

O-PLAN 已经实际应用于下列项目：
① 空中战役规划。
② 非战斗人员撤离行动。
③ 搜索与救援协调。
④ 美军陆军小组行动。
⑤ 航天器任务规划。
⑥ 施工规划。
⑦ 工程任务。
⑧ 生物学途径发现。
⑨ 指挥与控制无人驾驶自动汽车。

O-PLAN 是一个成功设计的、具有开放规划架构的例子。由于 Lisp 关键组件在需要时可以插入，因此 Lisp 极大地促进了这个成功。O-PLAN 通过探索部分规划的搜索空间找到规划。"问题"代表部分规划中的缺失部分。这确定了哪些动作需要扩展到要求被满足的子动作或条件。O-PLAN 在顶层有一个控制器，这个控制器可以重复选择问题，并调用"知识源"来解决所有问题。

知识源决定了在规划中放入内容，应该访问搜索空间的哪些部分；接下来，通过添加节点到部分有序动作网络，以及通过添加约束，如表示动作的前置和后置条件、时间限制、资源使用等来构建规划。

约束管理器确定了可以使用哪些方法满足哪些约束并与知识源交流。在这种灵活的架构中，可以根据需要添加、删除和替换知识源和约束管理器。

12.4.2 Graphplan

Graphplan 是一个规划器，通过构建和分析成为规划图的紧凑结构来编码规划问题，其目的是利用内在的问题约束来减少必要的搜索量。很明显，没有知识和方向（约束）的搜索将导致时间和空间的大量浪费，有时（在复杂的领域）将永远找不到解决方案。但是，没有搜索的知识很有用却不能移动。

可以快速构建规划图（多项式空间复杂度和时间复杂度），并且规划是流过图形的一种真值"流"。Graphplan 致力于搜索，在搜索中结合了完全有序和部分有序规划器的一些方面。它以一种"平行"的规划方式执行搜索，确保在这些规划中找到最短的规划，然后独立进行这个最短规划。

在 Graphplan 域中，有效的规划是由一组动作和指定时间组成的，在这个规划中，每个动作都将得到执行。规划图与有效规划相似。规划图分析的一个重要方面是能够注意到和传递节点之间的某些互斥关系。在规划图的给定动作层次中，如果没有一个有效规划能够让两个动作为真，那么就说这两个动作是互斥的。

在规划世界几个熟悉问题的实验研究中，包括火箭问题、备胎问题、猴子和香蕉问题等，Graphplan 比 UCPOP 和 PRODIGY 系统的进展更顺利有效。

1. 所谓（　　），是指个人或组织制定的比较全面长远的发展计划，是对未来整体性、长期性、基本性问题的考量，以设计未来整套行动的方案。
   A. 策划　　　　B. 安排　　　　C. 计划　　　　D. 规划
2. 与一些求解技术相比，（　　）都属于高级的求解系统与技术。
   A. 自动规划与专家系统　　　　B. 图像处理与语音识别
   C. 机器人与专家系统　　　　　D. 图像处理与机器人
3. 通常认为规划是一种与人类（　　）的活动。
   A. 不太有关　　B. 密切相关　　C. 偶尔为之　　D. 将要开展
4. 下面关于"规划"的说法中，不正确或者不合适的是（　　）。
   A. 规划代表了一种非常特殊的智力指标，即为了实现目标而对活动进行调整的能力
   B. 在日常生活中，规划意味着在行动之前决定其进程
   C. 规划指的是在执行一个问题求解程序中任何一步之前，计算该程序几步的过程
   D. 规划是一项随机的活动
5. 大多数规划都具有（　　）结构。
   A. 单一　　　　B. 简单　　　　C. 子规划　　　D. 复杂
6. 从某个（　　）问题状态出发，寻求一系列行为动作并建立一个操作序列，直到求得目标状态为止，这个求解过程就是规划。

A. 特定的 B. 普遍的 C. 一般的 D. 不存在的

7. 规划是关于动作的（　　），它是一种抽象的深思熟虑的过程，其目的是尽可能好地实现一个预先给定的目标。

A. 实施 B. 推理 C. 安排 D. 措施

8. 规划设计将问题分解为若干相应的子问题，记录和处理问题求解过程中发现的子问题间的（　　）。

A. 进程 B. 安排 C. 关系 D. 措施

9. 规划有几个突出的特点，但下面的（　　）不属于这个特点之一。

A. 为了完成任务，可能需要完成一系列确定的步骤
B. 可能需要加强团队互动建设
C. 定义问题解决方案的步骤顺序可能是有条件的
D. 构成规划的步骤可能会根据条件进行修改

10. 下列（　　）不属于人工智能中的典型规划问题。

A. 对时间、因果关系和目的的表示和推理
B. 在可接受的解决方案中，物理和其他类型的约束
C. 规划执行中的不确定性
D. 没有关联性的不同智能体

11. 自动规划是一种重要的技术。与一般问题求解相比，自动规划更注重于问题的（　　）。

A. 求解过程 B. 求解结果 C. 分析过程 D. 分析结果

12. 自动规划要解决的问题，往往是（　　）问题，而不是比较抽象的数学模型问题。

A. 数学模型 B. 真实世界 C. 抽象世界 D. 理论

13. 在研究自动规划时，往往以（　　）与问题求解作为典型例子加以讨论，这是因为它能够得到形象的和直觉的检验。

A. 图像识别 B. 语音识别 C. 机器人规划 D. 数学模型

14. 在魔方的离散拼图和15拼图的移动方块拼图示例中，我们可以找到很熟悉的规划应用，其中包括（　　）问题。

① 国际象棋 ② 桥牌 ③ 调度 ④ 执行

A. ①②④ B. ①③④ C. ②③④ D. ①②③

15. 示例12-1，通过规划离开家去工作的过程，说明了（　　）之间的区别。

A. 制订规划过程和执行规划过程 B. 算法与程序
C. 对象与类 D. 复杂与简单

16. 规划本质上是一个（　　）问题，就计算步骤数、存储空间、正确性和最优性而言，这些涉及到该技术的效率。

A. 算法 B. 搜索 C. 输出 D. 分析

17. 下列（　　）不是启发式搜索技术。

A. 最小承诺搜索 B. 选择并承诺
C. 深度优先回溯 D. 自下而上

18. 部分有序规划（POP）通常有3个组成部分，下面（　　）不属于其中。

A．动作集　　　　B．顺序约束集　　　C．数据集　　　　D．因果关系链集

19．规划适用层次结构，也就是说，（　　）所有的任务都处于同一个重要级别，一些任务必须在进行其他任务之前完成，而其他任务可能会交错进行。

A．并不是　　　　B．通常　　　　　　C．一般　　　　　D．几乎

20．在实际应用中，（　　）已经得到广泛部署，如物流、军事运行规划、危机应对（例如漏油）、生产线调度、施工规划等。

A．规划集合　　　B．分级规划　　　　C．集成规划　　　D．网格规划

研究性学习 用人工智能辅助课程和职业规划

小组活动：阅读本课的【导读案例】，了解海外留学的一般情况，理解人工智能辅助下的课程与职业生涯规划。学习课文内容，并通过网络搜索，了解更多自动规划的知识。

记录：请记录小组讨论的主要观点，推选代表在课堂上简单阐述你们的观点。

_____
_____
_____
_____

评分规则：若小组汇报得5分，则小组汇报代表得5分，其余同学得4分，余类推。

实训评价（教师）：_____

第13课

自然语言处理

学习目标

知识目标

(1) 了解自然语言的问题与可能性,熟悉什么是自然语言处理。
(2) 知道语法类型与语义分析,了解处理数据与处理工具知识。
(3) 了解语音处理的基本知识。

能力目标

(1) 掌握专业知识的学习方法,培养阅读、思考与研究的能力。
(2) 提高"研究性学习小组"的参与、组织和活动能力,具备团队精神。

素质目标

(1) 热爱学习,勤于思考,掌握学习方法,提高学习能力。
(2) 培养热爱智能产业,增进计算素质能力,关心社会进步。
(3) 体验、积累和提高"工匠"的专业素质。

重点难点

(1) 理解什么是自然语言处理,熟悉语音处理方法。
(2) 掌握自然语言的类型与分析方法。
(3) 体验、积累和提高"工匠"的专业素质。

导读案例 机器翻译:大数据简单算法与小数据复杂算法

20世纪40年代,计算机由真空管制成,要占据100平米的房间空间,而机器翻译也只是计算机开发人员的一个想法。冷战时期,美国掌握了大量关于前苏联的各种资料,但缺少翻译这些资料的人手。所以,计算机翻译成了亟待解决的问题。

最初,计算机研发人员打算将语法规则和双语词典结合在一起。1954年,IBM以计算机中的250个词语和六条语法规则为基础,将60个俄语词组翻译成了英语,结果振奋人心。IBM 701(见图13-1)通过穿孔卡片读取了一句话,并将其译成了"我们通过语言来交流思想"。在庆祝这个成就的发布会上,一篇报道就有提到,这60句话翻译得很流畅。这个程序的指挥官利昂·多斯特尔特表示,他相信"在三五年后,机器翻译将会变得很成熟"。

第 13 课 | 自然语言处理

事实证明，计算机翻译最初的成功误导了人们。1966年，一群机器翻译的研究人员意识到，翻译比他们想象的更困难，他们不得不承认自己的失败。机器翻译不能只是让计算机熟悉常用规则，还必须教会计算机处理特殊的语言情况。毕竟，翻译不仅仅只是记忆和复述，也涉及选词，而明确地教会计算机这些非常不现实。

在20世纪80年代后期，IBM的研发人员提出了一个新的想法。与单纯教给计算机语言规则和词汇相比，他们试图让计算机自己估算一个词

图 13-1　IBM 701 计算机

或一个词组适合于用来翻译另一种语言中的一个词和词组的可能性，然后再决定某个词和词组在另一种语言中的对等词和词组。

20世纪90年代，IBM公司为这个名为Candide的项目花费了大概十年的时间，将大约有300万句之多的加拿大议会资料译成了英语和法语并出版。由于是官方文件，翻译的标准就非常高。用那个时候的标准来看，数据量非常之庞大。统计机器学习从诞生之日起，就聪明地把翻译的挑战变成了一个数学问题，而这似乎很有效！计算机翻译能力在短时间内就提高了很多。然而，在这次飞跃之后，IBM公司尽管投入了很多资金，但取得的成效不大。最终，IBM公司停止了这个项目。

2006年，谷歌公司也开始涉足机器翻译。这被当作实现"收集全世界的数据资源，并让人人都可享受这些资源"这个目标的一个步骤。谷歌翻译开始利用一个更大更繁杂的数据库，也就是全球的互联网，而不再只利用两种语言之间的文本翻译。

为了训练计算机，谷歌翻译系统会吸收它能找到的所有翻译。它会从各种各样语言的公司网站上寻找对译文档，还会去寻找联合国和欧盟这些国际组织发布的官方文件和报告的译本。它甚至会吸收速读项目中的书籍翻译。谷歌翻译部的负责人弗朗兹·奥齐是机器翻译界的权威，他指出，"谷歌的翻译系统不会像Candide一样只是仔细地翻译300万句话，它会掌握用不同语言翻译的质量参差不齐的数十亿页的文档。"不考虑翻译质量的话，上万亿的语料库就相当于950亿句英语。

尽管其输入源很混乱，但较其他翻译系统而言，谷歌的翻译质量相对而言还是最好的，而且可翻译的内容更多。到2012年年中，谷歌数据库涵盖了60多种语言，甚至能够接受14种语言的语音输入，并有很流利的对等翻译。之所以能做到这些，是因为它将语言视为能够判别可能性的数据，而不是语言本身。如果要将印度语译成加泰罗尼亚语，谷歌就会把英语作为中介语言。因为在翻译的时候它能适当增减词汇，所以谷歌的翻译比其他系统的翻译灵活很多（见图13-2）。

谷歌的翻译之所以更好并不是因为它拥有一个更好的算法机制。和微软的班科和布里尔一样，这是因为谷歌翻译增加了很多各种各样的数据。从谷歌的例子来看，它之所以能比IBM的Candide系统多利用成千上万的数据，是因为它接受了有错误的数据。2006年，谷歌发布的上万亿的语料库，就是来自于互联网的一些废弃内容。这就是"训练集"，可以正确地推算出英语词汇搭配在一起的可能性。

图 13-2　谷歌翻译

谷歌公司人工智能专家彼得·诺维格在一篇题为《数据的非理性效果》的文章中写道,"大数据基础上的简单算法比小数据基础上的复杂算法更加有效。"他们就指出,混杂是关键。

"由于谷歌语料库的内容来自于未经过滤的网页内容,所以会包含一些不完整的句子、拼写错误、语法错误以及其他各种错误。况且,它也没有详细的人工纠错后的注解。但是,谷歌语料库的数据优势完全压倒了缺点。"

资料来源:企鹅号——大数据观察。

阅读上文,请思考、分析并简单记录:

(1) 就像我们中国人学英语一样,最初,机器语言翻译的重点也是放在语法规则上的。经过长时间的语言实践和探索,人们终于看到了语言大数据在其中发挥的重要作用。请简单说说你的看法。

答:_____

_____

_____

(2) 文章中说:"为了训练计算机,谷歌翻译系统会吸收它能找到的所有翻译。"实际上,这里使用了人工智能的什么技术?请简述之。

答:_____

_____

_____

(3) 谷歌翻译之所以更好,并不是因为它拥有一个更好的算法机制。这是因为谷歌翻译增加了很多各种各样的数据,甚至还包括谷歌接受了有错误的数据。在此,请重温本书前面介绍的大数据时代的三个思维转变。

答:_____

_____

_____

(4) 请简单记述你所知道的上一周发生的国际、国内或者身边的大事：
答：_____
_____
_____

自然语言会话也是人工智能发展史上从早期开始就被关注的主题之一。在所有生物中，只有人类才具有语言能力，人类的多种智能都与语言有着密切的关系。自然语言处理是一门融语言学、计算机科学、数学于一体的科学，它研究能实现人与计算机之间用自然语言进行有效通信的各种理论和方法。

13.1　语言的问题和可能性

人类在出生后的头几年就学习说话，再慢慢地掌握阅读和写作。自然语言会话也是人工智能发展史上从早期开始就被关注的主题之一。开发智能系统的任何尝试，最终似乎都必须解决一个问题，即使用何种形式的标准进行交流，比起使用图形系统或基于数据系统的交流，语言交流通常是首选。

语言是人类区别其他动物的本质特性。在所有生物中，只有人类才具有语言能力，人类的多种智能都与语言有着密切的关系。人类的逻辑思维以语言为形式，人类的绝大部分知识也是以语言文字的形式记载和流传下来的。

口语是人类之间最常见、最古老的语言交流形式（见图13-3），使我们能够进行同步对话——可以与一个或多个人进行交互式交流，让我们变得更具表现力，最重要的是，也可以让我们彼此倾听。虽然语言有其精确性，却很少有人会非常精确地使用语言。两方或多方说

图 13-3　人工智能语言处理

的不是同一种语言，对语言有不同的解释，词语没有被正确理解，声音可能会模糊、听不清或很含糊，又或者受到地方方言的影响，此时，口语就会导致误解。

试思考下列一些通信方式，思考这些方式在正常使用的情况下怎么会导致沟通不畅：

电话——声音可能听不清楚，一个人的话可能被误解，双方对语言理解构成了其独特的问题集，存在错误解释、错误理解、错误回顾等许多可能性。

手写信——可能难以辨认，容易发生各种书写错误。

打字信——速度不够快，信件的来源及其背后的真实含义可能被误解，可能不够正式。

电子邮件——需要上网，容易造成上下文理解错误和误解其意图。

微信消息——精确、快速，可能同步但仍然不像说话那样流畅。记录可以得到保存。

短信——需要手机，长度有限，可能难以编写（如键盘小，有时不能发短信等）。

语言既是精确也是模糊的。在法律或科学事务中，语言可以得到精确使用；又或者它可以有意地以"艺术"的方式（例如诗歌或小说）使用。作为交流的一种形式，书面语或口语可能是含糊不清的。

示例 13-1 "音乐会结束后,我要在酒吧见到你。"

尽管很多缺失的细节使得这个约会可能不会成功,但是这句话的意图是明确的。如果音乐厅里有多个酒吧怎么办?音乐会可能在酒吧里,我们在音乐会后相见吗?相见的确切时间是什么时候?你愿意等待多久?语句"音乐会结束后"表明了意图,但是不明确。经过一段时间后,双方将会做什么呢?他们还没有遇到对方吗?

示例 13-2 "在第三盏灯那里右转。"

这句话的意图是明确的,但是省略了很多细节。灯有多远?它们可能会相隔几个街区或者相距几千米。当方向给出后,提供更精确的信息(如距离、地标等)将有助于驾驶指导。

可以看到,语言中有许多含糊之处,可以想象语言理解可能会给机器带来的问题。对计算机而言,理解语音无比困难,但理解文本就简单得多。文本语言可以提供记录(无论是书、文档、电子邮件还是其他形式),这是明显的优势,但是文本语言缺乏口语所能提供的自发性、流动性和交互性。

13.2 自然语言处理

自然语言处理(natural language processing, NLP,见图 13-4)是计算机科学与人工智能领域的一个重要的研究与应用方向,是一门融语言学、计算机科学、数学于一体的科学,它研究能实现人与计算机之间用自然语言进行有效通信的各种理论和方法。因此,这一领域的研究涉及自然语言,与语言学的研究有密切联系又有重要区别。自然语言处理研制能有效地实现自然语言通信的计算机系统,特别是其中的软件系统。

图 13-4 自然语言处理

使用自然语言与计算机进行通信,这是人们长期以来所追求的。因为它既有明显的实际意义,同时也有重要的理论意义:人们可以用自己最习惯的语言来使用计算机,而无需再花大量的时间和精力去学习很不自然和不习惯的各种计算机语言;人们也可通过它进一步了解人类的语言能力和智能的机制。

实现人机间自然语言通信意味着要使计算机既能理解自然语言文本的意义,也能以自然语言文本来表达给定的意图、思想等。前者称为自然语言理解,后者称为自然语言生成,因此,自然语言处理大体包括了这两个部分。历史上对自然语言理解研究得较多,而对自然语言生成研究得较少。但这种状况已有所改变。

自然语言处理(见图 13-5),无论是实现人机间自然语言通信,或实现自然语言理解和自然语言生成,都是十分困难的。从现有的理论和技术现状看,通用的、高质量的自然语言处理系统仍然是较长期的努力目标,但是针对一定应用,具有相当自然语言处理能力的实用系统已经出现,有些已商品化甚至产业化。典型的例子有:多语种数据库和专家系统的自然语言接口、各种机器翻译系统、全文信息检索系统、自动文摘系统等。

第 13 课 | 自然语言处理

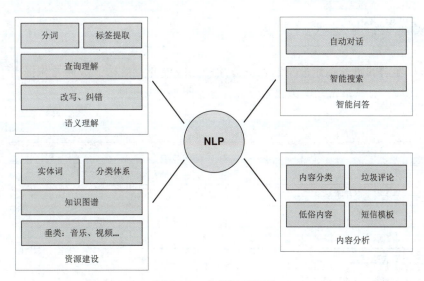

图 13-5　自然语言处理

造成自然语言处理困难的根本原因是自然语言文本和对话的各个层次上广泛存在的各种各样的歧义性或多义性。一个中文文本从形式上看是由汉字（包括标点符号等）组成的一个字符串。由字组成词，由词组成词组，由词组组成句子，进而由一些句子组成段、节、章、篇。无论在字（符）、词、词组、句子、段……各种层次，还是在下一层次向上一层次转变中，都存在着歧义和多义现象，即形式上一样的一段字符串，在不同的场景或不同的语境下，可以理解成不同的词串、词组串等，并有不同的意义。反过来，一个相同或相近的意义同样也可以用多个文本或多个字串来表示。一般情况下，它们中的大多数都可以根据相应的语境和场景的规定而得到解决的。也就是说，从总体上说，并不存在歧义。这也就是我们平时并不感到自然语言歧义，和能用自然语言进行正确交流的原因。

我们也看到，为了消解歧义，需要大量的知识和不断进行推理。如何将这些知识较完整地加以收集和整理出来；又如何找到合适的形式，将它们存入计算机系统中去；以及如何有效地利用它们来消除歧义，都是工作量极大且十分困难的工作。

自然语言的形式（字符串）与其意义之间是一种多对多的关系，其实这也正是自然语言的魅力所在。但从计算机处理的角度看，我们必须消除歧义，要把带有潜在歧义的自然语言输入转换成某种无歧义的计算机内部表示。

以基于语言学的方法、基于知识的方法为主流的自然语言处理研究所存在的问题主要有两个方面：一方面，迄今为止的语法都限于分析一个孤立的句子，上下文关系和谈话环境对本句的约束和影响还缺乏系统的研究，因此，分析歧义、词语省略、代词所指、同一句话在不同场合或由不同的人说出来所具有的不同含义等问题，尚无明确规律可循，需要加强语用学的研究才能逐步解决。另一方面，理解一个句子不是单凭语法，还运用了大量的有关知识，包括生活知识和专门知识，这些知识无法全部存储在计算机里。因此一个书面理解系统只能建立在有限的词汇、句型和特定的主题范围内；计算机的存储量和运转速度大大提高之后，才有可能适当扩大范围。

13.3 语法类型与语义分析

自然语言理解的研究工作最早的是机器翻译。1949 年,美国人威弗首先提出了机器翻译设计方案,此后,自然语言处理历史大致分为 6 个时期(见表 13-1)。

表 13-1 NLP 的 6 个时期

编 号	名 称	年 份
1	基础期	20 世纪 40 年代和 50 年代
2	符号与随机方法	1957—1970
3	4 种范式	1970—1983
4	经验主义和有限状态模型	1983—1993
5	大融合	1994—1999
6	机器学习的兴起	2000—2008

自然语言处理的历史可追溯到以图灵的计算算法模型为基础的计算机科学发展之初。在奠定了初步基础后,该领域出现了许多子领域,每个子领域都为计算机进一步的研究提供了沃土。

随着计算机的速度和内存的不断增加,可用的高性能计算系统加速了发展。随着大量用户可用更多的计算能力,语音和语言处理技术可以应用于商业领域。特别是在各种环境中,具有拼写/语法校正工具的语音识别变得更加常用。由于信息检索和信息提取成了 Web 应用的关键部分,因此 Web 是这些应用的另一个主要推动力。

近年来,无人监督的统计方法开始重新得到关注。这些方法有效地应用到了对单独、未加注释的数据进行机器翻译方面。可靠、已注释的语料库的开发成本成了监督学习方法使用的限制因素。

在自然语言处理中,我们可以在一些不同结构层次上对语言进行分析,如句法、词法和语义等,所涉及到的一些关键术语简单介绍如下:

词法——对单词的形式和结构的研究,还研究词与词根以及词的衍生形式之间的关系。

句法——将单词放在一起形成短语和句子的方式,通常关注句子结构的形成。

语义学——语言中对意义进行研究的科学。

解析——将句子分解成语言组成部分,并对每个部分的形式、功能和语法关系进行解释。语法规则决定了解析方式。

词汇——与语言的词汇、单词或语素(原子)有关。词汇源自词典。

语用学——在语境中运用语言的研究。

省略——省略了在句法上所需的句子部分,但是,从上下文而言,句子在语义上是清晰的。

13.3.1 语法类型

学习语法是学习语言和教授计算机语言的一种好方法。费根鲍姆等人将语言的语法定义为"指定在语言中所允许语句的格式,指出将单词组合成形式完整的短语和子句的句法规则。"

麻省理工学院的语言学家诺姆·乔姆斯基在对语言语法进行数学式的系统研究中做出了开创性的工作,为计算语言学领域的诞生奠定了基础。他将形式语言定义为一组由符号词汇组成的字符串，这些字符串符合语法规则。字符串集对应于所有可能句子的集合，其数量可能无限大。符号的词汇表对应于有限的字母或单词词典，他对 4 种语法规则的定义如下：

（1）定义作为变量或非终端符号的句法类别。

句法变量的例子如：<VERB>、<NOUN>、<ADJECTIVE> 和 <PREPOSITION>。

（2）词汇表中的自然语言单词被视为终端符号，并根据重写规则连接（串联在一起）形成句子。

（3）终端和非终端符号组成的特定字符串之间的关系，由重写规则或产生式规则指定。在这个讨论的上下文中：

<SENTENCE> → <NOUN PHRASE> <VERB PHRASE>

<NOUN PHRASE> → the <NOUN>

<NOUN> → student

<NOUN> → expert

<VERB> → reads

<SENTENCE> → <NOUN PHRASE> <VERB PHRASE>

<NOUN PHRASE> → <NOUN>

<NOUN> → student

<NOUN> → expert

<VERB> → reads

（4）起始符号 S 或 <SENTENCE> 与产生式不同，并根据在上述（3）中指定的产生式开始生成所有可能的句子。这个句子集合称为由语法生成的语言。以上定义的简单语法生成了下列的句子：

The student reads.

The expert reads.

重写规则通过替换句子中的词语生成这些句子，应用如下：

<SENTENCE> →

<NOUN PHRASE> <VERB PHRASE>

The <NOUN PHRASE> <VERB PHRASE>

The student <VERB PHRASE>

The student reads.

<SENTENCE> →

<NOUN PHRASE> <VERB PHRASE>

<NOUN PHRASE> <VERB PHRASE>

The student <VERB PHRASE>

The student reads.

可见，语法是如何作为"机器""创造"出重写规则允许的所有可能的句子的。

13.3.2 语义分析和扩展语法

乔姆斯基非常了解形式语法的局限性，提出语言必须在两个层面上进行分析：表面结构，进行语法上的分析和解析；基础结构（深层结构），保留句子的语义信息。

关于复杂的计算机系统，通过与医学示例的类比，道江教授总结了表面理解和深层理解之间的区别："一位患者的臀部有一个脓肿，通过穿刺可以除去这个脓肿。但是，如果他患的是会迅速扩散的癌症（一个深层次的问题），那么任何次数的穿刺都不能解决这个问题。"

研究人员解决这个问题的方法是增加更多的知识，如关于句子的更深层结构的知识、关于句子目的的知识、关于词语的知识，甚至详尽地列举句子或短语的所有可能含义的知识。在过去几十年中，随着计算机速度和内存的成倍增长，这种完全枚举的可能性变得更加现实。

13.3.3　IBM 的机器翻译 Candide 系统

在早些时候，机器翻译（见图 13-6）主要是通过非统计学方法进行的。翻译的 3 种主要方法是：①直接翻译，即对源文本的逐字翻译。②使用结构知识和句法解析的转换法。③中间语言方法，即将源语句翻译成一般的意义表示，然后将这种表示翻译成目标语言。这些方法都不是非常成功。

随着 IBM Candide 系统的发展，20 世纪 90 年代初，机器翻译开始向统计方法过渡。这个项目对随后的机器翻译研究形成了巨大的影响，统计方法在接下来的几年中开始占据主导地位。在语音识别

图 13-6　机器翻译

的上下文中已经开发了概率算法，IBM 将此概率算法应用于机器翻译研究。

概率统计方法是过去几十年中自然语言处理的准则，NLP 研究以统计作为主要方法，解决在这个领域中长期存在的问题，被称之为"统计革命"。

13.4　处理数据与处理工具

现代 NLP 算法是基于机器学习，特别是统计机器学习的，它不同于早期的尝试语言处理，通常涉及大量的规则编码。

13.4.1　统计 NLP 语言数据集

统计方法需要大量数据才能训练概率模型。出于这个目的，在语言处理应用中，使用了大量的文本和口语集。这些集由大量句子组成，人类注释者对这些句子进行了语法和语义信息的标记。

自然语言处理中的一些典型的自然语言处理数据集包括：tc-corpus-train（语料库训练集）、面向文本分类研究的中英文新闻分类语料、以 IG 卡方等特征词选择方法生成的多维度 ARFF 格式中文 VSM 模型、万篇随机抽取论文中文 DBLP 资源、用于非监督中文分词算法的中文分词词库、UCI 评价排序数据、带有初始化说明的情感分析数据集等。

13.4.2　自然语言处理工具

许多不同类型的机器学习算法已应用于自然语言处理任务。这些算法的输入是一大组从输入数据生成的"特征"。一些最早使用的算法，如决策树，产生硬的 if-then 规则类似于手写的规则，是普通的系统体系。然而，越来越多的研究集中于统计模型，这使得基于附加实数值的权重，每个输入要素柔性，概率的决策。此类模型具有能够表达许多不同的可能的答案，

而不是只有一个相对的确定性，产生更可靠的结果时，这种模型被包括作为较大系统的一个组成部分的优点。

（1）OpenNLP：是一个基于 Java 机器学习工具包，用于处理自然语言文本。支持大多数常用的 NLP 任务，例如：标识化、句子切分、部分词性标注、名称抽取、组块、解析等。

（2）FudanNLP：主要是为中文自然语言处理而开发的工具包，也包含为实现这些任务的机器学习算法和数据集。本工具包及其包含数据集使用 LGPL3.0 许可证，其开发语言为 Java，主要功能是：

① 文本分类：新闻聚类。

② 中文分词：词性标注、实体名识别、关键词抽取、依存句法分析、时间短语识别。

③ 结构化学习：在线学习、层次分类、聚类、精确推理。

（3）语言技术平台（Language Technology Platform，LTP）：是哈工大社会计算与信息检索研究中心历时十年开发的一整套中文语言处理系统。LTP 制定了基于 XML 的语言处理结果表示，并在此基础上提供了一整套自底向上的丰富而且高效的中文语言处理模块（包括词法、句法、语义等 6 项中文处理核心技术），以及基于动态链接库（Dynamic Link Library，DLL）的应用程序接口，可视化工具，并且能够以网络服务（Web Service）的形式进行使用。

13.4.3　自然语言处理技术难点

自然语言处理的技术难点一般有：

（1）单词的边界界定。在口语中，词与词之间通常是连贯的，而界定字词边界通常使用的办法是取用能让给定的上下文最为通顺且在文法上无误的一种最佳组合。在书写上，汉语也没有词与词之间的边界。

（2）词义的消歧。许多字词不单只有一个意思，因而我们必须选出使句意最为通顺的解释。

（3）句法的模糊性。自然语言的文法通常是模棱两可的，针对一个句子通常可能会剖析出多棵剖析树，而我们必须要仰赖语意及前后文的信息才能在其中选择一棵最为适合的剖析树。

（4）有瑕疵的或不规范的输入。例如语音处理时遇到外国口音或地方口音，或者在文本的处理中处理拼写，语法或者光学字符识别（OCR）的错误。

（5）语言行为与计划。句子常常并不只是字面上的意思；例如，"你能把盐递过来吗"，一个好的回答应当是把盐递过去；在大多数上下文环境中，"能"将是糟糕的回答，虽说回答"不"或者"太远了我拿不到"也是可以接受的。再者，如果一门课程上一年没开设，对于提问"这门课程去年有多少学生没通过？"回答"去年没开这门课"要比回答"没人没通过"好。

13.5　语言处理的概念

语音处理是研究语音发声过程、语音信号的统计特性、语音的自动识别、机器合成以及语音感知等各种处理技术的总称。由于现代的音频处理技术都以数字计算为基础，并借助微处理器、信号处理器或通用计算机加以实现，因此也称数字语音信号处理。

语音信号处理是一门多学科的综合技术。它以生理、心理、语言以及声学等基本实验为基础，以信息论、控制论、系统论的理论作指导，通过应用信号处理、统计分析、模式识别等现代技术手段，发展成为新的学科。

13.5.1 语音处理的发展

语音信号处理的研究起源于对发音器官的模拟。1939 年美国 H．杜德莱展示了一个简单的发音过程模拟系统，以后发展为声道的数字模型。利用该模型可以对语音信号进行各种频谱及参数的分析，进行通信编码或数据压缩的研究，同时也可根据分析获得的频谱特征或参数变化规律，合成语音信号，实现机器的语音合成。利用语音分析技术，还可以实现对语音的自动识别，发音人的自动辨识，如果与人工智能技术结合，还可以实现各种语句的自动识别以至语言的自动理解，从而实现人机语音交互应答系统，真正赋予计算机以听觉的功能。

语言信息主要包含在语音信号的参数之中，因此准确而迅速地提取语言信号的参数是进行语音信号处理的关键。常用的语音信号参数有：共振峰幅度、频率与带宽、音调和噪声、噪声的判别等。后来又提出了线性预测系数、声道反射系数和倒谱参数等参数。这些参数仅仅反映了发音过程中的一些平均特性，而实际语言的发音变化相当迅速，需要用非平稳随机过程来描述，因此，20 世纪 80 年代之后，研究语音信号非平稳参数分析方法迅速发展，人们提出了一整套快速的算法，还有利用优化规律实现以合成信号统计分析参数的新算法，取得了很好的效果。

当语音处理向实用化发展时，人们发现许多算法的抗环境干扰能力较差。因此，在噪声环境下保持语音信号处理能力成为了一个重要课题。这促进了语音增强的研究。一些具有抗干扰性的算法相继出现。当前，语音信号处理日益同智能计算技术和智能机器人的研究紧密结合，成为智能信息技术中的一个重要分支。

语音信号处理在通信、国防等部门中有着广阔的应用领域（见图 13-7）。为了改善通信中语言信号的质量而研究的各种频响修正和补偿技术，为了提高效率而研究的数据编码压缩技术，以及为了改善通信条件而研究的噪声抵消及干扰抑制技术，都与语音处理密切相关。在金融部门应用语音处理，开始利用说话人识别和语音识别实现根据用户语音自动存款、取款的业务。在仪器仪表和控制自动化生产中，利用语音合成读出测量数据和故障警告。随着语音处理技术的发展，可以预期它将在更多部门得到应用。

图 13-7　语音识别技术

13.5.2 语音理解

人们通常更方便说话而不是打字，因此语音识别软件非常受欢迎。口述命令比用鼠标或触摸板点击更快。要在 Windows 中打开如"记事本"这样的程序，需要单击开始、程序、附件，最后点击记事本，最轻松也需要点击四到五次。语音识别软件允许用户简单地说"打开记事本"，就可以打开程序，节省了时间，有时也改善了心情。

语音理解是指利用知识表达和组织等人工智能技术进行语句自动识别和语意理解。同语音识别的主要不同点是对语法和语义知识的充分利用程度。

语音理解起源于美国，1971 年，美国远景研究计划局（ARPA）资助了一个庞大的研究项目，该项目要达到的目标叫做语音理解系统。由于人对语音有广泛的知识，可以对要说的话有一定的预见性，所以人对语音具有感知和分析能力。依靠人对语言和谈论的内容所具有的广泛知识，利用知识提高计算机理解语言的能力,就是语音理解研究的核心。

利用理解能力,可以使系统提高性能:①能排除噪声和嘈杂声;②能理解上下文的意思并能用它来纠正错误,澄清不确定的语义;③能够处理不合语法或不完整的语句。因此,研究语音理解的目的,可以说是与其研究系统仔细地去识别每一个单词,倒不如去研究系统能抓住说话的要旨更为有效。

一个语音理解系统除了包括原语音识别所要求的部分之外,还须添入知识处理部分。知识处理包括知识的自动收集、知识库的形成,知识的推理与检验等。当然还希望能有自动地知识修正的能力。因此语音理解可以认为是信号处理与知识处理结合的产物。语音知识包括音位知识、音变知识、韵律知识、词法知识、句法知识、语义知识以及语用知识。这些知识涉及实验语音学、汉语语法、自然语言理解、以及知识搜索等许多交叉学科。

13.5.3 语音识别

语音识别是指利用计算机自动对语音信号的音素、音节或词进行识别的技术总称。语音识别是实现语音自动控制的基础。

语音识别起源于 20 世纪 50 年代的"口授打字机"梦想,科学家在掌握了元音的共振峰变迁问题和辅音的声学特性之后,相信从语音到文字的过程是可以用机器实现的,即可以把普通的读音转换成书写的文字。语音识别的理论研究已经有 40 多年,但是转入实际应用却是在数字技术、集成电路技术发展之后,现在已经取得了许多实用的成果。

语音识别一般要经过以下几个步骤:

(1) 语音预处理,包括对语音的幅度标称化、频响校正、分帧、加窗和始末端点检测等内容。

(2) 语音声学参数分析,包括对语音共振峰频率、幅度等参数,以及对语音的线性预测参数、倒谱参数等的分析。

(3) 参数标称化,主要是时间轴上的标称化,常用的方法有动态时间规整(DTW),或动态规划方法(DP)。

(4) 模式匹配,可以采用距离准则或概率规则,也可以采用句法分类等。

(5) 识别判决,通过最后的判别函数给出识别的结果。

语音识别可按不同的识别内容进行分类:有音素识别、音节识别、词或词组识别;也可以按词汇量分类:有小词汇量(50 个词以下)、中词量(50~500 个词)、大词量(500 个词以上)及超大词量(几十至几万个词)。按照发音特点分类:可以分为孤立音、连接音及连续音的识别。按照对发音人的要求分类:有认人识别,即只对特定的发话人识别,和不认人识别,即不分发话人是谁都能识别。显然,最困难的语音识别是大词量、连续音和不识人同时满足的语音识别。

如今,几乎每个人都拥有一台带有苹果或安卓操作系统的智能手机。这些设备具有语音识别功能,使用户能够说出自己的短信而无须输入字母。导航设备也增加了语音识别功能,用户无须打字,只需说出目的地址或"家",就可以导航回家。如果有人由于拼写困难或存在视力问题,无法在小窗口中使用小键盘,那么语音识别功能是非常有帮助的(见图 13-8)。

图 13-8 自然语言处理的应用

例如，有两个技术领先的商业语音识别系统：Nuance 的 Dragon Naturally Speaking Home EditionTM 软件，它通过为用户提供导航、解释和网站浏览的功能，理解听写命令并执行定制命令；Microsoft 的 Windows Speech RecognitionTM 软件，它可以理解口头命令，也可以用作导航工具，它让用户能够选择链接和按钮，并从编号列表中进行选择。

1. 自然语言处理是 AI 研究中（　　）的领域之一。
   A. 研究历史最长、研究最多、要求最高
   B. 研究历史较短，但研究最多、要求最高
   C. 研究历史最长、研究最多，但要求不高
   D. 研究历史最短、研究较少、要求不高
2. （　　）是人类之间最常见、最古老的语言交流形式，让我们变得更具表现力。
   A. 手语　　　　B. 体语　　　　C. 口语　　　　D. 文字
3. 对计算机而言，理解（　　）无比困难，但理解（　　）就简单得多。后者缺乏口前者所能提供的自发性、流动性和交互性。
   A. 手语，语音　　B. 语音，手语　　C. 文字，语音　　D. 语音，文字
4. 使用（　　）与计算机进行通信是人们长期以来所追求的。
   A. 程序语言　　B. 自然语言　　C. 机器语言　　D. 数学语言
5. 实现人机间自然语言通信，意味着要使计算机既能理解自然语言文本的意义，也能以自然语言文本来表达给定的意图、思想等。前者称为（　　），后者称为（　　）。因此，自然语言处理大体包括了这两个部分。
   A. 自然语言理解，自然语言生成　　B. 自然语言生成，自然语言理解
   C. 自然语言处理，自然语言加工　　D. 自然语言输出，自然语言识别
6. 造成自然语言处理困难的根本原因是自然语言文本和对话的各个层次上广泛存在的各种各样的（　　）。
   A. 一致性或统一性　　　　　　　　B. 复杂性或重复性
   C. 歧义性或多义性　　　　　　　　D. 一致性或多义性
7. 自然语言的形式（字符串）与其意义之间是一种多对多的关系，其实这也正是自然语言的（　　）所在。
   A. 缺点　　　　B. 矛盾　　　　C. 困难　　　　D. 魅力
8. 迄今为止的（　　）都限于分析一个孤立的句子，上下文关系和谈话环境对本句的约束和影响还缺乏系统的研究。
   A. 语速　　　　B. 语法　　　　C. 语气　　　　D. 语调
9. 人理解一个句子不是单凭语法，还运用了大量的有关（　　），这些无法全部贮存在计算机里。
   A. 知识　　　　B. 语法　　　　C. 语音　　　　D. 语调
10. 从计算机处理的角度看，我们必须消除（　　），要把带有这一问题的自然语言输入转换成某种没有这一问题的计算机内部表示。

A. 反义　　　　B. 叠加　　　　C. 重复　　　　D. 歧义

11. 最早的自然语言理解方面的研究工作是（　　）。
    A. 语音识别　　B. 机器翻译　　C. 语音合成　　D. 语言分析
12. 在自然语言处理中，我们可以在一些不同（　　）上对语言进行分析。
    A. 语言种类　　B. 语气语调　　C. 结构层次　　D. 规模大小
13. 早些时候，通过非统计学方法进行的机器翻译主要有3种方法，但下列（　　）不属于其中之一。
    A. 自动翻译　　B. 直接翻译　　C. 转换法　　　D. 中间语言方法
14. 不同于通常涉及大量的规则编码的早期尝试语言处理，现代NLP算法是基于（　　）。
    A. 自动识别　　B. 机器学习　　C. 模式识别　　D. 算法辅助
15. 语音处理是研究语音发声过程、语音信号的统计特性、语音的（　　）、机器合成以及语音感知等各种处理技术的总称。
    A. 自动模拟　　B. 自动检测　　C. 自动识别　　D. 自动降噪
16. 语音信号处理是一门多学科的综合技术。它以（　　）以及声学等基本实验为基础。
    A. 生理　　　　B. 心理　　　　C. 语言　　　　D. 体能
17. 许多不同类型的机器学习（　　）已应用于自然语言处理任务，其输入是一大组从输入数据生成的"特征"。
    A. 规则　　　　B. 数据　　　　C. 语言　　　　D. 算法
18. 语言信息主要包含在语音信号的（　　）之中，因此准确而迅速地提取它是进行语音信号处理的关键。
    A. 频率　　　　B. 参数　　　　C. 振幅　　　　D. 信号
19. 语音理解是指利用（　　）等人工智能技术进行语句自动识别和语意理解。
    A. 声乐和心理　B. 合成和分析　C. 知识表达和组织　D. 字典和算法
20. （　　）是指利用计算机自动对语音信号的音素、音节或词进行识别的技术总称。语音识别是实现语音自动控制的基础。
    A. 语音处理　　B. 语音合成　　C. 语音理解　　D. 语音识别

研究性学习　　了解大数据机器翻译，熟悉自然语言处理

小组活动:阅读本课的【导读案例】，思考其中介绍的自然语言处理新方法。认真学习课文，并通过网络搜索，了解更多自然语言处理的知识。

记录：请记录小组讨论的主要观点，推选代表在课堂上简单阐述你们的观点。

_____
_____
_____

评分规则：若小组汇报得5分，则小组汇报代表得5分，其余同学得4分，余类推。
实训评价（教师）：_____

第 14 课

人工智能的发展

学习目标

知识目标

（1）机器能思考吗？这个问题是人工智能发展进程中人们一直关注的问题。人们会持续关注人工智能技术的发展进程，学习新概念、新思想、新方法。

（2）重视可信人工智能（AI）建设，重视人工智能发展进程中的安全问题、伦理问题和职业素养培养问题。

（3）从人工智能跌宕起伏的发展进程中，体会和把握从中得到的启发，促进个人在科学道路上的进步。

能力目标

（1）掌握专业知识的学习方法，培养阅读、思考与研究的能力。

（2）提高"研究性学习小组"的参与、组织和活动能力，具备团队精神。

素质目标

（1）热爱学习，勤于思考，掌握学习方法，提高学习能力。

（2）培养热爱智能产业，关心社会与技术进步的优良品质。

（3）体验、积累和提高"工匠"的专业素质。

重点难点

（1）理解强人工智能及其发展。

（2）掌握人工智能工程化、超级自动化、机器操作、大模型和知识计算等新概念、新思想。

（3）体验、积累和提高"工匠"的专业素质。

导读案例　科学家发现新的人类脑细胞

关于人类大脑最令人感兴趣的问题之一，也是神经科学家们最难回答的问题之一，即：是什么能让人类大脑与其他动物的大脑区别开来。

艾伦脑科学研究所的研究员埃德·莱恩博士说："我们并不清楚是什么让人类大脑变得如此特别。从细胞和回路层面研究这些差异是一个很好的起点，而且我们现在已经有了新工具来进行研究。"这项2021年8月27日发表在《自然神经科学》上的新研究，或许找到了揭示这个难题的答案了。由莱恩和匈牙利赛格德大学的神经科学家塔玛斯·加博尔博士领导的研究团队发现了一种新型人脑细胞，而这些细胞从未在小鼠或其他实验室动物大脑中发现。

塔玛斯等人将这些新细胞称为"玫瑰果神经元"（见图14-1），围绕这些细胞中心的细胞轴突形成的密集束，看上去就像一朵花瓣脱落的玫瑰。这些新发现的细胞属于抑制性神经元，它们对大脑中其他神经元的活动起到了抑制作用。

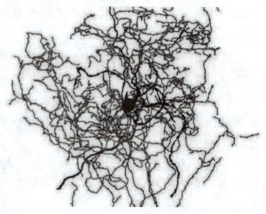

图14-1 玫瑰果神经元

该研究尚未证明这种特殊的脑细胞是人类独有的。但是该细胞并不存在于啮齿类动物体内，所以这项研究可能又向只存在于人类或灵长类动物的特化神经元中添加了一个新成员。研究人员尚未了解这种细胞在人类大脑中的作用，但因为它们不存在于小鼠大脑中，这使得利用实验室动物建立人类大脑疾病模型非常困难。

塔玛斯表示，该实验室的下一步工作之一是在神经精神障碍患者的死亡脑组织样本中寻找玫瑰果神经元，以确定这种特化细胞是否会被人类疾病改变。

结合不同的技术

在该研究中，研究人员使用两位男性的死亡脑组织样本，他们死时50多岁，并将遗体捐献用于研究。研究人员获取了大脑皮质的顶层切片，这一最外层的大脑区域负责人类意识以及我们认为只属于人类的许多其他功能。与其他动物相比，人类的这个大脑区域与身体体积相比要大得多。莱恩说："这是大脑最复杂的部分，通常被认为是自然界中最复杂的结构。"

塔玛斯的实验室利用一种经典的神经科学方法对人类大脑进行研究，并对细胞结构和电学特性进行了详细分析。

在艾伦研究所，莱恩领导的团队发现了一系列使得人类大脑细胞与小鼠大脑细胞不同的基因。几年前，塔玛斯访问艾伦研究所，展示了他对人类大脑细胞特化类型的最新研究。这两个研究团队很快发现，他们使用截然不同的技术却发现了相同的细胞。

塔玛斯说："我们意识到，我们通过完全不同的角度发现了相同的细胞种类。"因此他们决定合作。

艾伦研究所的团队通过与J.克雷格文特研究所的合作发现，玫瑰果细胞能够激活一组独特的基因，这是他们所研究的任何小鼠脑细胞类型中都没有的遗传特征。

塞格德大学的研究人员发现，玫瑰果神经元与人脑皮层不同部位的另一种神经元形成突触，称为锥体神经元。

研究作者之一，艾伦脑科学研究所的高级科学家丽贝卡·霍奇博士说，这项人类大脑皮层研究首次结合不同的技术来研究细胞类型。霍奇说："虽然这些技术单独使用也非常有效，但是它们无法让我们了解到细胞的全貌。如果将它们结合使用，我们就能获得关于细胞的各种互相补充的信息，而这很可能让我们弄清楚细胞在大脑中是如何工作的。"

如何研究人类？

玫瑰果神经元的独特之处在于，它们只附着于它们细胞"同伴"的一个特殊部位，这表明它们可能以一种非常特殊的方式控制信息流。

如果把所有的抑制性神经元想象成汽车的刹车，玫瑰果神经元能够使你把车停在非常特殊的位置。比如，它们像是一个只在杂货店工作的刹车，而且不是所有的汽车（其他的动物）都拥有这种刹车。

塔玛斯说："这种特殊的细胞类型（或者说是汽车类型）能够在其他细胞无法停止的地方停下来。参与到啮齿动物大脑中的'交通'过程的'汽车'或细胞无法在这些位置停下来。"

研究人员接下来的工作是在大脑中的其他位置寻找玫瑰果神经元，并探索它们在大脑疾病中的潜在作用。

尽管科学家们还不知道玫瑰果神经元是否真的只属于人类，但是它们不存在于啮齿类动物大脑中的这一事实再次表明，实验室小鼠并非人类疾病的完美模型，尤其是对于神经疾病来说。

艾伦脑科学研究所的高级科学家特里格·巴肯博士说："人类大脑并非只是小鼠大脑的扩大版。多年来人们一直在关注这个问题，但是我们的这项研究从多个角度阐明了这个问题。"

塔玛斯说："我们的很多器官都可以在动物模型中合理地建模。但是，让我们与动物王国的其他部分区别开来的是我们大脑的能力和输出。这使我们成为独特的人类。因此事实证明，使用动物模型来模拟人类是非常困难的。"

资料来源：中国生物技术网

阅读上文，请思考、分析并简单记录：

（1）我们一直都说，要创造最真实的人工智能，首先就要研究人的大脑。这篇文章告诉我们，科学家们一直在这个方向上持之以恒，坚持不懈地努力着，进步着。请问，你是怎么理解这种科学精神的？

答：_____
_____
_____

（2）人们一直在把小白鼠作为人类的生物模型进行对照实验。但这篇文章的成果告诉我们"事实证明，使用动物模型来模拟人类是非常困难的。"不过，发现问题，也是积极的进步，你觉得呢？

答：_____
_____
_____

（3）这篇文章是本书设计的最后一篇导读案例了。你觉得，这本书的"导读案例"环节设计,对你的学习有帮助吗?这个学期以来,你有没有养成阅读和"记述一周大事"的习惯?你觉得有这个必要吗?

答:
____
____
____

(4) 请简单记述你所知道的上一周发生的国际、国内或者身边的大事:

答:
____
____
____

人工智能正处在蓬勃发展期,方兴未艾用几十年的时间,人们可以创建出拥有人脑般处理能力的计算机。也许未来,在现实世界中运作的机器人至少具备了不那么聪明的人类的行为能力,它们将利用与人类神经系统相同的方法来实现低级别功能,其他的则更多依靠计算机科学而不是神经生物学。

14.1 机器能思考吗

人工智能正处在蓬勃发展期,方兴未艾。创造通用智能的尝试开始于 20 世纪 80 年代。逐渐地,新兴技术开始内嵌于机器人当中,在与现实世界的交互中不断学习而得到发展。人工智能的许多技术被广泛应用于各行各业(见图 14-2),几乎是全社会都在从政策保障、技术储备、生产应用、能力输出、安全合规等方面,全面布局人工智能应用。人们在思考当人工智能进一步发展时所需的其他科学技术。

图 14-2 行业融合

14.1.1 强人工智能的发展

现在的人工智能技术并不是为了创造思考机器,只不过是利用大量规则来假装智能而已。然而,强人工智能将一路进步,从眼下的仿甲虫机器人,沿着进化的阶梯直到创造出像哺乳动物般智能的设备,可能是一只狗或是一只松鼠。这些设备可以用于应对灾害以及处理一些危险但技术含量不高的难题。

用几十年的时间，人们可以创建出拥有人脑般处理能力的计算机。也许未来，在现实世界中运作的机器人至少具备了不那么聪明的人类的行为能力，它们将利用与人类神经系统相同的方法来实现低级别功能，其他的则更多依靠计算机科学而不是神经生物学。正因为如此，它们没有生命，也不具备自我意识。这类机器人可以用于完成重复性工作，工作场景必须相对固定，遭遇突发情况的概率较低。

创造真正的人工智能需要的绝不仅仅只是内存大、速度快的计算机，它需要研究大脑的运作，要求更先进的扫描和探测工具，也需要研究各类技术，要求大量实验及纠错来构建原型。所有这些都需要时间，没有人能确定到底需要多久。这样的人工智能可以用于完成许多人类力所不能及的任务，比如太空探索，因为它们可以轻易进入休眠模式之后再被唤醒。人们也可以让机器人来完成危险系数高的工作，因为即便它们死亡也不会涉及任何伦理困境。

强人工智能的实现与否并不妨碍机器人正在变得像人类一样智能，它们只是缺乏自我意识而已。只要计算机功能足够强大，弱人工智能和实用型人工智能对满足我们可能的所有需求来说已经足够。如果人造思维能做到所有人类可以做到的事，不管它有没有自我意识都无关紧要。

如果我们清楚地知道人脑如何运作，就可以在计算机中进行模拟，使其以与自然大脑完全一致的方式工作。也许几十年后这一目标可以实现。但现在，我们对大脑的认识还不够，无法编写相应的程序。当然，我们还需要传感器和传动器来模拟身体其他部位，而这一点仅凭现在的能力也无法实现。我们不能简单地将真实或是模拟人脑与激光测距、电荷耦合器摄像机、麦克风、气缸和电动机相连，大脑已经进化到可以利用眼睛和耳朵来处理数据及精准控制肌肉。也许我们不应该期待在计算机中建设人脑，而是创造出全新的智能，拥有完全不同的传感器和受动器。这样的思维对我们来说将是完全陌生的，不同于现存的任何生物。

14.1.2 脑机接口技术

事实上，人们只能看到 5 到 10 年后的将来，这还没有将技术发展缺乏活力的阶段考虑在内，所以根本无法确定新技术到底是什么样的。

人们已经设计出了脑机接口。自 1957 年以来，人工电子耳蜗就被用来帮助大量失聪人士解决听力问题（见图 14-3）。麦克风收集周围环境声音后将信号进行处理，再传送至内耳的电极。原始单一频道的耳蜗只能帮助患者辨别节奏，而现代耳蜗具备的频道超过 20 个。尽管这是巨大进步，但还不能为患者提供正常听力。就像听钢琴曲，佩戴耳蜗后的听力只有不到 1/4 的琴键是可以发声的，而仅存的这些琴键弹出来的还是跑调的音符。

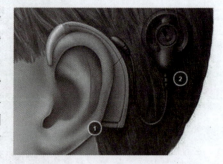

图 14-3　人工电子耳蜗是脑机接口的早期成功案例

人工电子耳蜗技术相对简单，因为人们可以轻易地在内耳中触及需要刺激的神经末梢。类似地，提供视觉的神经细胞分布于视网膜上，某些失明病例也可以通过视网膜植入得到治疗，就像听觉病例一样，通过植入恢复的视觉也十分受限。在初始阶段，患者的视觉仅仅是从"失明"转为了"弱视"而已，他们可以看见光亮和某些形状，可以通过辨认街灯来判断道路走向。

我们同样可以通过检测肌肉或神经纤维的活动将信号转换为人造义肢的动作来控制义肢。第一款这类设备利用了腹部肌肉作为代理，通过拉紧独立肌肉控制机械臂。研究人员现在开始尝试使用曾控制断臂的神经信号。人造手掌已经做到开合手指，用户可以改变握拳的方式，手指也会相应地按不同模式收回，但无法单独控制每根手指，用户也不会感受到任何反馈，不会有疼痛感，也无法感受到握紧物体时的压力感（见图14-4）。持续进行的研究和微型化的发展理应能制作出像原生肢体一样工作良好的人造义肢。鉴于物理规律，人造义肢不可能超越原生肢体。强壮的手臂需要强健的骨骼作为支撑，更强大的力量则需要更重的电池作为基础。

图14-4　康奈尔大学研究人员制造了一只机械手，不仅能抓取物体，还可以感知其形状和材质

不久以后，人们就可能将数以千计的神经元直接与单个植入设备相连，也就是说，耳部或眼部植入物将给患者与原生器官带来一模一样的体验，我们甚至可以通过在大脑中植入接口来控制义肢。这类植入技术可以用于治疗许多疾病和残疾病例，例如老年痴呆症和帕金森症。当然，这一切还只是假设，还很遥远。

14.1.3　人工智能工程化与超级自动化

人工智能工程化已经成为从学术走向行业应用的核心环节。对企业来说，人工智能工程化成为超越算法研发的更大瓶颈，人工智能工程化主要包括以下环节：完备易用的工具产品体系、高效协作的运维管理实践、全面可控的安全治理、凝聚共识的产业链支撑。

超级自动化在加速企业、政务数字化转型。人工智能、云计算、大数据等技术与机器人流程自动化（RPA）技术的深度融合（见图14-5），是企业、政务等各类工作场景实现数字化转型的重点探索方向。人力成本上升，数字化升级需求增高，信息化、数字化、智能化形成联动态势，RPA技术充当起新兴技术落地应用的重要载体，超级自动化未来将成为工作常态。

图14-5　超级自动化

14.1.4　机器学习操作MLOps

MLOps的起源可以追溯到2015年，那篇论文的标题为"机器学习系统中的隐藏技术债务"。如今MLOps已经开始在大型企业部署实践（见图14-6）。MLOps是人工智能领域中一个相对

较新的概念，代表"机器学习操作"，它关系到如何更好地管理数据科学家和操作人员，以便有效地开发、部署和监视模型。

机器学习模型管理实践和标准流程，衔接模型的开发、部署和运维，涉及算法、业务及运维团队，旨在提升模型生命流程的开发、部署、运维效率，促进模型规模化落地应用。产业对开发、运维、权限管控、数据隐私、安全性和审计等企业级需求关注度极度提高。自 2019 年起，MLOps 连续两年进入 Gartner 数据科学与机器学习技术成熟度曲线，并被视为人工智能工程化的重要内容。MLOps 将与 DevOps、DataOps 协调联通、互相赋能。

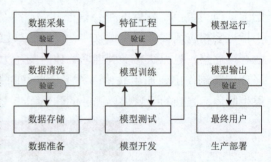

图 14-6　MLOps（机器学习操作）

所谓 DevOps（开发 Development 和操作 Operations 的组合）是一组过程、方法与系统的统称，用于促进开发（应用程序/软件工程）、技术运营和质量保障（QA）部门之间的沟通、协作与整合。其出现是由于软件行业日益清晰地认识到为了按时交付软件产品和服务，开发和运营工作必须紧密合作的问题。而 DataOps（数据操作）是将 DevOps 团队与数据工程师和数据科学家角色结合在一起，提供一些工具、流程和组织结构，服务于以数据为中心的企业。

"MLOps 是在 AI 上下文中 DevOps 的自然发展，"东密歇根大学信息安全与应用计算学院（SISAC）网络安全教授萨米尔·奥尔说。"尽管利用了 DevOps 对安全性、合规性和 IT 资源管理的关注，但 MLOps 的真正重点在于模型及其可伸缩性的一致，顺畅开发。"

"一些关键的最佳实践包括具有可重现的数据准备和培训流程，具有定义明确的指标的集中实验跟踪系统，以及实施模型管理解决方案，该解决方案可以轻松比较各种指标之间的替代模型并回滚。Databricks 首席技术专家马泰扎·哈里亚说。"这些工具使 ML 团队更容易了解新模型的性能以及捕获和修复生产中的错误。"

14.1.5　大模型和知识计算

超大规模预训练模型（见图 14-7）在海量通用数据上进行预先学习和训练，能有效缓解人工智能领域通用数据的激增与专用数据匮乏的矛盾，具备通用智能的雏形。

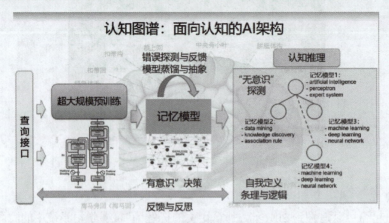

图 14-7　超大模型预训练应用

预训练大模型普适性强，可满足垂直行业的共性需求。预训练大模型迁移性好，可满足典型产品的技术要求。大模型承上启下，深刻影响底层技术和上层应用的发展；向下驱动数据技术和计算架构能力的提升，支撑模型训练、部署和优化，向上支撑上层应用的服务转型。

此外，大模型多方向问题亟待解决，生态建设不容小觑。未来预训练大模型将重点解决应用、可信、跨学科合作、资源不平衡和开放共享等问题。

知识计算解决产业对知识获取和应用需求问题（见图14-8）。采用知识驱动＋数据驱动的人工智能算法，为新一代人工智能提供解决方案，努力解决人工智能与行业知识结合，以及从感知智能到认知智能的产业需求。

图 14-8 知识计算实例

14.1.6 多模态融合

多场景下的多模态交互成为提升应用性能的重点（见图14-9）。以多模态融合技术为核心的感知、交互和智慧协同能力，不断支撑各类终端和应用的智能化水平提升。

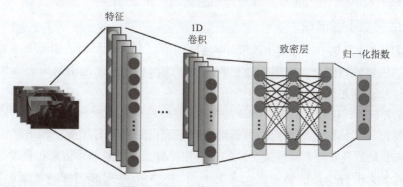

图 14-9 多模态融合识别示例

14.1.7 电子游戏的智能水平

电子游戏是常常被人们忽视的人工智能应用领域。第一款枪战游戏发布的时候，怪兽只能简单地朝着玩家所在位置移动。后来，它们学会了在可能的情况下利用掩护。现在的怪兽已经能够通过团队作战来努力智取玩家（见图14-10）。这些行动比植入机器人内部的任何技术都要先进得多。

游戏为高水平智能行为提供了完美的发展空间。20世纪80年代时开发这些功能的尝试以失败告终，这是因为现实世界复杂到无法在计算机中建模。即使计算机足够强大，这样的模型也太过庞大和复杂，基本不可能整个输入系统之中。但游戏世界是受限的，每个角色都有完备的模型，规定其如何操作以及什么时间会发生什么。对游戏而言，模式的规模和复杂性都不是什么大问题。未来，我们在计算机和手机上接触到的游戏将具备更多自然交互的功能。游戏角色将拥有自己的生命而不是遵循预定安排，他们将开始自主思考

图 14-10　计算机游戏

和计划。我们可以与计算机控制的角色直接交谈，得到真实并带有感情色彩的回答。当然，局限肯定存在，交谈内容还是仅限于与游戏相关的话题，但整个过程将显得十分自然。

14.2　可信与安全

人工智能治理正在从伦理原则等软性约束，迈向全面具有可操作性的法律规制的新阶段。人工智能治理的过程是各主体对人工智能研究、开发、生产和应用中出现的安全、发展、公平和争议等问题，通过运营法律、伦理、技术手段进行协调、处理、监管和规范的过程。未来，人工智能规制和数据治理紧密结合将是重要趋势。

跟其他高科技一样，人工智能也是一把双刃剑。认识人工智能的社会影响，正在日益得到人们的重视。2018 年 2 月，牛津大学、剑桥大学和 OpenAI 公司等 14 家机构共同发布题为《人工智能的恶意使用：预测、预防和缓解》的报告，指出人工智能可能给人类社会带来数字安全、物理安全和政治安全等潜在威胁，并给出了一些建议来降低风险。

14.2.1　安全问题不容忽视

人工智能的飞速发展一定程度上改变了人们的生活，但与此同时，由于人工智能尚处于初期发展阶段，该领域的安全、伦理、隐私的政策、法律和标准问题引起人们的日益关注，直接影响人们与人工智能工具交互对其的信任。

有些研究者认为，让计算机拥有智商是很危险的，它可能会反抗人类。这种隐患已经在多部电影中出现过，其关键是允不允许机器拥有自主意识的产生与延续，如果使机器拥有自主意识，则意味着机器具有与人同等或类似的创造性、自我保护意识、情感和自发行为。

人工智能最大的特征是能够实现无人类干预的、基于知识并能够自我修正地自动化运行（见图 14-11）。在开启人工智能系统后，人工智能系统的决策不再需要操控者进一步的指令，这种决策可能会产生人类预料不到的结果。设计者和生产者在开发人工智能产品的过程中可能并不能准确预知某一产品会存在的可能风险。因此，对于人工智能的安全问题不容忽视。

由于人工智能的程序运行并非公开可追踪，

图 14-11　人工智能最大特征是实现无人类干预

其扩散途径和速度也难以精确控制。在无法利用已有传统管制技术的条件下，想要保障人工智能的安全，必须另辟蹊径，保证人工智能技术本身及在各个领域的应用都遵循人类社会所认同的伦理原则。

14.2.2 可信 AI

可信 AI 是解决人工智能信任问题的关键（见图 14-12）。可信人工智能是落实人工智能治理的重要实践，深入到企业内部管理、研发、运营等环节，将相关抽象要求转化为实践所需的具体能力要求，从而提升社会对人工智能的信任程度。

图 14-12 可信 AI 的结构框架

当前，人工智能应用的广度和深度不断拓展，正在成为信息基础设施的重要组成。但在此过程中，人工智能也不断暴露出一些风险隐患，诸如算法安全、数据歧视、数据滥用等，如何确保人工智能的安全、可信和公平成为业内关注的重点问题。"发展可信人工智能是我们最终能够释放出人工智能的前景，造福于全球人民的一个关键基础。"

（1）可信 AI 技术是帮助 AI 实现可信的基础。

从技术角度来说，可信人工智能的研究可以归结为稳定性、可解释性、隐私保护及公平性四个方面，从以上四点出发研究可信人工智能，首要任务是找到合适的方法来定量分析、量化人工智能算法、模型和系统在稳定性、可解释性、隐私保护及公平性方面的能力。

稳定性可以通过各类攻击算法的攻击成功率或攻击性能来衡量；可解释性中的泛化能力，可以通过泛化误差上界来描述；隐私保护能力常通过差分隐私法来刻画，也能通过各类隐私攻击算法的攻击成功率或攻击性能来评估；公平性则使用一系列公平决策指标来进行衡量，这些指标主要分为个体公平性及群体公平性两大类。这四个方面内部存在着深层次联系，彼此之间并不孤立。

因此，在开展可信人工智能研究时，不能仅从单一维度出发，而需要从整体综合考虑不同因素之间的影响。这样，才能更好地进行相关研究，从而推动可信人工智能的进一步发展。

不管欧盟的 GDPR 也好，还是中国的隐私保护条例也好，都说明用户对数据使用要更谨慎，说明了用户对个人信息的保护，是有相当的权利的。只有将上述四个能力综合后，做到明确的责任，才能找到合适的方式度量可信人工智能。

(2) 可信 AI 一体化研究将是重要趋势。

如今，研究者已经针对可信赖的人工智能形成了一些共识，但是整体来看还处于一个初期的探索阶段，很多还是碎片化的，理论还不够，还需要学术界、产业界、政府主管部门等共同努力。

中国信通院联合京东探索研究院发布的《可信人工智能白皮书》认为，可信人工智能已经不再仅仅局限于对人工智能技术、产品和服务本身状态的界定，而是逐步扩展至一套体系化的方法论，涉及到如何构造"可信"人工智能的方方面面。

从理论与实践层面持续开展可信 AI 研究，将推动人工智能产业新浪潮，帮助人工智能实现可信，将充分释放人工智能的潜力，并更好地造福人类社会。

(3) 促进可信人工智能发展的四点倡议。

中国信通院、中国科学院自动化研究所中英人工智能伦理与治理研究中心、京东探索研究院、蚂蚁集团等联合发布了《促进可信人工智能发展倡议》（以下简称"倡议"）。

倡议号召人工智能行业同仁积极响应以下四点倡议：

一是坚持技术向善，确保可信 AI 造福人类。加快可信人工智能技术研究，前瞻布局可信通用人工智能，打造可控可靠、透明可释、隐私安全、责任明确、多元包容的人工智能系统；聚焦技术设计、研发测试、运营使用全流程，坚持以人为本、技术向善，构建技术、社会、文化、价值融合共生的良性发展环境。

二是坚持权责共担，推广可信 AI 价值理念。广泛宣传可信人工智能价值，推动人工智能监管者、研发者、制造者和受用者参与不断完善和践行可信理念；明确个人、企业、行业各主体责任、权益，在可信人工智能的总体框架和基本原则指导下，构建相互协调、共建共享的敏捷可信机制。

三是坚持健康有序，推动可信 AI 行业实践。持续推动可信人工智能安全/伦理研究，构建可信人工智能标准体系，完善人工智能可信体系建设；培育人工智能可信评估和管控能力，探索人工智能产品应用保险机制，推动建立相互影响、相互支持、相互依赖的健康有序发展生态。

四是坚持多元包容，凝聚可信 AI 国际共识。支持多元主体共铸合力、协调互动，共同构建企业自治、行业自律、社会监督、政府监管的人工智能治理体系；推动全球化沟通交流、开展协同化合作研究，在深度对话、寻求共识的基础上，构建可信人工智能全球治理合作框架，和衷共济应对人类共同挑战。

14.2.3 设定伦理要求

人工智能是人类智能的延伸，也是人类价值系统的延伸。在其发展的过程中，应当包含对人类伦理价值的正确考量。设定人工智能技术的伦理要求（见图 14-13），要依托于社会和公众对人工智能伦理的深入思考和广泛共识，并遵循一些共识原则：

(1) 人类利益原则，即人工智能应以实现人类利益为终极目标。这一原则体现对人权的尊重，对人类和自然环境利益最大化以及降低技术风险和对社会的

图 14-13　重视人工智能的社会伦理

负面影响。在此原则下,政策和法律应致力于人工智能发展的外部社会环境的构建,推动对社会个体的人工智能伦理和安全意识教育,让社会警惕人工智能技术被滥用的风险。此外,还应该警惕人工智能系统作出与伦理道德偏差的决策。

(2)责任原则,即在技术开发和应用两方面都建立明确的责任体系,以便在技术层面可以对人工智能技术开发人员或部门问责,在应用层面可以建立合理的责任和赔偿体系。在责任原则下,在技术开发方面应遵循透明度原则;在技术应用方面则应当遵循权责一致原则。

14.2.4 强力保护个人隐私

人工智能的发展是建立在大量数据的信息技术应用之上,不可避免地涉及到个人信息的合理使用问题,因此对于隐私应该有明确且可操作的定义。人工智能技术的发展也让侵犯个人隐私的行为更为便利,因此相关法律和标准应该为个人隐私提供更强有力的保护。

例如,人脸识别需要合理应用以增进社会信任(见图 14-14)。社会各界对人脸识别的相关风险广泛关注,需要正确、合理的使用人脸识别,并找到安全、泄露隐私等风险,增强社会对人脸识别技术的应用和信任。

此外,人工智能技术的发展使得政府对于公民个人数据信息的收集和使用更加便利。大量个人数据信息能够帮助政府各个部门更好地了解所服务的人群状态,确保个性化服务的机会和质量。

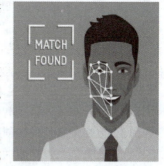

图 14-14 人脸识别

但随之而来的是,政府部门和政府工作人员个人不恰当使用个人数据信息的风险和潜在的危害应当得到足够的重视。

人工智能语境下的个人数据的获取和知情同意应该重新进行定义。首先,相关政策、法律和标准应直接对数据的收集和使用进行规制,而不能仅仅征得数据所有者的同意;其次,应当建立实用、可执行的、适应于不同使用场景的标准流程以供设计者和开发者保护数据来源的隐私;再次,对于利用人工智能可能推导出超过公民最初同意披露的信息的行为应该进行规制。最后,政策、法律和标准对于个人数据管理应该采取延伸式保护,鼓励发展相关技术,探索将算法工具作为个体在数字和现实世界中的代理人。

涉及的安全、伦理和隐私问题是人工智能发展面临的挑战。安全问题是让技术能够持续发展的前提。技术的发展给社会信任带来了风险,如何增加社会信任,让技术发展遵循伦理要求,特别是保障隐私不会被侵犯是亟待解决的问题。为此,需要制订合理的政策、法律、标准基础,并与国际社会协作。建立一个令人工智能技术造福于社会、保护公众利益的政策、法律和标准化环境,是人工智能技术持续、健康发展的重要前提。

14.3 人工智能发展的启示

人工智能的目标是模拟、延伸和扩展人类智能,探寻智能本质,发展类人智能机器(见图 14-15),其探索之路充满未知且曲折起伏。通过总结人工智能发展历程中的经验和教训,可以得到以下启示:

(1)尊重发展规律是推动学科健康发展的前提。科学技术的发展有其自身的规律,人工智能学科发展需要基础理论、数据资源、计算平台、应用场景的协同驱动,当条件不具备时很难实现重大突破。

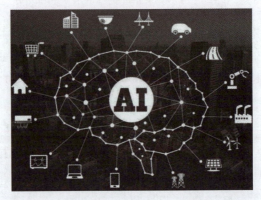

图 14-15 人工智能的目标是模拟、延伸和扩展人类智能

(2)基础研究是学科可持续发展的基石。加拿大多伦多大学杰弗里·辛顿教授坚持研究深度神经网络 30 年,奠定人工智能蓬勃发展的重要理论基础。谷歌 DeepMind 团队长期深入研究神经科学启发的人工智能等基础问题,取得了阿尔法狗等一系列重大成果。

(3)应用需求是科技创新的不竭之源。引领学科发展的动力主要来自于科学和需求的双轮驱动。人工智能发展的驱动力除了知识与技术体系内在矛盾外,贴近应用、解决用户需求是创新的最大源泉与动力。比如人工智能专家系统实现了从理论研究走向实际应用的突破,安防监控、身份识别、无人驾驶、互联网和物联网、大数据分析等应用需求带动了人工智能的技术突破。

(4)学科交叉是创新突破的"捷径"。人工智能研究涉及信息科学、脑科学、心理科学等,20 世纪 50 年代人工智能的出现本身就是学科交叉的结果。特别是脑认知科学与人工智能的成功结合,带来了人工智能神经网络几十年的持久发展。智能本源、意识本质等一些基本科学问题正在孕育重大突破,对人工智能学科发展具有重要促进作用。

(5)宽容失败就是支持创新。任何学科的发展都不可能一帆风顺,任何创新目标的实现都不会一蹴而就。人工智能 60 余载的发展生动地诠释了一门学科创新发展起伏曲折的历程(见图 14-16)。可以说没有过去发展历程中的"寒冬"就没有今天人工智能发展新的春天。

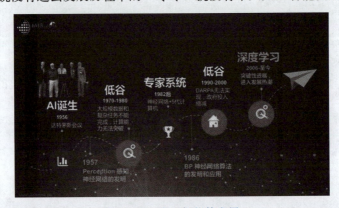

图 14-16 人工智能的发展

(6)实事求是设定发展目标是制定学科发展规划的基本原则。达到全方位类人水平的机器智能是人工智能学科宏伟的终极目标,但是需要根据科技和经济社会发展水平来设定合理的

阶段性研究目标，否则会有挫败感从而影响学科发展，人工智能发展过程中的几次低谷皆因不切实际的发展目标所致。

1. 创造通用智能的尝试开始于20世纪80年代。新兴技术开始（　　）于机器人，在与现实世界的交互中不断学习而得到发展。

  A. 内嵌　　　　B. 独立　　　　C. 并行　　　　D. 外涵

2. 现在的人工智能技术并不是为了创造思考机器，还只不过是利用大量（　　）来假装智能而已。

  A. 模块　　　　B. 程序　　　　C. 数据　　　　D. 规则

3. 在可以预见的未来，人们将创建出拥有人脑般处理能力的计算机，它们将利用与（　　）相同的方法来实现低级别功能，更多的则依靠计算机科学而不是神经生物学。

  A. 人类神经系统　　　　　　　　B. 人工神经系统
  C. 人造技术系统　　　　　　　　D. 动物智慧系统

4. 创造真正的人工智能需要（　　）。

  ① 内存大、速度快的计算机　　　　② 研究大脑的运作
  ③ 要求更先进的扫描和探测工具　　④ 与人脑高度一致的设备

  A. ①③④　　　B. ①②③　　　C. ②③④　　　D. ①②④

5. 自（　　）年以来，人工电子耳蜗就被用来帮助大量失聪人士解决听力问题，而现代耳蜗具备的频道超过20个。

  A. 1997　　　　B. 2000　　　　C. 1957　　　　D. 2017

6. 人们可以通过检测肌肉或（　　）的活动将信号转换为人造义肢的动作来控制义肢。

  A. 神经纤维　　B. 皮肤皱褶　　C. 意念控制　　D. 血管分布

7. 未来，人们甚至可以通过在大脑中植入（　　）来治疗许多疾病和残疾病例，例如老年痴呆症和帕金森症。

  A. 药物　　　　B. 物质　　　　C. 线路　　　　D. 接口

8. 人工智能（　　）成为超越算法研发的瓶颈，它主要包括以下环节：完备易用的工具产品体系、高效协作的运维管理实践、全面可控的安全治理、凝聚共识的产业链支撑。

  A. 微型化　　　B. 工程化　　　C. 产业化　　　D. 科学化

9. （　　）在加速企业、政务数字化转型，各项技术的深度融合是企业、政务等各类工作场景实现数字化转型的重点探索方向。

  A. 工程自动化　B. 工程复杂化　C. 超级自动化　D. 超级微型化

10. （　　）是一组过程、方法与系统的统称，用于促进开发（应用程序/软件工程）、技术运营和质量保障（QA）部门之间的沟通、协作与整合。

  A. MLOps　　　B. DevOps　　　C. DataOps　　　D. AppOps

11. （　　）是将DevOps团队与数据工程师和数据科学家角色结合在一起，提供一些工具、流程和组织结构，服务于以数据为中心的企业。

  A. MLOps　　　B. DevOps　　　C. DataOps　　　D. AppOps

12. 起源于2015年的（　　）代表"机器学习操作"，它关系到如何更好地管理数据科学家和操作人员，以便有效地开发，部署和监视模型。

　　A. MLOps　　　　B. DevOps　　　　C. DataOps　　　　D. AppOps

13. （　　）在海量通用数据上进行预先学习和训练，能有效缓解人工智能领域通用数据的激增与专用数据匮乏的矛盾，具备通用智能的雏形。

　　A. 机器学习操作MLOps　　　　　B. 工程化和超级自动化
　　C. 多模态融合技术　　　　　　　D. 超大规模预训练模型

14. 多场景下的多模态交互成为提升应用性能的重点。以（　　）为核心的感知、交互和智慧协同能力，不断支撑各类终端和应用的智能化水平提升。

　　A. 机器学习操作MLOps　　　　　B. 工程化和超级自动化
　　C. 多模态融合技术　　　　　　　D. 超大规模预训练模型

15. 电子游戏为高水平智能行为提供了完美的发展空间，其中的怪兽能够通过团队作战来努力智取玩家，这些行动比植入机器人内部的技术要（　　）得多。

　　A. 落后　　　　B. 廉价　　　　C. 先进　　　　D. 简单

16. 跟其他高科技一样，人工智能也是一把双刃剑。2018年2月，牛津大学、剑桥大学和OpenAI公司等14家机构共同发布题为《人工智能的恶意使用：预测、预防和缓解》的报告，指出人工智能可能给人类社会带来（　　）等潜在威胁，并给出了一些建议来减少风险。

　　① 行为安全　　② 数字安全　　③ 物理安全　　④ 政治安全
　　A. ①②③　　　B. ②③④　　　C. ①②④　　　D. ①③④

17. 虽然人工智能已经得到飞速发展，但处于发展（　　）阶段，该领域的安全、伦理、隐私的政策、法律和标准问题引起人们的日益关注。

　　A. 中期　　　　B. 初期　　　　C. 后期　　　　D. 远期

18. 人工智能是人类智能的延伸，在其发展过程中，应当包含对人类伦理价值的正确考量，设定伦理要求，遵循一些共识原则，但不包括以下（　　）。

　　A. 以实现人类利益为终极目标
　　B. 尊重人权、对人类和自然环境利益最大化以及降低技术风险和对社会的负面影响
　　C. 维护人工智能系统作出的与伦理道德偏差的决策
　　D. 在技术开发和应用两方面都建立明确的责任体系

19. 人工智能的发展是建立在大量数据的信息技术应用之上，相关法律和标准应该为（　　）提供强有力的保护。

　　A. 开发权益　　B. 知识结构　　C. 个人隐私　　D. 社会利益

20. 技术的发展所涉及的（　　）问题是人工智能发展面临的挑战。

　　① 安全　　　　② 伦理　　　　③ 隐私　　　　④ 待遇
　　A. ②③④　　　B. ①③④　　　C. ①②④　　　D. ①②③

课程学习与实训总结

1. 课程的基本内容

至此，我们顺利完成了"人工智能基础"课程的全部教学任务。为巩固通过课程实训所了

解和掌握的知识和技术，请就此做一个系统的总结。由于篇幅有限，如果书中预留的空白不够，请另外附纸张粘贴在边上。

（1）本学期完成的"人工智能基础"课程的学习内容主要有（请根据实际完成的情况填写）：

第 1 课：主要内容是：_____

第 2 课：主要内容是：_____

第 3 课：主要内容是：_____

第 4 课：主要内容是：_____

第 5 课：主要内容是：_____

第 6 课：主要内容是：_____

第 7 课：主要内容是：_____

第 8 课：主要内容是：_____

第 9 课：主要内容是：_____

第 10 课：主要内容是：_____

第 11 课：主要内容是：_____

第 12 课：主要内容是：_____

第 13 课：主要内容是：_____
_____
_____

第 14 课：主要内容是：_____
_____
_____

（2）请回顾并简述：通过学习，你初步了解了哪些有关人工智能的重要概念（至少 3 项）：
① 名称：_____
简述：_____
_____
_____

② 名称：_____
简述：_____
_____
_____

③ 名称：_____
简述：_____
_____
_____

④ 名称：_____
简述：_____
_____
_____

⑤ 名称：_____
简述：_____
_____
_____

2．研究性学习的基本评价
（1）在全部研究性学习的活动中，你印象最深，或者相比较而言你认为最有价值的是：
① _____
你的理由是：_____
_____
_____

② _____
你的理由是：_____
_____
_____

(2) 在所有研究性学习中,你认为应该得到加强的是:

① _____

你的理由是:_____

_____

_____

② _____

你的理由是:_____

_____

_____

(3) 对于本课程和本书的学习内容,你认为应该改进的其他意见和建议是:

_____

_____

_____

_____

_____

3. 课程学习能力测评

请根据你在本课程中的学习情况,客观地在人工智能知识方面对自己做一个能力测评,在表 14-1 的"测评结果"栏中合适的项下打"√"。

表 14-1　课程学习能力测评

关键能力	评价指标	测评结果					备注
		很好	较好	一般	勉强	较差	
课程基础内容	1. 了解本课程的知识体系、理论基础及其发展						
	2. 熟悉 AI 技术与应用的基本概念						
	3. 熟悉大数据技术与应用新思维						
	4. 熟悉人工智能技术与应用新思维						
	5. 了解人工智能的主要应用领域						
引言与典型应用	6. 了解						
	7. 了解模糊逻辑,熟悉大数据思维						
	8. 了解包容体系结构,熟悉机器人技术						
	9. 熟悉机器学习及其应用						
	10. 了解神经网络与深度学习						
基础知识	11. 熟悉智能代理及其应用						
	12. 了解群体智能						

续表

关键能力	评价指标	测评结果					备注
		很好	较好	一般	勉强	较差	
基于知识的系统	13. 了解大数据挖掘						
	14. 熟悉智能图像处理						
	15. 了解自然语言处理						
高级专题	16. 了解自动规划						
	17. 了解人工智能技术的未来发展						
	18. 了解人工智能安全与隐私保护						
解决问题与创新	19. 掌握通过网络提高专业能力、丰富专业知识的学习方法						
	20. 能根据现有的知识与技能创新地提出有价值的观点						

说明："很好"5分，"较好"4分，余类推。全表满分为100分，你的测评总分为：_____ 分。

4. 人工智能基础学习总结

_____
_____
_____
_____
_____
_____

5. 教师对课程学习总结的评价

_____
_____

作业参考答案

第1课

1. B	2. A	3. C	4. B	5. A	6. D
7. D	8. C	9. A	10. D	11. B	12. B
13. A	14. C	15. D	16. B	17. A	18. C
19. C	20. D				

第2课

1. B	2. D	3. A	4. C	5. A	6. C
7. D	8. C	9. A	10. B	11. D	12. B
13. A	14. C	15. B	16. B	17. A	18. C
19. D	20. A				

第3课

1. A	2. C	3. D	4. B	5. A	6. C
7. D	8. B	9. C	10. A	11. B	12. D
13. A	14. A	15. B	16. A	17. A	18. B
19. A	20. D				

第4课

1. A	2. D	3. B	4. A	5. D	6. B
7. C	8. B	9. A	10. D	11. C	12. B
13. A	14. C	15. D	16. B	17. A	18. C
19. A	20. D				

第5课

1. A	2. D	3. B	4. C	5. A	6. D
7. B	8. C	9. A	10. D	11. C	12. B
13. B	14. D	15. C	16. A	17. B	18. D
19. A	20. C				

第 6 课

1. D	2. A	3. B	4. C	5. A	6. D
7. C	8. C	9. B	10. A	11. D	12. C
13. B	14. C	15. A	16. D	17. C	18. B
19. D	20. C				

第 7 课

1. D	2. A	3. B	4. C	5. A	6. D
7. B	8. D	9. C	10. D	11. B	12. C
13. A	14. B	15. A	16. B	17. C	18. D
19. A	20. B				

第 8 课

1. B	2. A	3. D	4. C	5. A	6. C
7. D	8. B	9. A	10. C	11. A	12. B
13. C	14. A	15. D	16. B	17. B	18. C
19. C	20. A				

第 9 课

1. D	2. C	3. A	4. D	5. B	6. A
7. C	8. B	9. D	10. A	11. C	12. B
13. A	14. D	15. C	16. B	17. B	18. A
19. C	20. D				

第 10 课

1. A	2. B	3. D	4. C	5. B	6. A
7. C	8. D	9. B	10. A	11. C	12. D
13. A	14. B	15. D	16. A	17. D	18. B
19. C	20. A				

第 11 课

1. B	2. A	3. D	4. C	5. B	6. A
7. A	8. B	9. A	10. D	11. B	12. A
13. D	14. A	15. B	16. C	17. D	18. A
19. A	20. B				

第 12 课

1. D	2. A	3. B	4. D	5. C	6. A
7. B	8. C	9. B	10. D	11. A	12. B
13. C	14. D	15. A	16. B	17. D	18. C
19. A	20. B				

第 13 课

1. A	2. C	3. D	4. B	5. A	6. C
7. D	8. B	9. A	10. D	11. B	12. C
13. A	14. B	15. C	16. A	17. D	18. B
19. C	20. D				

第 14 课

1. A	2. D	3. A	4. B	5. C	6. A
7. D	8. B	9. C	10. B	11. C	12. A
13. D	14. C	15. C	16. B	17. B	18. C
19. C	20. D				

参 考 文 献

[1] 孟广斐，周苏. 智能制造技术与应用 [M]. 北京：中国铁道出版社有限公司，2021.
[2] 周苏. 人工智能通识教程 [M]. 北京：清华大学出版社，2019.
[3] 卢奇，科佩克. 人工智能 [M]. 2 版. 林赐，译. 北京：人民邮电出版社，2018.
[4] 理查德·温. 极简人工智能 [M]. 有道人工翻译组，译. 北京：电子工业出版社，2018.
[5] 周苏，王文. 人工智能概论 [M]. 北京：中国铁道出版社有限公司，2019.
[6] 周苏，张泳. 人工智能导论 [M]. 北京：机械工业出版社，2019.
[7] 周苏. 大数据导论 [M]. 2 版. 北京：清华大学出版社，2021.
[8] 周苏. 大数据可视化 [M]. 北京：机械工业出版社，2019.
[9] 周苏. 创新思维与 TRIZ 创新方法 [M]. 2 版. 北京：清华大学出版社，2019.
[10] 周苏，张效铭. 创新思维与创新方法 [M]. 北京：中国铁道出版社有限公司，2019.